彩图1 冀白4号

彩图2 冀白6号

彩图 3　油绿 3 号

彩图 4　六瓣红成品展示

彩图 5　六瓣红田间生长

彩图 6　六瓣红成品晾晒

彩图 7　冀番 143

彩图 8　冀番 144

彩图 9　冀番 145

彩图 10　冀研 16 生长情况

彩图 11　冀研 16（黄果）

彩图 12　冀研 16（青果）

彩图 13　冀研 16 植株生长情况

彩图 14　冀研 105 田间生长图片

彩图 15　冀研 108 果实生长情况

彩图 16　冀研 108 植株生长情况

彩图 17　冀研 118（青果）

彩图 18　冀研 118（黄果）

彩图 19　冀研 118 植株生长情况

彩图 20　金皇冠田间生长情况

彩图 21　金皇冠（青果）

彩图 22　金皇冠（黄果）

彩图 23　冀研 20 春提前田间生长情况

彩图 24　冀研 20 秋延后田间生长情况

彩图 25　冀研 20 果实

彩图 26　冀星 8 号

彩图 27　欢乐田间生长情况

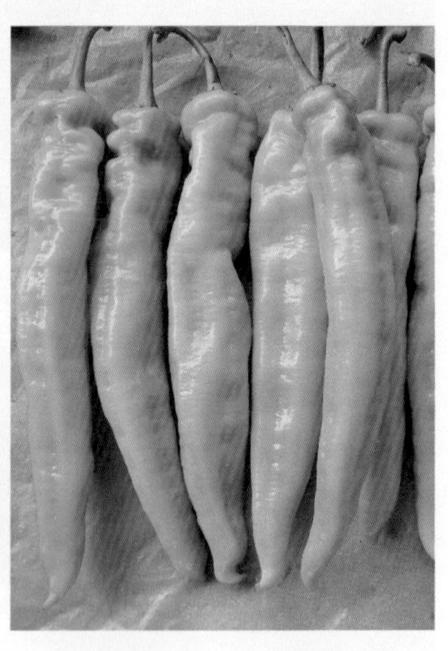

彩图 28　欢乐果实

彩图 29　农大 601

彩图 30　农大 603

彩图 31　农大 604

彩图 32　田骄八号

彩图 33　博美 170

彩图 34　中农 56

彩图 35　津早 199

彩图 36　迷贝贝

彩图 37　金星

彩图 38　桔瓜

彩图 39　迷你白

彩图 40　银星

河北省蔬菜高质量发展 主推品种和主推技术

车寒梅　董灵迪　李青云　王艳霞　宋立彦　主编

中国农业出版社
北　京

编 委 会

主　　编　车寒梅　董灵迪　李青云　王艳霞　宋立彦

副 主 编　左秀丽　狄政敏　严立斌　乜兰春　闫立英

王玉宏　李博文　王明秋　范凤翠　邸垫平

陈雪平　高华山　王向红　腾桂法　宗义湘

参编人员　（按姓氏笔画排序）

于　捷　王春霞　王瑞文　尹庆珍　卢军波

白雪洺　曲怡宁　刘文菊　刘学娜　刘胜尧

刘晓东　刘斯超　许　刚　许趁新　孙梦红

李　光　李兰功　李如欣　李志彬　李劲松

李晓丽　杨志新　何素琴　邸敬会　张丽娟

张建峰　张娜娜　张艳花　张淑敏　陆秀君

陈俊杰　郄东翔　孟雅宁　赵文圣　赵伟桥

赵旭辉　赵佳腾　聂承华　贾宋楠　郭贵宾

郭敬华　龚贺友　常苑苑　康振宇　阎富龙

董玉霞　董胜旗　靳昌霖　蔡双棉　翟玉壮

序

河北省是蔬菜生产大省，蔬菜产业已成为农民自主投入最多、就业贡献最大、经济效益最好的优势产业，在农村经济发展、农民收入提高、京津冀蔬菜市场保障等方面发挥了重要作用。

近年来，河北省围绕发展科技农业、绿色农业、品牌农业和质量农业的总要求，以蔬菜产业特色优势区创建为抓手，在新品种选育、设施装备、轻简化生产、水肥高效利用以及保鲜加工增值等方面不断进行技术创新，并以市场需求为导向实施蔬菜产业供给侧结构性改革，已经形成周年生产格局，蔬菜设施化水平和周年供应能力显著增强，生产结构相对稳定，产区特色鲜明，增收效益显著。

尽管蔬菜产业不断提档升级，但河北省蔬菜产业仍存在设施装备发展较慢、产业化特色新品种少、全产业链提质增效技术集成度较低、品牌化建设需要进一步提升等关键问题。另外，种植者也迫切需要结构性能优化的设施、优质高产抗病新品种、省力型农机具及轻简化标准化优质高效生产技术、高效的生产模式等，以提升蔬菜生产效益。近年来，河北省现代农业产业技术体系蔬菜产业创新团队以推动河北省蔬菜产业高质量发展为核心，整合全省的蔬菜科研力量和科技资源，围绕制约蔬菜产业发展的关键和共性技术问题，针对河北省不同特色蔬菜优势产区的气候特点和生产形式等，开展了新设施、新装备、新品种、新模式、新技术、新产品等系列技术的创新与集成、示范与推广，为河北省蔬菜产业发展提供了技术支撑，并发挥了引领作用。《河北省蔬菜高质量发展主推品种和主推技术》一书是河北省蔬菜产业体系创新团队专家、技术人员的新成果汇编，是集体智慧的结晶。本书对河北省蔬菜生产有很强的技术支撑和引领作用，对促进河北省蔬菜产业高质量发展具有重要意义。

2022 年 1 月 2 日

前言

河北是蔬菜生产大省，2020 年河北省蔬菜总播种面积 1 205 万亩，总产量 5 198 万 t，居全国第四位，形成了冀东日光温室瓜菜产区、环京津日光温室蔬菜产区、冀中南棚室蔬菜产区、冀北露地错季菜产区，创建了鸡泽辣椒、崇礼彩椒、新乐西瓜、满城草莓等 30 多个名特优蔬菜规模产区。河北省蔬菜产业发展势头持续向好，蔬菜周年供应能力和设施化水平显著增强，蔬菜规模化、标准化、特色化、品牌化和高端化取得重大突破。

近年来，河北省现代农业产业技术体系蔬菜产业创新团队在首席科学家申书兴教授的带领下，以推动蔬菜供给侧结构性改革，实现蔬菜全产业链发展、全价值链提升，做强产业为目标，研发和引进了新设施、新装备、新品种、新技术、新产品、新模式，集成示范推广了全产业链标准化技术。河北省现代农业产业技术体系蔬菜产业创新团队为加快创新成果和集成技术进一步扩大推广应用，编写了《河北省蔬菜高质量发展主推品种和主推技术》一书。本书从主推设施及设备、主推品种、主推技术三个方面介绍了创新团队近年来的创新成果、优化集成技术、试验示范推广案例，对河北省蔬菜生产提质增效具有较强的指导性，希望广大农业科技工作者、农业新型经营主体、菜农朋友在生产实践中参考借鉴，提升科技对蔬菜产业发展的支撑和引领作用。

本书的编写得到了河北省现代农业产业技术体系（二期）蔬菜产业创新团队首席办、石家庄设施蔬菜综合试验推广站（HBCT2018030407）、邯郸设施蔬菜综合试验推广站（HBCT2018030408）、辣椒岗（HBCT2018030211）、沧衡设施蔬菜综合试验推广站（HBCT2018030406）、河北省农林科学院创新工程“设施蔬菜轻简化栽培及品质提升技术研究与示范”(2019-3-2-1)、国家现代农业产业体系建设专项资金项目(CARS-24-G-03)、石家庄市第三批“高层次人才支持计划”等多方面支持资助，对此表示衷心的感谢！

鉴于知识水平有限，书中难免有片面和不当之处，敬请广大读者指正。

目录

第一章

主推设施及设备

一、盖苫钢结构塑料大棚

1. 技术内容概述

塑料大棚在北方主要用于春夏秋三季生产，由于建造成本低、管理技术难度低、效益比较高，在我国现阶段的园艺作物生产中应用面积最大。近年来，为了延长大棚的生产时间，各地农户在塑料大棚外侧又加盖了一层保温被，大大增强了大棚的保温性，使塑料大棚生产时间延长了2个月，塑料大棚的生产效益提高10%以上。为解决目前生产中盖苫大棚的规格不统一，棚内多立柱不利于机械化操作，部分大棚结构不科学，抗荷载能力差，抵御风、雪等灾害的能力差等问题，规范盖苫大棚的结构，以实现自然资源优化配置，减少生产损失，提高河北省盖苫塑料大棚建设的规范化水平，河北省现代农业产业技术体系蔬菜产业创新团队设施结构优化与集成技术创新岗位牵头，研究提出了盖苫塑料大棚建造技术。

2. 技术要点

盖苫塑料大棚是在单拱南北走向塑料大棚基础上覆盖保温被，在大棚东西两侧配置卷帘机进行双向机械卷帘的一种大棚。盖苫塑料大棚骨架主要推广钢架结构，一般中间设立2排立柱，便于机械化操作，且寿命较长；跨度一般在12～16m，脊高4～6m，长度60～120m，拱架间距0.8～1m，设纵向拉杆5～9道。塑料大棚通过加盖保温被等覆盖物进行保温，大大提高了设施的保温性能，可进行越冬根叶类蔬菜生产，提高经济效益10%以上。

3. 种植模式

①冀中南早春茬果类蔬菜＋秋延后果类蔬菜二茬种植模式。

②冀中南早春茬果类蔬菜＋秋茬果类蔬菜＋越冬耐寒绿叶蔬菜三茬种植模式。

③冀北彩椒等果菜越夏一大茬种植模式。

4. 适用区域

河北省及相同气候区域。

5. 技术来源

河北省现代农业产业技术体系蔬菜产业创新团队设施结构优化与集成技术创新岗位。

6. 注意事项

大棚骨架的结构强度应满足承载力要求以及结构安全性要求。保温被等覆盖物应具有较好的保温性能。

7. 技术指导单位

河北省农业特色产业技术指导总站、河北省农业技术推广总站。

8. 示范案例

（1）地点　邯郸设施蔬菜综合试验推广站肥乡区联众种植专业合作社基地。

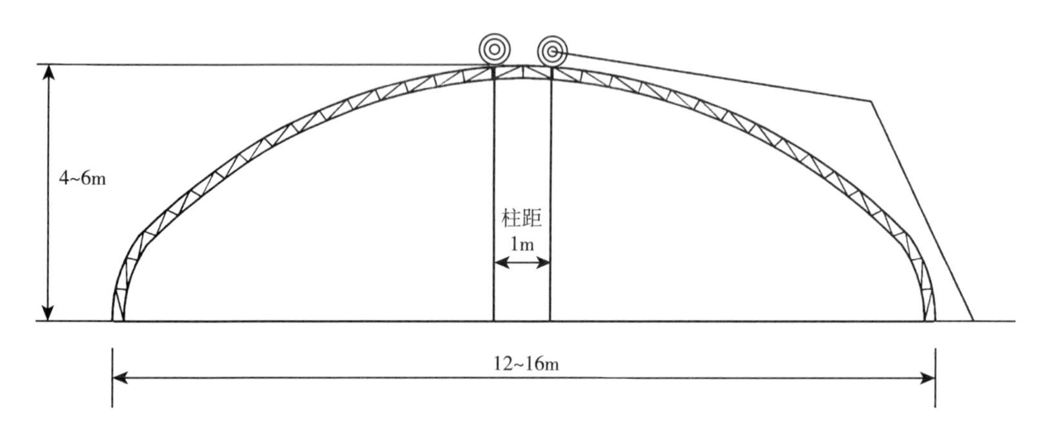

南北走向盖苫塑料大棚剖面

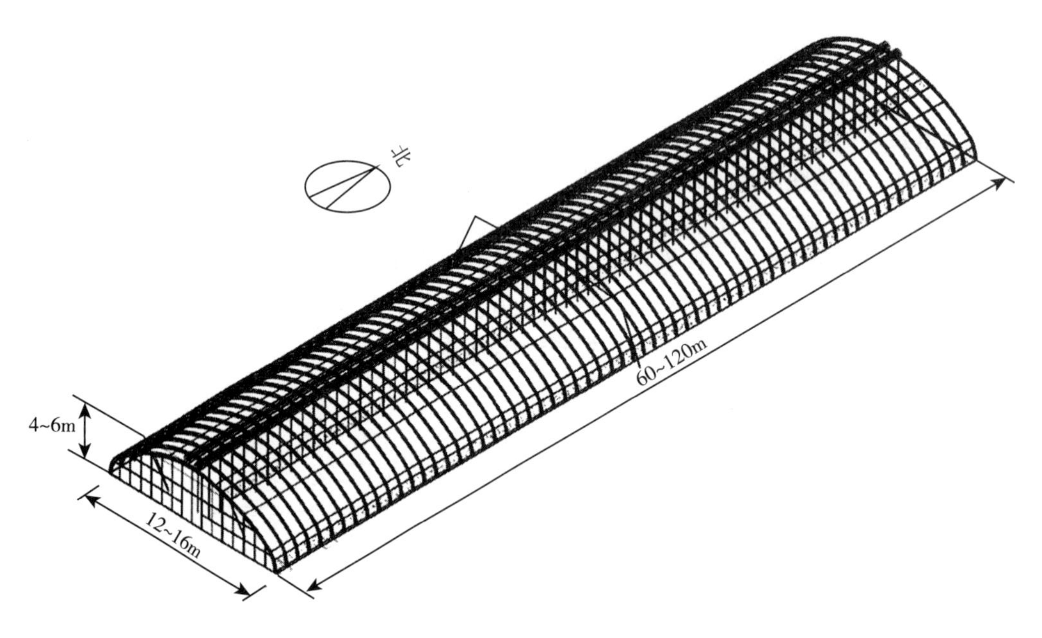

南北走向盖苫塑料大棚轴侧

（2）规模和效果　2015 年，指导肥乡县该合作社新建盖苫大棚 12 栋，示范面积达

30 亩*。其盖苫大棚结构特点：南北走向，脊高 5m，跨度为 18m，长度 100～140m，无下挖，占地面积 2.5～3.0 亩，土地利用率约为 98%，全部采用保温被覆盖，比普通大棚春提早定植延后 30d 左右，秋延后生产提前 30d 左右，可大大提高土地生产效益。

骨架采用钢管+竹木结构，钢管间距 3.6～4.0m，两钢管外侧各穿插 5 根竹竿，单侧竹竿自地面顺着棚膜延伸至拱棚顶部。采用水泥立柱支撑，每个钢制拱架配有 8 根立柱，中间两个立柱间距 1.0m，两侧分别以 3.0m、3.0m、2.5m 间距立 3 根水泥立柱。在两根钢制拱架中间另外加设两根水泥立柱，直接支撑盖苫大棚顶部。

盖苫大棚实例

盖苫大棚内部结构示意

二、内膜可收卷双膜大棚

1. 技术内容概述

河北省塑料大棚蔬菜种植面积较大，一般用于春提前、秋延后栽培。在实际生产中，农民朋友为了延长使用时间，在棚内加设小拱棚、二道幕，但内层薄膜不能收卷、不可重

* 亩为非法定计量单位，1 亩≈667m^2。

复使用，可调控能力较差，白天影响作物采光和通风。针对上述问题，河北省现代农业产业技术体系蔬菜产业创新团队设施结构优化与集成技术创新岗位牵头，研制了一种内膜可收卷的双膜大棚。

2. 技术要点

该大棚的内膜可通过手动或卷膜器自由收放，可在白天的时候卷起、夜晚的时候放下，操作简单方便，不影响作物采光。并且在内膜上设有底层膜，在外膜底端设有可收卷帘作为通风口，两者同时打开可实现棚内空气流动；两者分别带有第一固定膜和第二固定膜，两者距离地面有一定的高度，可防止在进行通风时近地尘土进入棚内。跨度 8～12m，脊高 3.0～4.0m，肩高 2m，长度 90m 左右。拱杆间距 1m，内膜支架距地面高度 2.6～3.6m。脊部偏东需留顶风口，两侧留 2 道侧通风口，采用卷膜器放风，风口上下设压膜槽和防虫网，侧通风口下压膜槽距地面 0.8m，风口距地面 0.8m。棚门设在棚头中间，大小 2m×2m。棚头立柱间距 1m，棚头上横向设压膜槽，间距 1～1.2m。双膜大棚的内膜使用寿命在 3 年左右，且利用卷膜器非常便于内膜的收放，有利于早春及晚秋时期的棚内较快升温及热量及时保存，可显著降低劳动强度，减少搭设覆盖的次数。据调查，可降低内膜搭建人工成本 40％左右。

3. 种植模式

该设施主要配套种植模式有两种：

（1）春提早果菜＋秋茬果菜＋越冬叶菜三茬模式　此模式适合冀中南地区。以石家庄大棚春黄瓜—直播黄瓜—菠菜三茬模式为例：第一茬黄瓜 2 月下旬育苗，3 月下旬定植，6 月下旬至 7 月上旬拉秧，亩产 8 000～9 000kg；第二茬于第一茬拉秧后直播黄瓜，9 月下旬拉秧，亩产 3 000～4 000kg；第三茬属于次茬，于第二茬拉秧后种植菠菜，45d 后采收，亩产 2 000～2 500kg。三茬瓜菜常年亩效益在 3 万元以上。

①春黄瓜。

品种：选用早熟、抗病、优质品种。

育苗：温室育苗，播种前将种子用 55℃温水浸种 10～15min，并不断搅拌至水温降至 30～35℃，将种子反复搓洗，清水洗净黏液，浸泡 3～4h，将浸泡好的种子用洁净的纱布包好，放在 28～32℃的条件下催芽，待种子 70％露白时播种。营养钵育苗，每穴 1 粒，覆土 1.5cm 左右。播种至出苗阶段夜温保持在 15℃以上，白天保持在 26℃。出苗后，适当通风，降低温度湿度，白天温度保持在 24～28℃，夜间保持在 12℃。苗期 35d 左右，达到 3 叶 1 心为宜。定植前 7d 放风蹲苗。

定植及定植后的管理：定植前 10～15d 扣棚烤地，力争定植时夜间地温不低于 10℃。每亩底施腐熟有机肥 5 000kg，饼肥 200～300kg，氮、磷、钾含量各 15％的复合肥 50kg。定植前 5～6d 浇足底水，待地温升高干湿适宜时，选晴天上午点水定植，定植密度每亩 3 000 株，三膜覆盖，以保证棚内温度、湿度。7～10d 浇一次缓苗水，然后进行蹲苗，待苗叶色深绿，叶片肥厚，坐住根瓜，即结束蹲苗，浇一次催瓜水。以后隔 10d 浇一次水，盛瓜期 5～6d 浇一次水，追肥宜少肥多次，前期少施，结瓜盛期多施。每次浇水可随水追施尿素每亩 20～30kg。及时插架、绑蔓，摘除雄花、卷须、老叶、病叶，不误农时。

采收：一般定植后 20d 即可采收。根瓜采收不宜太迟，初收隔 2～3d 1 次，盛瓜期隔日采收。

②直播黄瓜。

品种：选用抗病、耐热、丰产的优良品种。

播种及播后的管理：此时大棚膜主要是起遮阳和防雨作用，春黄瓜拉秧后进行第二茬黄瓜直播，播种密度同春黄瓜。播后浇 1 次小水，以降低温度促进出苗。出苗后至根瓜坐住前，尽量控水蹲苗，如遇持续高温干旱，可适当浇水，苗期可叶面喷施 0.3%的磷酸二氢钾 1～2 次，以壮秧促瓜。进入采收期，一般 5～7d 浇水 1 次，隔水追肥，原则上是追 2 次尿素，1 次复合肥。

③冬茬菠菜。

品种：选用耐寒性强、生长速度快、产量高、抗病能力强的大叶或尖叶品种。

播种：每亩用种量为 2kg，播种前应挑出杂质及瘪种，用饱满的种子播种，确保出苗整齐，长势强，播后要及时浇透水。

播种后管理：出苗后将进入 10 月，这时白天温度还较高，白天、晚上棚膜的底脚都要揭开；以后随着自然界温度的降低，白天底脚及时揭开，晚上要及时扣上。温度再降低，白天则要将底脚封严。如果以后遇到高温可以打开大棚门稍微放一下风。苗出齐后要保证土壤表面湿润，以促进菠菜的生长。

采收：45d 后即可采收，可根据市场行情，灵活掌握。

（2）春提早果菜＋秋茬后果菜二茬模式　目前该模式各地普遍应用，一般为春提早番茄＋秋茬后黄瓜，或者番茄、黄瓜、辣椒、茄子进行搭配。应注意，因番茄秋茬病毒病严重，如秋茬种植番茄，必须选择高抗黄化曲叶病毒病品种。

4. 适用区域

河北省中南地区及相同气候区域。

5. 技术来源

河北省现代农业产业技术体系蔬菜产业创新团队设施结构优化与集成技术创新岗位。

6. 注意事项

大棚骨架的结构强度应满足承载力要求以及结构安全性要求。

7. 技术指导单位

河北省农业特色产业技术指导总站、河北省农业技术推广总站。

8. 示范案例

（1）地点　藁城试验站西凝仁合作社。

（2）规模及效果　2016 年，指导该合作社示范 20 余亩。该大棚采用镀锌钢双骨架，外拱内平，内层高 2.4m，外拱高 2.8m，南北走向建造，东西跨度 8.5m，南北长 80m，双膜覆盖。利用手动卷膜器实现了大棚内膜的自由收放，省工省力，保证室内光照，种植春提前、秋延后两茬果菜，较普通大棚，早春可提早上市 10d 以上，晚秋可延后拉秧 10d 以上，年增效 10%以上。

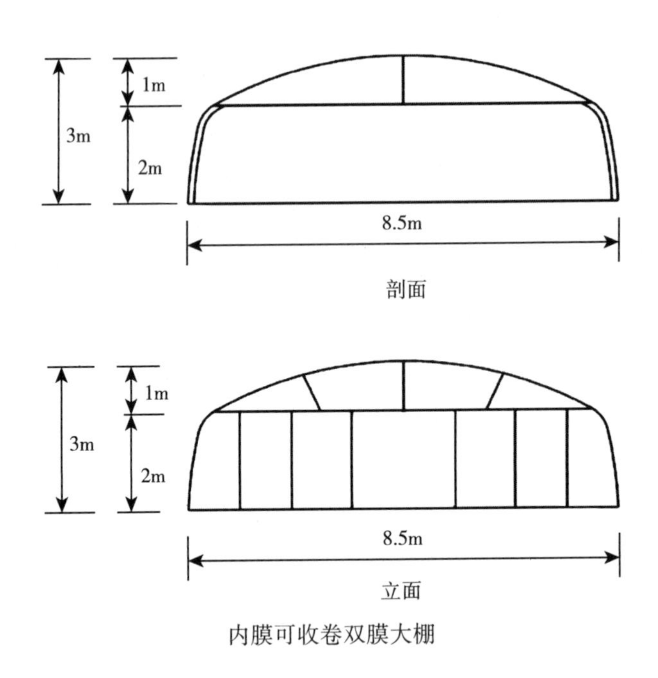

内膜可收卷双膜大棚

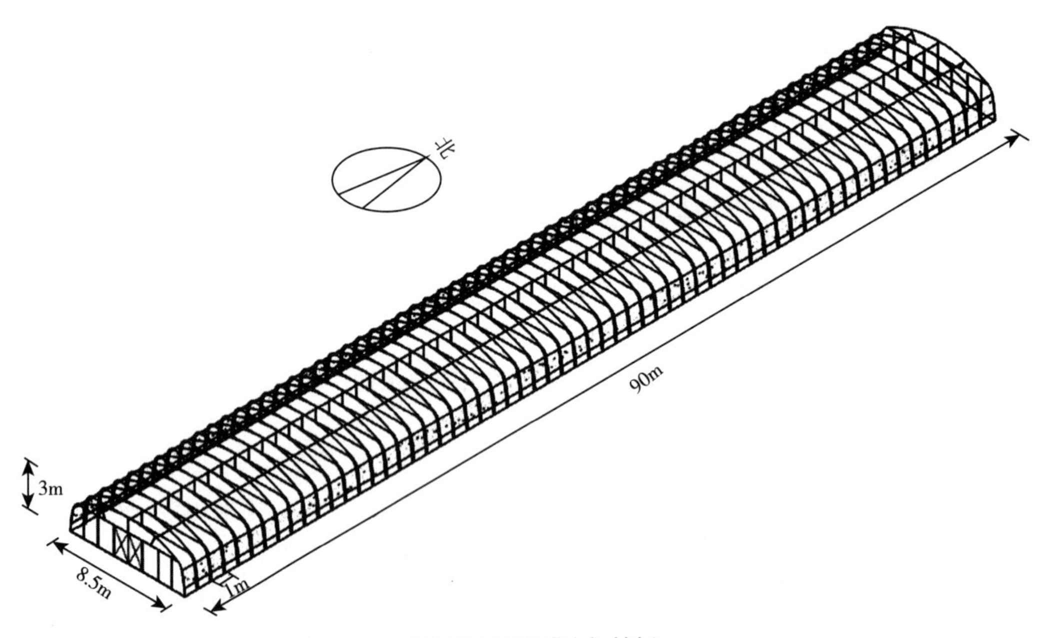

内膜可收卷双膜大棚轴侧

内膜可收卷双膜大棚实例

内膜可收卷双膜大棚内部结构示意

内膜可收卷双膜大棚内种植的甘蓝

三、四季棚室

1. 技术内容概述

四季棚室是一种适合我国北方蔬菜周年生产的保护地设施，2014 年 10 月获得国家实用新型专利授权，2015 年通过专家鉴定，成果达国际先进水平，目前在廊坊市已实现规模化应用，在河北省其他地区及天津、北京、山东等地的应用面积也在逐渐扩大。该设施棚体坐北朝南、东西延长，以太阳光为能源，全年通过覆盖物的适时揭盖和 3 道放风口的适当开闭来营造适合蔬菜生产的小气候，适合开展蔬菜周年优质高效生产。

2. 节本增效

该设施每年较日光温室多生产 2 茬或 2 茬以上蔬菜，栽培时间延长 51d，平均年亩产值多 0.8 万元以上；较塑料大棚多栽种 3 茬或 3 茬以上的蔬菜，栽培时间延长 120d，平均年亩产值多 2.5 万元以上。

3. 技术要点

（1）结构特点

①坐北朝南、东西延长。四季棚室采用拱形一体式棚体，前坡（采光面）在南侧；后坡居北侧；棚体东西方向延长，外形类似我国北方的日光温室。

②棚体采用钢骨架。棚体骨架由焊接在一起的若干拱形钢梁、钢质横拉杆和 1 排支柱构成。

③不以三墙（北墙、东墙、西墙）支撑。棚体通过焊接在一起的拱梁和立柱来支撑，不再以三墙为承重墙，不设置传统的厚墙体，由此减免了墙体的占地、提高了土地利用率。

④栽培床与地表齐平。四季棚室的栽培床与棚室外的地表齐平，不下坐，不易积水。

⑤以太阳光为能源，通过人为调控营造适宜小气候。在棚体上覆盖塑料棚膜、保温被或草苫，在棚体的前地脚、后地脚和屋脊设置 3 道通风口，通过覆盖物的适时揭盖和通风口的适时开闭来调节室内的温度、光照和湿度，营造适合蔬菜栽培的环境条件。

⑥防雨、防雪、防风。四季棚室，冬季不怕雪、夏季不怕雨、周年不怕风，可周年生产。

（2）主要结构参数　①坐北朝南、东西延长。②跨度 12m 左右。③脊高 4.3m 左右。④长度 70～200m。⑤骨架采用优良钢质材料焊接，厚度在 2mm 以上，骨架的间距为 1m。⑥支柱 1 排，柱与柱的间距为 3m。⑦风口共 3 道。包括 1 道顶风口，1 道前地脚通风口，1 道后地脚通风口。⑧棚膜采用聚乙烯膜、聚氯乙烯膜或醋酸聚丙烯膜等优质塑料薄膜。⑨寒冷季节，一般采用大于或等于 2.5kg/m^2 的优质保温被；夜间，前坡覆盖 1 层，后坡和东西侧山墙昼夜覆盖 2～3 层。温暖季节，及时撤下，妥善放置。

（3）建造注意事项

①建造条件。应选择地势平坦、无积涝的地块建造，地域条件应符合《无公害农产品种植业产地环境条件》（NY 5010）的标准要求。

②结构条件。应选用达国家标准的热镀锌钢材做骨架材料，棚体跨度一般不超出 12m，脊高不超出 4.3m，室内设 1 排立柱，分别在棚体的南地脚上侧、北地脚上侧和屋脊南侧设置通风口。

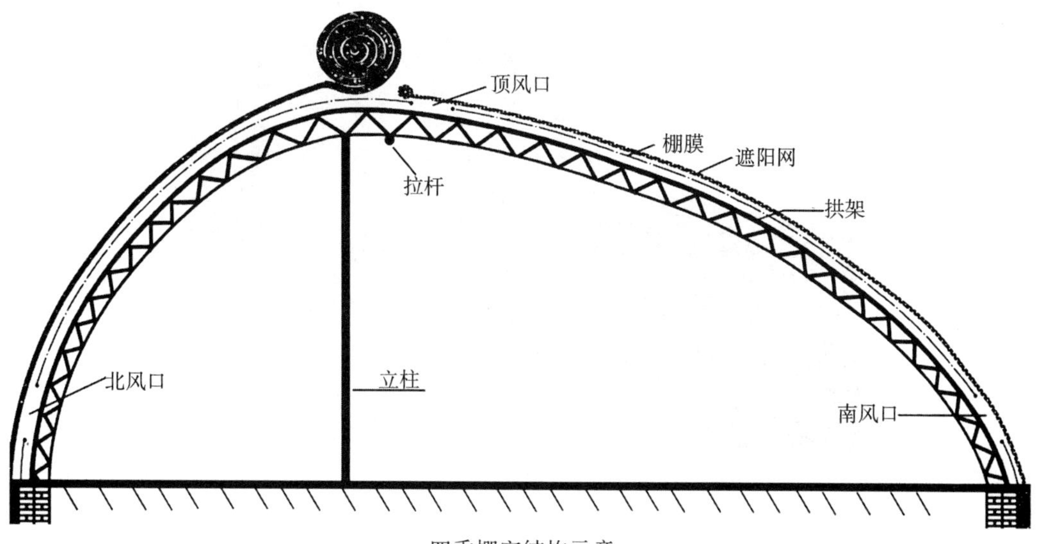

四季棚室结构示意

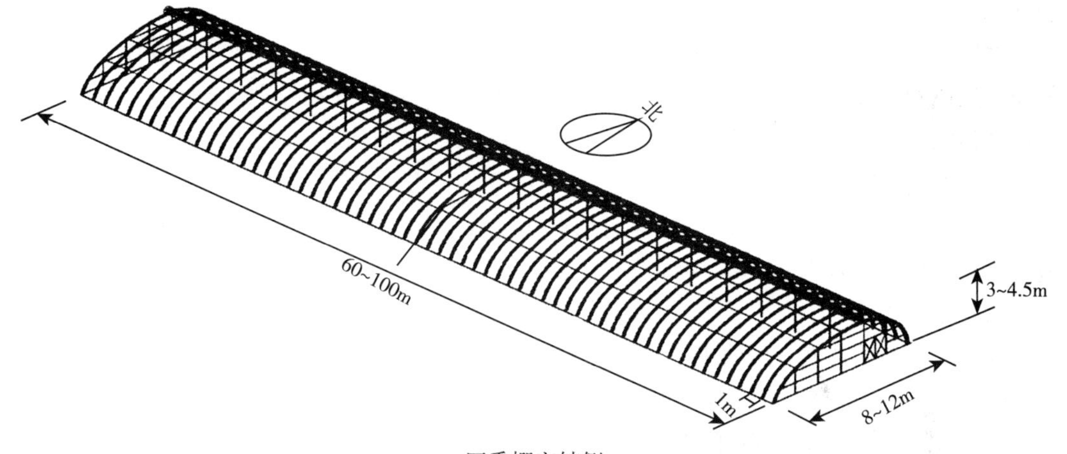

四季棚室轴侧

四季棚室骨架

冬季栽培蔬菜的四季棚室

③覆盖物要求。全年覆盖优质塑料薄膜，膜透光率高、保温性强、膜厚不低于0.1mm。

寒冷季节覆盖优质保温被保温，前坡覆盖1层，后坡覆盖2～3层，后坡保温被上再覆盖1层棚膜；棚体东西两侧的覆盖物与后坡相同。覆盖时间通常为10月底至翌年3月底，其他时间应撤下并放置到合适地方妥善保存。

4. 种植模式

冬季应栽培叶菜，早春、晚秋季应按照市场需求栽培果菜或叶菜，做到全年不闲置地，生产优质高效蔬菜。

（1）模式类型

模式1：春夏果菜—夏秋果菜—冬叶菜—冬叶菜（一年4茬）。

模式2：春夏果菜—4茬秋冬叶菜（一年5茬）。

模式3：一年7～8茬叶菜（散叶生菜、油麦菜、茼蒿、菠菜等）。

（2）典型高效种植模式

①春番茄—夏秋黄瓜—冬茼蒿—冬茼蒿，茬次安排见下表。

茬次安排

茬次	播种期	定植期	采收期
番茄	1月中下旬	3月上中旬	5月底至6月底
黄瓜	5月底至6月上旬	7月上旬	8月中旬至11月下旬
茼蒿	11月底至12月初	—	翌年1月中下旬
茼蒿	1月底	—	3月上旬

注：番茄、黄瓜进行育苗移栽定植，茼蒿采用直播的方法。

②春夏茄子—四茬秋冬散叶生菜，茬次安排见下表。

茬次安排

茬次	播种期	定植期	采收期
茄子	1月上旬	3月下旬	5月上中旬至8月下旬
散叶生菜	8月初	8月底	9月底
	9月上中旬	10月初	11月中旬
	10月上中旬	11月下旬	翌年1月底
	12月上中旬	翌年2月初	3月中下旬

③一年4茬散叶生菜—3茬茼蒿，茬次安排见下表。

茬次安排

茬次	播种期	定植期	采收期
散叶生菜	11月中下旬	翌年1月上旬	2月下旬至3月上旬
	2月初	3月中旬	4月底
	4月中下旬	5月上中旬	6月中旬
	6月初	6月下旬	7月底
茼蒿	8月中旬	—	9月中旬
	9月下旬	—	10月底
	11月中旬	—	翌年1月中旬

注：番茄黄瓜进行育苗移栽定植，茼蒿采用直播的方法。

5. 适用区域

四季棚室适合河北省和京津地区及我国北纬39°以南平原地区应用。

6. 技术来源

廊坊市农林科学院蔬菜研究所。

7. 注意事项

四季棚室在建造和使用过程中，应该注意以下4个方面：

（1）棚体骨架角度组合要合理　前坡（居南侧，寒冷季节采光）应依据当地冬季太阳高度变化规律来设计，采用阶梯式拱形结构，不采用传统的“一坡一立”式结构。后坡（居北侧，温暖季节采光）的角度应与前坡有机衔接，兼顾受力、防风、采光和方便清除冬季积雪的要求，采用适合的拱形结构。

（2）棚体高度、跨度要合理　四季棚室的棚体高度和跨度应合理匹配。脊过高、跨度过大，冬季室内地温较低，不利于蔬菜生长；脊过矮、跨度过窄，光线不足，难以营造适宜的小气候，影响蔬菜的栽培。

（3）适时拆卸保温被或草苫　四季棚室的保温被或草苫，应在每年的10月底至翌年3月底期间覆盖，4月上中旬应及时将保温被或草苫拆卸下来，晾晒干净后放置在防雨、通风干燥、防鼠害的地方妥善保存。待10月中旬再重新覆盖。不能为了省工省力常年不撤保温被或草苫，如此会明显减少保温被或草苫的使用年限，并造成明显的减产、减收。

（4）棚体材料要合格　四季棚室的钢梁用材要达到国家标准，厚度应大于2mm，钢梁间距应为 1m，保温被质量要合格，寒冷季节后坡保温被上还要包裹 1 层防雨雪、防透气的塑料薄膜。

8. 技术指导单位

廊坊市农林科学院蔬菜研究所。

9. 示范案例

（1）地点　固安县顺斋瓜菜种植专业合作社。

（2）规模和效果　近年来，廊坊市固安县的顺斋瓜菜种植专业合作社利用四季棚室常年生产优质蔬菜，从没有因冬季低温、夏季高温、春秋季飓风造成损失，连续多年实现蔬菜生产优质高产高效，在满足当地需求的同时还将优质蔬菜供应北京庞大的市场，多次获得高度评价。

该合作社在四季棚室周年生产优质蔬菜。其中一个主要茬口是冬季生产两茬叶类蔬菜，早春至夏季生产番茄、茄子、辣椒等茄果类蔬菜，夏秋季生产瓜果类蔬菜。由此，在同等条件下四季棚室较日光温室每亩增收 8 000 多元，较塑料大棚每亩增收 25 000 多元。

四、冀新Ⅰ型日光温室

1. 技术内容概述

目前河北省日光温室结构多数是以寿光第五代日光温室为代表的半地下厚土墙冬用型日光温室，各地在设施结构设计、建造中随意性较强，导致土墙过厚、土地利用率低，土壤耕层破坏大、恢复周期慢，温室下挖过深，造成雨水倒灌和影响棚室南部蔬菜生长等。针对上述问题，河北省农林科学院经济作物研究所、河北省现代农业产业技术体系蔬菜产业创新团队设施结构优化与集成技术创新岗位共同研制了全钢架组装式中空复合墙体日光温室（以下简称冀新Ⅰ型日光温室），其结构主要特点是采用全拱形骨架，非承重墙体，无立柱。墙体围护结构采用绿色环保轻质建筑材料，具有绿色环保、保温隔热、土地利用率高、施工简单便捷等特点，其保温性能是砖墙的 10 倍以上。

2. 主要特点

该温室在晴天夜间室外最低温度－12.9℃时，室内温度可保持在 11℃以上；多云天气室外最低温度－12.2℃时，室内最低温度达 8.4℃，可满足冀中南及同类气候地区喜温果菜类蔬菜越冬生产。每平方米造价 220～300 元。

3. 技术要点

该温室跨度 12m，后屋面长 2.44m，后墙立面高 3.66m，长 80m，矢高 5.3m。采用全钢架组装式中空复合墙体结构，墙体由 3 个不同层系拟合而成，内层为吸热蓄热层，采用 5cm 厚、塑料薄膜密封的稻草板；中间为隔热层，采用空气层作为隔热层；外层为保温层，采用 9cm 厚、内外喷涂聚氨酯的水泥发泡板。温室前屋面骨架上弦采用椭圆管 75mm×30mm、厚度 2.2mm，下弦采用直径 25mm、厚度 2.0mm 热镀锌圆管，上下弦间用连接件固定。后墙立面采用 100mm×50mm、厚度 2.5mm 热镀锌方钢作为立柱，间距 2m，顶部 1 道口采用 100mm×50mm、厚度 2.5mm 热镀锌方钢纵向连接作为肩管，中间 3 道口采用 50mm×30mm、厚度 2.0mm 热镀锌方钢纵向连接。后屋面采用竹胶板覆盖，上面喷涂 5cm 聚氨酯用来保温，最外部为 1cm 保温砂浆作为保护层。温室需挖宽 70cm，深 60cm 的基槽，素土夯实，垫 10cm 厚 C20 混凝土垫层，页岩砖砌衬 30cm。后墙地梁 50mm×24mm，前屋面地梁 24mm×24mm，地面以上 10cm，地面以下 14cm。地梁 C25 钢筋混凝土现场浇筑并放入与骨架相连接的预埋件，预埋件间隔 1m，2 道地梁预埋件南北呈直线，中线距离 12m。

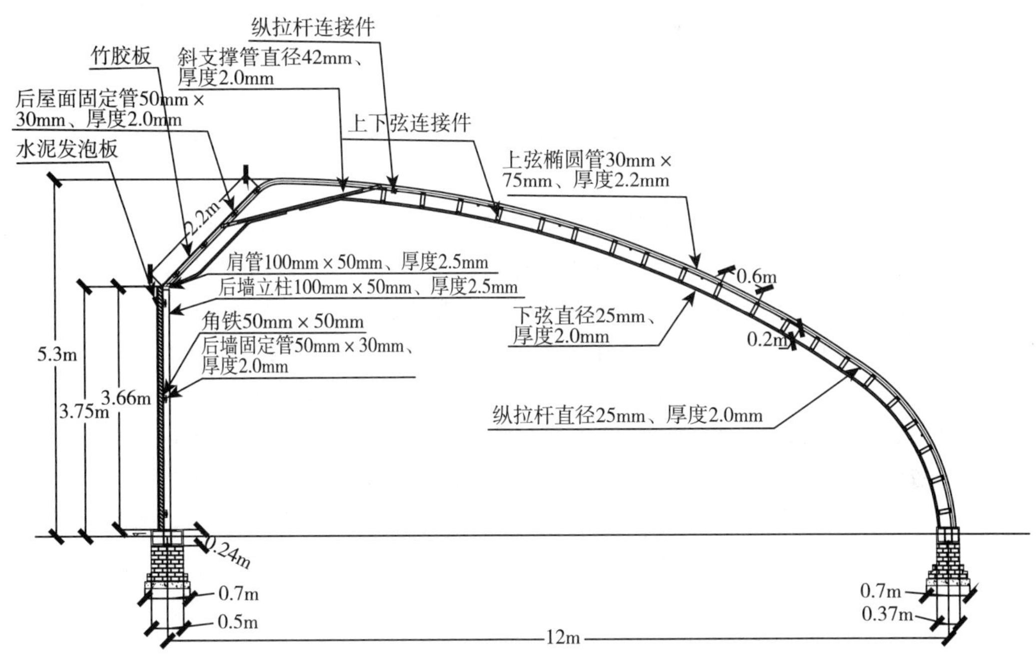

冀新Ⅰ型日光温室结构

冀新Ⅰ型日光温室

4. 种植模式

以日光温室番茄一大茬高效生产技术模式为代表模式。

此模式适合河北省冀中南地区，该模式效益高，省工省时，是农民致富的有效途径。越冬一大茬番茄 9 月上旬育苗，10 月下旬定植，翌年 1 月中下旬始收供应春节市场，6 月底或 7 月初拉秧，亩产 1.4 万 kg。蔬菜常年亩效益在 3.5 万元以上。

（1）品种　选用优质、高产、耐弱光、生长势强、抗病能力强的品种。表现较好的品种有普罗旺斯、东盛、金鹏系列、宝冠系列等。

（2）育苗

①穴盘育苗。采用 72 孔穴盘，基质用草炭、蛭石和珍珠岩复配，比例 7∶2∶1，基质在播种前浇水洇湿。

②催芽播种。一般在 9 月上旬播种，播种前种子用冷水浸泡 12h，再用 10%磷酸钠浸泡 20min，之后用清水洗净后用 35℃温水催芽。待 80%的种子露白即可播种。由于夏末秋初气温较高，日照较强，播种后苗床要加盖小拱棚和遮阳网。

③苗期管理。苗期的水分管理以苗床见干见湿为宜，缺水要及时补充，也不能过多浇水；温度管理以白天不高于 35℃，夜间不低于 20℃为宜；特别注意 12：00～16：00，如遇过强光照要及时加盖遮阳网，避免幼苗被日灼。当幼苗长高到 10～12cm，具有 4～5 片真叶、20～25d 苗龄时，即可定植。定植前要控制温度和水分，并进行炼苗。

（3）适时定植　定植前每亩施用腐熟鸡粪 10 000kg、过磷酸钙 30kg、硫酸钾 20kg，深翻 25～30cm，耙平地面。整地后，按照宽 1.2m、高 30cm 的规格起垄，垄面耙耱平整，并铺好地膜，灌 1 次透水。一般于 10 月下旬定植。定植方法采用明水定植，即先栽苗，后浇水。按照一垄双行的栽培方式，株行距为 30cm×60cm，亩定植 2 200 株左右。定植一般在晴天的下午进行。采用膜下沟灌节水灌溉技术，定植后适时张挂黄色粘虫板。

（4）定植后管理

①温度管理。定植到缓苗期间（7～10d）要保温。白天可保持在 32～35℃，提高地温，促根生长。深秋定植时外界温度低，一般不通风，室内湿度过大时，尤其是低温弱光天气，应选择中午适当放风，待潮气放出后应及时封闭棚膜。缓苗后，白天温度应控制在 20～25℃，夜间 18℃。开花结果期，应保持白天温度 20～30℃，夜间 15℃，低于 15℃易引起落花落果，高于 30℃则影响养分积累（可采用化学调控、两网一膜技术）。

②水肥管理。定植时浇足定植水，7～10d 后浇一次缓苗水，原则上之后不再浇水，直到第一穗果核桃大小时再开始浇水，此期间如果水分多，易引起植株徒长，从而影响开花结果。主要栽培措施是中耕，促进根系向深层发展。

第一穗果已坐住并长到核桃大小时，幼果转入迅速膨大期，要结束蹲苗追肥浇水，并结合灌水，每亩冲施浓缩冲施肥，500mL 兑水 50kg。当果实由青转白时，浇两次水并追施浓缩冲施肥，500mL 兑水 50kg，以后每隔 5～6d 浇一次水。

③越冬栽培。进入盛果期后室外温度逐渐降低，且外界光照时间短而弱，植株生长和果实发育比较缓慢，此时必须适当控制浇水，最冷的 12 月中下旬到翌年 1 月基本不浇水。2 月中旬后，一般 10～15d 需浇 1 次水。由于冬季地温随天气转暖，开始浇水

时，要避免大水漫灌，以免影响植株生长。换头栽培的此时应掌握浇果不浇花原则，防止落花落果。

④光照管理。进入 11 月光照渐差，除及时清洁屋面、减少积尘、保证光照外，最好在室内北墙张挂反光幕，以增强光照、增加产量、提高品质、增加收入。

⑤植株调整。采用塑料绳吊挂法支撑植株，随植株生长及时进行绑缚。整枝方式采用单干整枝，及时去除根蘖和分枝，打去老叶和黄叶，促进通风透光。

（5）病虫害防治

①防治基本原则。采取“预防为主，综合防治”的方针。从农田生态的总体出发，以保护、利用田间有益生物为重点，协调运用生物、农业、物理措施，辅之以高效低毒、低残留的化学农药进行病虫害综合防治，以最大限度地减少农药使用量。

②主要病虫害及防治。番茄易发生的主要病虫害是早疫病、晚疫病、叶霉病、蚜虫、白粉虱等。采用以农业防治和物理防治为主，科学使用化学农药防治为辅的方法。重点要调整好棚内的温度、湿度，创造一个适合番茄生长而不适合病虫害发生的棚室条件。

早疫病：发病时可喷洒 40%百菌清悬浮剂，每亩有效成分用量 60g，安全间隔期 7d，或波尔多液（生石灰∶硫酸铜=1∶1）稀释 200 倍喷雾。

晚疫病：发病时可用 68%精甲霜灵·锰锌水分散粒剂，每亩用 100g 兑水 50kg 喷雾，安全间隔期 5d。

叶霉病：发病初期可用 47%春雷·王铜可湿性粉剂，每亩 100g 兑水 50kg，安全间隔期 7d。

蚜虫、白粉虱：喷洒 25%噻虫嗪水分散粒剂，每亩用 4g；5%天然除虫菊素乳油喷雾，每亩用 40g；或 0.3%印楝素乳油，每亩用 40g。用黄板诱杀成虫；以虫治虫，以丽蚜小蜂控制白粉虱，当白粉虱成虫数量达每株 1～3 头时，按白粉虱成虫与寄生蜂 1∶（2～4）的比例，每隔 7～10d 释放丽蚜小蜂 1 次，共放蜂 3 次，能有效地控制其危害；10%吡虫啉可湿性粉剂喷雾，每亩使用 10g，安全间隔期 10d。

5. 适用区域

河北省中南部地区。

6. 技术来源

河北省现代农业产业技术体系蔬菜产业创新团队。

7. 注意事项

温室骨架的结构强度应满足承载力要求以及结构安全性要求。

8. 技术指导单位

河北省农业特色产业技术指导总站、河北省农业技术推广总站。

9. 示范案例

在石家庄鹿泉区农业科学院大河试验站基地示范冀新Ⅰ型日光温室 3 栋。

冀新Ⅰ型日光温室采用多层异质复合材料围护结构及全拱形钢架，温室内净跨度 12m，脊高 5.3m，采光角合理，墙体厚度 32cm。主要用于日光温室番茄越冬一大茬高效生产。

五、草砖墙体日光温室

1. 技术内容概述

光温室具有白天蓄积热量、夜间释放热量的功能，对温室保温起到重要作用。当前我国北方现有的日光温室墙体主要为土墙、砖墙等。厚土墙占地面积大、土地利用率不高、破坏耕地。而砖墙蓄热性能不强，凌晨及阴天放热量少，同时导热系数大，向室外散热量大，从而导致室内气温较低，同时其造价高、对环境污染大。针对上述问题，河北省现代农业产业技术体系蔬菜产业创新团队设施岗位牵头，研制了一种草砖墙体日光温室，将作物秸秆加工后用于日光温室墙体建造，利用了秸秆稻草的蓄热保温性，提高了日光温室保温性能，降低了日光温室建造投入和施工周期，可有效解决农村大量秸秆废弃造成的资源浪费和环境污染等问题，增加了日光温室经济效益、社会效益和生态效益。

2. 节本增效

草砖墙体日光温室墙体材料环保、建造成本低，土地利用率高，便于机械化建造。

3. 技术要点

草砖墙体日光温室为东西走向，采用热镀锌钢质桁架结构。先将粉碎的玉米等作物秸秆用机械编织机编织压实制成长 100cm、宽 45cm、高 40cm 的草砖，草砖用抗老化塑料薄膜严密包裹。墙体底部先垒 3 行砌砖以隔潮，砌砖上砌草砖。为提高温室保温性能，温室墙体外面可再加 10cm 厚聚苯保温板进行隔热。后坡由 3 层草苫及塑料薄膜组成，山墙由 45cm 厚砌砖砌成。

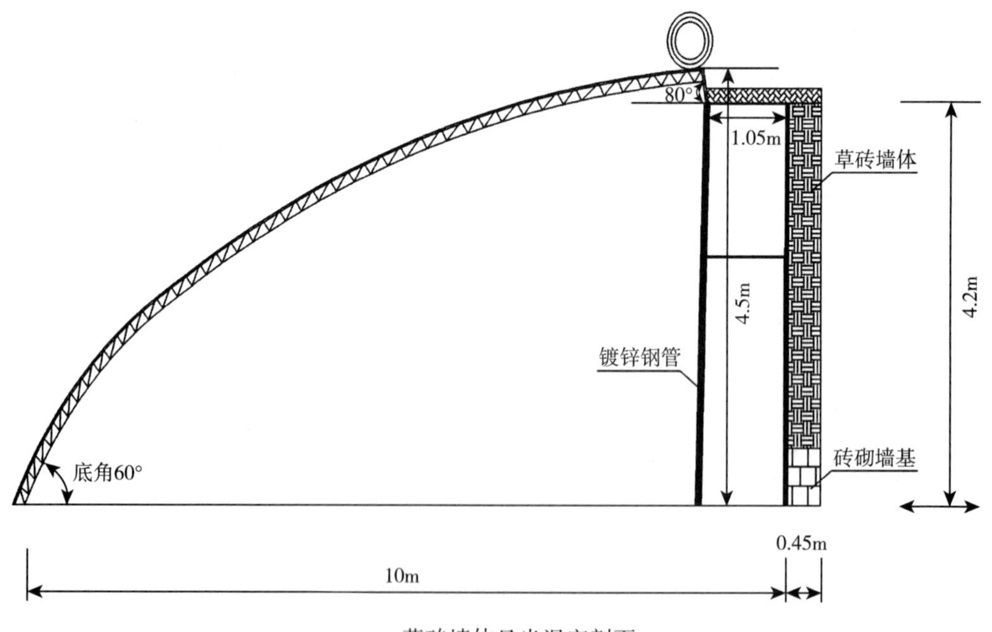

草砖墙体日光温室剖面

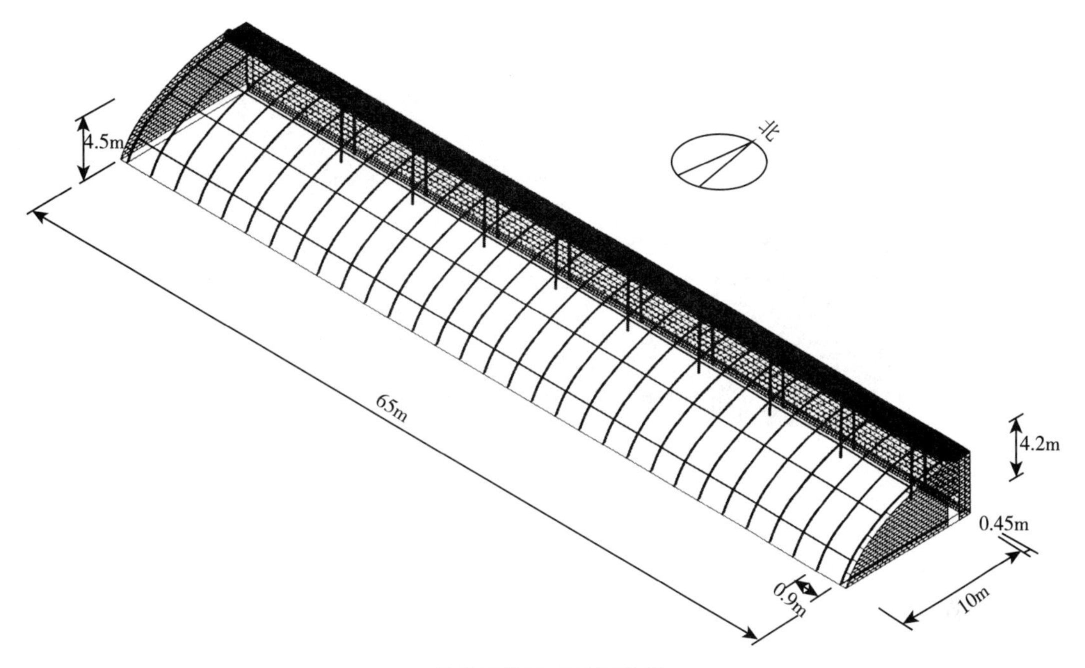

草砖墙体日光温室轴侧

草砖墙体日光温室内部

草砖墙体日光温室外部

4. 种植模式

以冬季1～2茬叶类蔬菜+早春茄果类蔬菜+夏秋季瓜果类蔬菜种植模式为典型代表。茬次安排详见下表。

茬次安排

茬次	播种期	定植期	采收期
番茄	1月中下旬	3月上中旬	5月底至6月底
黄瓜	5月底至6月上旬	7月上旬	8月中旬至11月下旬
茼蒿	11月底至12月初	—	1月中下旬
茼蒿	1月底	—	3月上旬

5. 适用区域

河北省中南部地区。

6. 技术来源

河北省农业特色产业技术指导总站。

7. 注意事项

温室骨架的结构强度应满足承载力要求以及结构安全性要求。

8. 技术指导单位

河北省农业特色产业技术指导总站。

9. 示范案例

(1) 地点　邯郸成安县鹏瑞蔬菜种植专业合作社。

(2) 规模和效果　示范草砖墙体日光温室20亩。主要茬口是冬季生产1～2茬叶类蔬菜，早春至夏季生产番茄、茄子、辣椒等茄果类蔬菜，夏秋季生产瓜果类蔬菜。较塑料大棚每亩增收25 000多元。

六、组装式全钢架保温被墙体日光温室

1. 技术内容概述

日光温室是我国主要的设施类型，在蔬菜生产中，日光温室的结构和性能不断完善，但目前仍存在诸多问题。一是土地利用率低。现在推广应用的温室多为厚土墙结构，墙体厚度达4～6m，再加上温室间距、工作间和人行道等占地，温室的土地利用率仅在40%左右。二是破坏耕层土壤结构。现在温室土墙一般是从种植土壤取土建造，这种做法极易大面积破坏耕层土壤，造成温室内种植的蔬菜作物产量和品质下降。三是建造与维护成本高。现在的日光温室建造工程量大，所需成本高，且遇雨墙体易垮塌，每年需要大量劳动力来维护。四是不便拆装。温室内栽培的作物多年连作、复种指数高且季节性覆盖，一般连作3～5年就会出现土壤连作障碍，造成种植作物产量和品质下降，但温室不便拆装，无法移到其他地块进行生产。针对上述问题，河北农业大学牵头，研制了装配式全钢架保温被墙体日光温室，该温室建造方便，极大地减少了对耕层结构的破坏，提高了土地利用率且便于拆装。

组装式全钢架保温被墙体日光温室以钢管作为温室整体拱架，采用保温被作为温室墙体和后屋面，将温室整体拱架、立柱、拉杆以及采光和保温等材料设计加工成标准件。

2. 主要特点

该温室性能优越、坚固耐用、土地利用率高、适合机械作业、抗风雪洪涝、成本适中。经测试，在冬季室外−10℃的低温条件下，该温室内可以保持在5℃以上，可越冬生产草莓、生菜和甘蓝等喜冷凉的果蔬，经济效益显著。

3. 节本增效

土地利用率为97.61%，全年皆可建造，适合工厂化生产和建造，一体化棚体，其结构规范，规模化生产基地整齐。

4. 技术要点

（1）温室结构和规格　温室范围坐北向南，东西延长；温室跨度9.0～12.0m，脊高为4.0～4.5m，长度60～100m，前后排温室间距9.0m。

（2）温室建材及规格

①拱架。采用80mm×30mm、厚度2.0mm镀锌椭圆形钢管，钢材质量符合国家标准《结构用冷弯空心型钢》（GB/T 6728）要求，加工成型骨架产品。

②立柱。采用50mm×30mm、厚度2.0mm镀锌矩形钢管制成。

③拉杆。前屋面东西向设5道拉杆，由直径25mm、厚度2.0mm的镀锌圆钢管连接制成；后屋面拉杆有3道，采用40mm×20mm、厚度2.0mm镀锌矩形钢管制成。

④山墙。山墙立柱和拉杆采用50mm×30mm、厚度2.0mm镀锌矩形钢管制成，采用螺丝连接固定。

⑤棚膜。宜采用聚乙烯树脂透光薄膜。

⑥保温被。宜采用重量≥1kg/m^{2}防潮珍珠棉保温被。

⑦卷帘机。宜采用电机功率≥1.5kW的棚面自走式五轴卷帘机。

⑧控制系统。电控设备及线路符合国家标准《温室电气布线设计规范》（JB/T

10296）要求，控制箱宜安装于工作间内。

（3）温室性能

①承载力。日光温室设计荷载应符合《农业温室结构荷载规范》（GB/T 51183）的要求。

组装式全钢架保温被墙体日光温室内部

组装式全钢架保温被墙体日光温室外部采光面

组装式全钢架保温被墙体日光温室外部后墙

②适用性。适用于冀中南地区草莓等耐寒蔬菜越冬生产或喜温蔬菜春季早熟和秋季延迟生产。

5. 种植模式

设施草莓、叶菜类越冬生产；果菜类蔬菜春季早熟栽培和秋延迟栽培。

6. 适用区域

冀中南地区。

7. 技术来源

河北农业大学、河北省现代农业产业技术体系蔬菜产业创新团队。

8. 注意事项

墙体为保温被结构，冬季和早春生产注意防火。

9. 技术指导单位

河北农业大学、河北省农业特色产业技术指导总站。

10. 示范案例

（1）地点　顺平县草莓科技示范基地。

（2）规范和效果　2020年，新建草莓扶贫产业园280亩，全部采用组装式全钢架保温被墙体日光温室，较传统土墙日光温室土地利用率提高40%以上，夏季不窝风，采用草莓—番茄、草莓—西甜瓜模式可周年生产（传统土墙日光温室夏季窝风，温室内温度偏高，被迫休闲）；解决了塑料大棚冬季棚内温度偏低，不能生产草莓的难题。结合草莓集约化避雨育苗和离体冷冻育苗，苗壮、土传病害发生率低、花芽分化早，采收期较2019年提早40d以上，亩产达到4 000kg以上，亩产值10万元以上，取得了良好的经济和社会效益。

七、农大Ⅲ型和农大Ⅳ型日光温室

1. 技术内容概述

农大Ⅲ型和农大Ⅳ型日光温室是基于温光协调理论创制的冬用型日光温室，是适合河北省不同区域应用的经济实用型日光温室。温室墙体分别为土墙和砖土复合墙，全钢骨架，温室跨度分别为8m、9m和10m，共6个型号。两类温室均适用于果菜类蔬菜反季节生产。该技术成果成熟先进，核心技术——温室结构参数自2011年连续多年入选河北省蔬菜产业提质增效十大技术，自2013年被纳为河北省农业综合开发办公室设施蔬菜项目评审依据。目前已在河北省邯郸、石家庄、保定、廊坊、唐山以及山西灵丘等11个地方建立温室蔬菜示范园区20多个，并通过制定省级地方标准、指导制定市级标准和规范、开展技术培训等方式推广农大Ⅲ型和农大Ⅳ型温室及高效利用技术，该成果推动了河北省日光温室由盲目引进向设计科学化、建造标准化、应用高效化转变。

2. 主要特点

农大Ⅲ型和农大Ⅳ型日光温室空间大小适中，采光、蓄热能力强，温光性能好，冬季最低温度一般不低于8℃，且温度调控能力强，适合各地开展越冬一大茬、一年两茬果菜高效生产。两类温室后坡和前屋面采用一体式全钢骨架，支撑力强，温室栽培床下无立柱，方便机械化整地、作畦、喷药、卷放内保温幕等田间作业，可大大降低蔬菜生产劳动强度，实现果菜主要环节机械化生产。

3. 节本增效

农大Ⅲ型和农大Ⅳ型日光温室在河北和山西蔬菜示范园区的多年应用实践表明，深冬季节比传统温室适合喜温果菜生长的天数多15d以上，最低气温提高3.9℃以上，因环境改善每年减少设施蔬菜用药33.0%以上，果菜商品率提高10.5%以上，平均亩增产量1 190kg，年亩增产值3 500元以上。

4. 技术要点

（1）河北省日光温室设计气候区划　结合河北省的地理纬度、冬季最低温度、冬季日照时数和太阳辐射总量差异，依据各地温室性能调研结果，从日光温室设计角度出发，以年平均气温为核心指标，将河北省划分为寒冷区、半寒冷区和温暖区3个区域（参见下表）。寒冷区为张家口和承德的坝下地区、唐山和秦皇岛平原地区，半寒冷区为廊坊、保定、石家庄、沧州和衡水中北部大部分地区，温暖区为衡水南部、邢台和邯郸地区。

河北省不同气候区温室的结构参数推荐范围

分区名称	内部跨度（m）	高度（m）	脊位比	后墙顶部厚度（m）	后坡水平投影（m）	栽培床下挖深度（m）	间距系数
寒冷区	7.5～8	3.8～4	0.8～0.85	≥2.0	1.0～1.2	0.5	2.5～2.6
半寒冷区	8～9	4～4.5	0.85～0.9	≥1.8	0.8～1.0	0.5～0.8	2.3～2.5
温暖区	9～10	4.5～5	0.9～0.95	≥1.5	0.5～0.8	0～0.5	2.2～2.3

（2）农大Ⅲ型和农大Ⅳ型系列日光温室结构与适应区域　农大Ⅲ型和农大Ⅳ型钢骨架节能日光温室共6个型号，其中农大Ⅲ型墙体为机械夯制的厚土墙，农大Ⅳ型为砖土复合墙，内侧和外侧为24砖墙，中间为夯实的素土。温室透明保温覆盖物在寒冷区采用PVC多功能膜，在半寒冷区和温暖区采用EVA多功能膜、PO膜等；保温覆盖物采用双层保温被或稻草苫。

生产越冬茬茄子、黄瓜等要求温度较高的果菜时，适合寒冷区、半寒冷区和温暖区的日光温室型号分别为农大Ⅲ-8型、农大Ⅲ-9型、农大Ⅲ-10型，在上述区域土质差或水位较高的地区或开展休闲观光生产可选用农大Ⅳ-8型、农大Ⅳ-9型和农大Ⅳ-10型（参见下表）。一年生产两茬果菜对温室越冬性能要求稍低，可选择较大跨度的温室，如寒冷区也可选择9型温室，半寒冷区可选择10型温室。

农大Ⅲ型和农大Ⅳ型系列日光温室结构参数

类型	跨度（m）	脊高（m）	墙顶厚/底厚（m）	间距（m）	每排占地宽度（m）	土地利用率（%）	造价（元/m²）
农大Ⅲ-8型	8	4.25	2/5	3.5	18.3	48.5	186.5
农大Ⅳ-8型	8	4.25	2.4	7.3	17.7	16.2	315.7
农大Ⅲ-9型	9	4.8	2/5	5.4	19.4	16.4	145.8
农大Ⅳ-9型	9	4.8	2.4	8.0	19.4	45.2	286.7
农大Ⅲ-10型	9.8	5.0	2/5	6.0	20.8	49.7	131.3
农大Ⅳ-10型	10	5.0	2.4	8.3	20.7	51.5	258.1

5. 种植模式

在适合农大Ⅲ型和农大Ⅳ型高效生产的蔬菜生产模式中，产投比大于2.0的模式目前有6种，分别适合不同区域。其中适合寒冷区的有茄子、尖椒和黄瓜越冬一大茬，适合半寒冷区的有番茄、厚皮甜瓜一年两茬和黄瓜一年两茬，适合温暖区的有黄瓜一大茬和番茄、黄瓜一年两茬。

6. 适用区域

适合推广应用本技术的区域为河北省除坝上以外的平原地区（含缓阳坡地形），以及国内相近气候区。

7. 技术来源

河北农业大学园艺学院。

8. 注意事项

在技术推广应用过程中应注意3点：一是在冬季光照条件差、风口、容易发生泥石流等自然灾害的区域不适合建造温室；二是根据当地的土质等自然条件选择适合的温室型号，如在土层浅、土质偏沙、地下水位过高的地区，无法挖土并建造夯土墙，应建造Ⅳ型温室，其墙体建造所需土量远远小于Ⅲ型温室；三是建造的温室结构类型除了与区域自然条件相契合外，还要和生产的蔬菜作物及栽培茬口配套。

9. 技术指导单位

河北农业大学园艺学院。

10. 示范案例1

（1）地点　乐亭万事达生态农业发展有限公司产业园区。

（2）规模和效果　园区建设了农大Ⅲ-8型日光温室69栋，温室内生产面积240亩，其中6栋为育苗温室，面积4 000m^2，安装了加温锅炉和散热器、补光灯、遮阳网、湿帘-风机等环境调控设备，年育苗能力2 000万株。生产温室主要栽培的蔬菜种类为温室甜瓜、番茄、尖椒、豆角等，生产茬口有秋冬茬-冬春茬一年两茬和越冬一大茬。园区建造的农大Ⅲ-8型日光温室高跨比合理、骨架细、间距设计科学、温光性能好；后坡和前屋面采用全钢骨架支撑，土后墙内增设钢筋混凝土立柱和顶圈梁构成整体框架，温室抗涝、抗风雪能力强。乐亭县冷冬年份的12月和翌年1月室外最低气温在－14℃左右，温室内最低气温始终不低于8.9℃，园区种植的喜高温蔬菜甜瓜、尖椒和豆角等均正常生长和结果。

基地推广应用了与农大Ⅲ-8型日光温室配套的3种高效种植模式与技术。

秋冬茬甜瓜—早春茬番茄，甜瓜亩产6 000kg，效益55 000元，番茄亩产4 000kg，效益12 000元。

秋冬茬尖椒—早春茬番茄，尖椒亩产6 000kg，效益35 000元，番茄亩产4 000kg，效益12 000元。

秋冬茬豆角—早春茬番茄，豆角亩产5 000kg，效益35 000元，番茄亩产4 000kg，效益12 000元。

11. 示范案例2

（1）地点　邯郸武安市白沙村现代农业产业园区。

（2）规模和效果　园区建设了农大Ⅲ-10型日光温室23栋，温室生产黄瓜、番茄、茄子等果菜和葡萄等果树，以采摘和礼品菜销售为主。园区的温室蔬菜模式为秋冬茬—冬春茬一年两茬生产，主要在周末和元旦、春节、五一等节日供市民采摘和销售，温室深冬最低气温不低于9℃，蔬菜生长和结果良好，蔬菜年产量每亩5 800kg左右，效益58 000元左右。

八、棚室电动旋耕平垄机

1. 技术内容概述

新能源成为农机的主要动力时，最为明显的特点就是环保。电动农业机械的技术发展比较快，电能作为一种清洁能源，代替石油成为未来环保型农业机械应用的主要方向。在环境保护要求日益高涨的今天，农业生产更需要清洁能源。电动农业机械发展空间前景比较大，而且控制方便，运转速度快，技术比较成熟。目前，移动式电动农业机械是我国的主要研究方向，实现了小型发电机组与移动电池互相配合，提供了稳定的输出功率，对大型电动机械装置的发展有很大的推动作用。

河北农业大学拥有采用蓄电池做动力的电驱动技术，研发的棚室电动旋耕平垄机、激光测控旋平机，在设施蔬菜生产中应用起到良好的产业示范作用。新能源电动力的应用，改变了传统燃油动力高污染的现状。新型作业机械将进一步提升河北省设施农业精准作业的自动化水平，推动设施精准农业的实施与发展，并可带动河北省及周边地区高端农业机械制造业水平的提高，并实现设施农业节水、零污染、节支增收，推动设施农业经济与装备水平的快速发展。

棚室电动旋耕平垄机简介：

（1）适应能力强　棚室电动旋耕平垄机采用驾乘式，总体尺寸小，结构紧凑，转弯半径小，能耕作棚室的边角地，且刀具更换方便，适合各种大棚和温室作业。

（2）耕深调节方便　整机采用电驱动，行走、刀具转速与刀具升降独立控制，刀轴装置直接安装在整机机架上，由于整机重量的作用，耕深调整准确，耕深调节量0～20cm。

2021年4月26日，该机械在石家庄市栾城区农林高科技园区示范推广。

2. 节本增效

提高功效10%，每亩节本增效200元。

3. 技术要点

棚室电动旋耕平垄机耕深大且调节方便，一般一次耕整地就能满足要求。耕整地土壤细碎，播种或移栽效果好，有利于作物生长。能记录作业面积，配备交直流转化装置，可以通过拉长电缆，外接交流电，实现连续作业。

4. 适用区域

河北省各地。

5. 技术来源

河北农业大学。

6. 注意事项

长时间不用也要及时充电，充电时注意观察，充满及时断电；夏季使用观察电动机散热情况，发现过热及时停机散热。

7. 技术指导单位

河北农业大学机电工程学院。

8. 示范案例 1

（1）地点　保定市恒农坡农业科技有限公司。

（2）规模和效果　连栋日光玻璃温室 1 个，主要示范平垄栽培。上茬种的茄子，采用宽 60～65cm、高 15cm 的高垄，行距 65～70cm。平垄后地表平整，有利于旋耕作业，旋耕作业由原来的 3 次降为 1 次，提高功效 2 倍。

9. 示范案例 2

（1）地点　石家庄市栾城区农林高科技园区。

（2）规模和效果　连栋日光温室 1 个，主要示范旋耕。耕深 15cm，单次耕幅 0.9m，旋耕作业由原来的 3 次降为 1 次，提高功效 2 倍。

电动旋耕平垄机

旋耕示范

九、棚室设施覆膜辅助机械设备

1. 技术内容概述

历史上，我国北方冬季蔬菜供应一直以大白菜、萝卜等耐贮蔬菜为主，瓜果鲜食蔬菜供应始终是一大难题。为解决这一难题，我国从 20 世纪 70 年代末开始进行了设施蔬菜生产的研究，在众多专家的不懈努力下，如今的设施结构、设施类型已较为丰富，保温蓄热、结构功能日益完善，很好地促进了设施蔬菜的生产，保障了市场蔬菜供应。

设施建造的用材也与时俱进，从最初的竹木结构，到混凝土骨架，到石膏混合骨架，到后来的钢架结构，与此同时一些设施专用零配件得以开发生产，如卡簧槽、卡膜簧、手动卷膜器等，并且发展的自动化程度也逐渐提高，实现了电动放风、电动卷帘等。这在很大程度上减轻了生产者的劳动强度，并提高了设施结构的稳固性和耐用性，设施蔬菜生产如雨后春笋般发展起来。

但是，利用设施进行蔬菜生产，园艺工程学的研究重点放在了解决设施的保温性能、光照利用和土地利用率上，对于一些边缘化且劳动强度大的问题往往关注度不够。科研人员在多年研究与实际生产中，发现对设施进行覆膜具有时间短，工作量大，劳动强度高的特点，而且受气候条件影响大。为提高覆膜效率、降低覆膜工作对天气的依赖，通过降低生产成本投入，实现节本增效。

河北省农业产业技术体系蔬菜产业创新团队建设，坝上蔬菜产业岗位专家团队，针对上述问题历经多年研究，设计开发出了一套可用于塑料大棚、中棚和砖混日光温室的棚室覆膜机设备。该设备适用性广、效果好，可有效提高覆膜效率、降低劳动强度、规避覆膜风险、提高覆膜效果。该设备已获得国家实用新型专利授权，专利授权号为 ZL 201821789943.7。

2. 节本增效

传统人工覆膜条件下用工 8～10 人，按照每棚室标准面积 1 亩，每日可覆膜 2～3 个棚室；采用该设备后棚室覆膜工作 1 亩 4～5 人即可完成，每日可覆膜 6～8 个棚室，且 4 级风以下采用该设备均可覆膜，有效降低了劳动强度。按照当前壮劳力人均日工资 200 元计算，日工资节本 800～1 000 元，折合每亩棚室节本增收 600～660 元。

3. 技术要点

该设备采取了减速增力的齿轮结构，设计了可固定于棚室设施上的支架，通过转动轴转动拉抻棚膜，使棚膜受力均匀，通过刹车装置将转轴锁死后，可保障棚膜被稳妥地覆盖在设施骨架上，随后工人可有序地进行卡簧、绑压膜绳等操作。

（1）解决的问题

①覆膜受天气影响巨大。设施棚室的顶膜或主膜宽度一般在 8～12m，随棚型的变化而变动，所以在棚室上展开棚膜后遇有微风就能将棚膜吹起，巨大面积的棚膜受风后阻力极大，人力无法抗拒，容易造成棚膜吹飞或人员的摔伤。而覆膜的季节一般都在早春或秋冬季节，这两个季节正是大风易发的时节，所以棚室设施在覆膜时一般都要选择无风的早晨进行，这就需要工人很早就起床劳动；同时，如果棚室设施较多，人手少不能同时覆膜完毕，时间拉得太长，往往导致错过农时。所以棚室设施覆膜的时间短、工作量大、强度高，目前从事农业生产的农民普遍是中老年人，身体吃不消。

②覆膜过程用工多。因为覆膜过程时间短、工作量大、强度高，所以每次的覆膜用工量都特别大。一般 100m 长、8～10m 宽的棚室设施每次覆膜用工量在 10 人左右，主要进行棚膜搬移、拉抻、上卡簧、绑缚压膜绳、埋土等。按照当前用工费用每人每天约 150 元的劳务费计算，用工费用 1 500 元，青壮年劳力费用每人每天在 200 元左右，而且在发达地区用工费更是要翻番。

③人为操作易破膜。在人工覆膜过程中，当棚膜覆盖到棚顶的时候需要多人同时攥住棚膜进行拉抻，徒手用力拉膜容易将棚膜抠破，如遇有突发的微风，就更容易将棚膜抠破，这就需要后期通过修补防止保温性能的降低，这不但增加了劳动量，而且因膜被抠破会降低棚膜的使用年限。

④人力覆膜棚膜平展度不够。人工覆膜因为要防风，速度过快，不能很好地调整棚

膜，最终因不同的拉抻方向和用力不匀，导致卡簧固定后，棚膜覆盖皱缩不平。棚膜皱缩不平容易造成灰尘覆盖，影响棚膜的透光性，进而影响棚室内作物的采光；而且下雨时容易造成雨水聚集压成水坑，而在雪天除雪时积雪不易滑落，残雪较多。

（2）设备构成与使用　需要注意棚室覆膜机的设计与安装、棚室覆膜机支架的设计与使用、棚室覆膜机的操作技术规范。

4. 适用区域

适用于东北、西北、华北、华中等塑料大棚、中棚和砖混日光温室及华南、西南、东南等地区避雨棚区使用。

5. 技术来源

河北省农林科学院经济作物研究所。

6. 注意事项

棚室覆膜机应用时需要固定。要求棚室设施含有卡簧槽，便于覆膜机的拆卸；日光温室山墙须有固定点，土墙应用时须预埋置固定桩。

7. 技术指导单位

河北省农林科学院经济作物研究所。

8. 示范案例 1

（1）地点　河北省农林科学院大河试验园区。

（2）规模和效果　2019 年 4 月 10 日，在 7 个塑料大棚、2 栋日光温室上应用棚室覆膜机覆膜，规格为跨度 12m、长 60m 的大棚 1 个，跨度 8m、长 55m 的大棚 6 个，跨度 10m、长 60m 及长 55m 的日光温室各 1 栋。

引进棚室覆膜机前，采用传统人工覆膜方式，50 岁以上妇女 12 人每天覆膜 3 栋（跨度 8m），人均日工资 100 元，每栋棚室覆膜平均成本达 400 元，而跨度 12m 大棚、跨度 10m 日光温室覆膜，12 名工人需 3d 完成，覆膜成本为 1 200 元/d。应用该设备后，用 5 名工人可在 3d 内全部完成覆膜工作，微风条件下也可进行，劳动强度降低，且覆膜平展，透光率高、雨水排泄好、风阻小。单个塑料大棚覆膜成本降至 150 元、单栋日光温室覆膜成本降至 500 元，覆膜成本分别降低 70.9%和 58.3%。

棚室覆膜机冷棚应用

棚室覆膜机温室应用

9. 示范案例2

(1) 地点　张家口赤城弘基牧业种植园区。

(2) 规模和效果　20个塑料大棚，主要示范棚室覆膜机+彩椒新品种在塑料大棚生产及配套栽培技术。

引进棚室覆膜机前，该园区每年覆膜采用传统人工覆膜方式，塑料大棚跨度8m，棚长50m，8名工人1d能覆膜6栋，每栋棚室覆膜平均成本为400元；引进该设备后，8名工人日覆膜15栋，3级风力条件以下仍可正常进行覆膜，劳动强度降低，且覆膜平展，透光率高、雨水排泄好、风阻小，每栋棚室覆膜成本平均降至160元，覆膜成本投入降低60%。

十、集成性供水吸肥器

1. 技术内容概述

吸肥器主要是用于施加液体肥料或者将肥料加工成溶液后同水流混合后进行施肥的工具，在农业尤其是蔬菜作物种植过程中的节水灌溉上经常使用。其原理是利用文丘里效应，当液体在文丘里管中流动，在管道的最窄处，动态压力达到最大值，静态压力达到最小值，液体的速度因为通流横截面积减小而加快。整个涌流都要在同一时间内经历管道缩小过程，因而压力也在同一时间变化，进而产生压力差，这个压力差用于给流体提供一个外在吸力。

而目前市场上在售的吸肥器全部为PVC材质，结构简单，功能单一，吸肥速度慢、效率低，使用寿命短，环保性差，特别是控制阀寿命仅为2年，对此需要进行高效率、长寿命供水吸肥产品的设计与研发。

河北省农业产业技术体系蔬菜产业创新团队，坝上蔬菜产业岗位专家团队，针对上述问题历经多年研究，设计开发出了可用于节水灌溉的滴灌、微喷的集成性供水吸肥器。该设备利用文丘里效应实现液体肥料的上吸并同水混合后进行施肥。该供水吸肥器材料全部采用PPR热水热熔管，在三通接头的进水端的吸肥管上固定设置铜接头，避免因水质较硬使水垢附着而导致的吸肥管堵塞，并且将铜接头设置为收口的圆锥形结构，能够提高水流的喷射效果，从而提高文丘里效应，最终起到提高植物吸肥效果的作用。该结构能够大大提高吸肥时吸肥管路中的流量，提高施肥效率，节省施肥时间。同时该设备设置有连通的供水管和出水口，可满足灌溉和临时用水需求。在供水管和吸肥管上分别设置有供水阀门和水流阀门，通过供水阀门和水流阀门的调节，能够实现施肥和供水两个功能的切换。水龙头可为喷药、清洗等临时用水提供便利。

目前该设备已获得国家实用新型专利授权，专利授权号为ZL 202021867346.9。

2. 节本增效

传统PVC简易文丘里吸肥器，使用年限为2年，该设备使用年限可达10年以上，可节约成本且环保效果明显。传统PVC简易文丘里施肥器，施肥慢，且需人工搅拌。该施肥器可实现5min内完成施肥。吸肥时间缩短，系统清洁时间延长，增加了对滴灌管、滴灌带的冲洗时间，对预防肥料结晶堵塞滴水孔有明显效果，可延长滴灌管、滴灌带的使用寿命。

3. 技术要点

该设备采用了文丘里原理设计制作，集成了灌溉、施肥、临时用水的功能。

（1）灌溉用水功能　本设备灌溉用水主体管路采用直径为50mm的PPR热水用热熔管。进水端采用50mm不锈钢内丝直接头，可通过连接件连接镀锌管、PE管、PVC管、PPR热熔管等各种主管路。设有50mm截止阀1个，在需要进行灌溉时，打开该阀门即可灌溉。

（2）临时用水功能　在主管路50mm截止阀上游设置50mm转25mm的外丝不锈钢变径三通1个，不锈钢出水端垂直向下，通过25mm转20mm变径弯头调节水龙头方向，可随时取用水。该临时用水功能，主要用于工人喷药用水、洗手、接软胶管的需求，吸肥时也可打开此水龙头向肥料桶内注水起到搅拌肥料的作用。

（3）吸肥功能　本设备的主要功能，吸肥管采取50mm转25mm热熔变径三通与供水主管路连接，吸肥管路为25mm PPR热熔管，三通内部嵌有黄铜缩径锥形喷嘴，提高水流压力，出水端通过25mm变20mm、20mm变25mm连续两个变径直接头，形成挤压水路，进而在上游的三通内部形成负压空间，可用于吸取水溶性肥料。为便于控制，在吸肥口的外丝三通上设置蝶形铜球阀，连接软胶管、过滤网。

（4）出水端　出水端高于进水端，便于连接过滤器，防止堵塞滴灌、微喷管路。该端口设置有游刃，便于连接各种管材。

（5）操作规范　临时用水口打开水龙头随时可取水，不受限制；灌溉时打开50mm截止阀，关闭蝶形铜球阀；25mm截止阀可开、可闭，灌溉不受影响；吸肥时需关闭50mm截止阀，同时打开25mm截止阀和蝶形铜球阀，将吸肥软胶管放入肥料桶或肥料罐即可。

4. 适用区域

适用于所有采用滴灌、微喷的棚室、露地蔬菜及农作物生产，不受空间地域限制。此设备不适于大水漫灌方式使用。

5. 技术来源

河北省农林科学院经济作物研究所。

6. 注意事项

（1）保障供肥充足　供肥量应随种植面积的增大而增加，避免在高速吸肥情况下出现因肥量供应不足导致的用肥不匀。

（2）防止吸肥器回流　滴灌管、微喷带出水口堵塞时，吸肥口会出现回流现象，请及时更换堵塞的滴灌管、滴灌带或调节阀门供水量。

（3）吸肥管要求　吸肥软胶管更换时，软胶管应具有一定弹性，避免因胶管过软负压吸肥造成软管吸瘪闭合影响吸肥的情况。

（4）及时更换易磨损件　吸肥器管路使用寿命在10年以上，阀门、水龙头等存在使用次数限制，在出现磨损、漏水时应及时更换。

（5）严格按照说明安装　不同的管件如镀锌管件、PE管件、PVC管件与本设备连接时，丝扣长短不一，要注意防止过量旋转造成滑扣。

7. 技术指导单位

河北省农林科学院经济作物研究所。

8. 示范案例 1

（1）地点　河北省农林科学院经济作物研究所试验园区。

（2）规模和效果　2020 年 4 月 10 日至今，在河北省农林科学院经济作物研究所试验园区 75 栋日光温室、塑料大棚等滴灌设施上采用了本设备。

采用集成性供水吸肥器前，用的是传统市场销售的 PVC 文丘里吸肥器，平均每 2 年吸肥器的 PVC 球阀柄就会断裂，需要拆除重新更换，市场售价 180 元/个，更换频率高，且漏水频繁，单个更换时水暖工工费在 100 元左右，年均成本约 140 元/套；本设备使用年限 10 年以上，设备售价 520 元，批量安装费用为每个 50 元，年度平均成本 57 元/套，成本节约达 59.3%，环保效果明显。

传统 PVC 简易文丘里吸肥器，吸肥速率为 0.3L/min，一桶 30L 的水溶肥需要 90min 吸完，需单独用工 1.5h；采用本吸肥器后，吸肥速率为 6.0L/min，一桶 30L 的水溶肥 5min 以内施肥完毕，按照日工作 8h 计算节约用工 18.75%，单位临时工日工资 80 元，可节约 15 元，按照全年平均浇水 30 次计算，节约人工费 450 元。

增加了滴灌管、滴灌带的使用寿命。按照每亩滴灌管、滴灌带投入 1 300 元计算，传统吸肥器使用 2 年，本设备可延长滴灌管、滴灌带使用寿命 1 年，平均每年亩节约成本 217 元。

综合设备成本、节约用工、延长滴灌管及滴灌带使用寿命三方面，应用本设备每亩每年可节约成本 724 元，节本增收效果明显。

9. 示范案例 2

（1）地点　山东省烟台市农业科学院蔬菜研究所试验园区。

（2）规模和效果　2020 年 8 月 24 日，在烟台市农业科学院蔬菜所 7 栋日光温室内安装集成性供水吸肥器。

采用集成性供水吸肥器前，当地市场销售的 PVC 文丘里吸肥器，市场售价 124 元/个，单个更换时水暖工工费在 100 元左右，年均成本约 112 元/套；利用本设备成本节约达 49.11%。

该单位临时工日工资 120 元，利用该设备可节约 22.5 元，按照全年平均浇水 30 次计算，节约人工费约 675 元。

滴灌管带方面的节本效率同本节示范案例 1。

综合设备成本、节约用工、延长滴灌管、滴灌带使用寿命三方面，该单位应用本设备每亩每年可节约成本 1 004 元，节本增收效果明显。

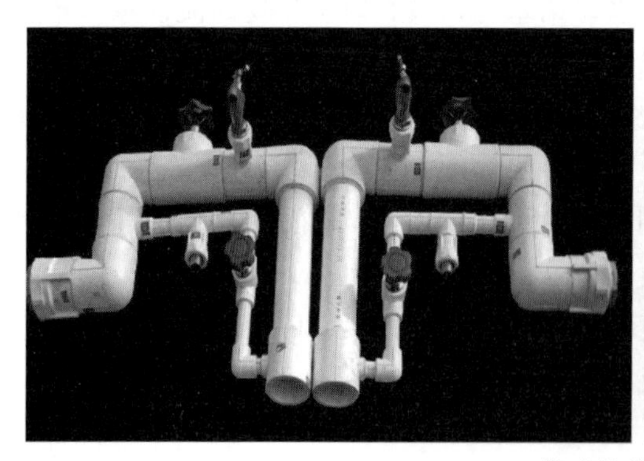

集成性供水吸肥器

十一、设施蔬菜植保机器人

1. 技术内容概述

针对传统的温室大棚喷洒系统耗资大、维护难、农药利用率低和喷洒量不均匀及种植人员工作量大等问题，采用快换技术、传感技术、自动调节技术和单片机控制技术相结合的方式，研制出一种智能喷药植保机器人。该植保机器人主要包括智能导航系统、控制驱动系统和自动喷药装置等。智能导航系统使机器人能够按照既定路线和位置导航；控制驱动系统的作用是驱动机器人按照导航行走，以及根据规划方案控制相应喷药机构；喷药装置用于对大棚内的植物进行精准药物喷洒，包括药箱、喷嘴、喷淋高度调节等机构。具有智能化、结构简单，操作方便，能够减轻劳动强度，且喷洒效果好之特点。

2. 节本增效

根据农艺要求阶段性定时定量喷药，农药减量15%，节省人力99%，生产安全性极大提高，蔬菜平均增产3%，亩平均节本增效200元以上。

3. 技术要点

喷雾宽度与喷雾高度可调，可以实现全生长期植保作业。

按设定路线行走，节省人工操控。

双向等距喷雾，喷雾量自动可调，根据农艺要求定量施药，节省药量。

作业面积可通过无线传输模块传入大数据中心，可以实现智慧管理。

4. 适用区域

华北架蔓类蔬菜作业区。

5. 技术来源

河北农业大学自主研发。

6. 注意事项

按设施蔬菜植保机器人使用说明书操作。

7. 技术指导单位

河北农业大学。

8. 示范案例

（1）地点　保定市佳禾农庄现代农业园区。

（2）规模和效果　示范面积150亩；植保机器人根据农艺要求施药才能有良好的效果，如5%啶虫脒可湿性粉剂500倍液，1.8%阿维菌素乳油5 000倍液防治大棚番茄蚜虫效果较好，喷药3d后防效均在90%以上，尤其以5%啶虫脒可湿性粉剂500倍液的效果最为理想，经使用番茄生长期无病虫害。建议在生产中交替施用5%啶虫脒和1.8%阿维菌素乳油，以避免大棚番茄蚜虫对上述药剂产生抗药性。

十二、智能运输车

1. 技术内容概述

针对设施蔬菜架蔓番茄采收、分级与称重难的问题，采用传感技术、自动调节技术和单片机控制技术相结合的方式，研制出一种智能运输车。该运输车有电动力装置，驾驶操作方便。

2. 节本增效

节省人工劳动量50%，亩平均节本增效150元以上。

3. 技术要点

该智能运输车，不仅可以实现棚室间蔬菜转运和自动升降装卸，还能即时实现蔬菜的产地、分级、称重等数据收集和上传。主要技术要点如下：

①装菜台能按物流货车车厢的不同高度自动升降，方便装车作业。

②能按蔬菜瓜果的级别自动称重，节省人工。

③借助微型互联网摄像机，实现可视化溯源。终端消费者通过微信小程序扫码可看到智能运输车实景，提升优等品市场价值。

④能采集大棚内的各类信息，通过SIM卡、蓝牙等方式可将大棚的位置、数量、品种、产量、生产管理等信息自动上传至蔬菜生产与管理大数据平台，可以实现蔬菜生产远程管理与决策。

4. 适用区域

华北果菜生产作业区。

5. 技术来源

河北农业大学自主研发。

6. 注意事项

按使用说明书操作。

7. 技术指导单位

河北农业大学。

8. 示范案例

（1）地点　保定市佳禾农庄现代农业园区。

（2）规模　示范面积200亩。

第二章

主推品种及其种植技术

一、大白菜新品种——冀白4号

1. 品种来源

河北省农林科学院经济作物研究所（坝上蔬菜产业岗位专家承担单位）育成。

2. 品种简介

秋季大白菜品种，该品种具有球叶与外叶同时生长的特点。品质脆嫩、清甜，适播期长，可作早、中、晚熟品种使用。作秋早熟栽培可于7月24日播种，国庆节期间上市；也可拉开播期直至8月20日前，后期结球速度快，可陆续上市供应。作冬储菜时生育期75d左右，植株生长势强。平均株高50cm，开展度53.6cm×53.6cm，叶色绿。叶球整齐一致，中桩叠抱，球高37cm，球粗26cm，抱球紧实，平均单球重4.0kg，商品性好，易于运输。净菜率81.3%，平均亩产净菜9 839.0kg。该品种抗病性强，生长势强，高抗病毒病、霜霉病和黑腐病，抗软腐病。详见彩图1。

3. 种植要点

定植前要施足底肥，一般每亩施腐熟农家肥5 000kg以上，或商品有机肥3 000kg；磷酸氢二铵20～30kg，三元复合肥（20∶20∶20）50kg；针对软腐病较重的缺钙地块加施生石灰或过磷酸钙50kg。

作秋早熟品种使用时，可于7月24日后露地直播；作中晚熟品种使用时，可于8月5～12日立秋时间段露地直播；作为救灾作物填补空闲茬口，最晚可于8月20日左右播种。播种时建议采用起垄栽培，做到旱可浇、涝可排，采用干籽条播或穴播，亩用种量150～250g，按冬储菜种植亩定植密度2 500株，行距50cm，株距45cm，按不同生产目标可适当调节株行距。播种深度为1cm，播种后覆土不超过1cm，防止因覆土过厚造成不能出苗。

播种后及时浇水，大水漫灌时，在垄沟内浇水，通过水自然洇透，防止漫水造成板结，影响出苗；采取滴灌时，注意在团棵期大水灌溉一次，压实土壤，促进根系下扎。苗期注意及时排涝，小苗出齐后及时中耕除草。苗2～3片真叶时进行一次间苗，4～5片真叶时进行二次间苗，6～8叶时定苗。掌握“早间苗、晚定苗”的原则。肥料施用上，苗期可随水每亩追施5kg的尿素，团棵期随水每亩追施提苗肥尿素10kg。莲座期以促为主，结合浇水进行施肥，一般每亩施尿素10～15kg。结球期在包心前5～6d施用结球肥，结合浇水，每亩追施尿素 13～15kg，复合肥 8kg；进入结球中后期后，再追施尿素 13～15kg，三元复合肥（20：20：20）8kg。收获前 10d 左右，停止浇水。苗期注意及早防治蚜虫、菜青虫、小菜蛾等，抱球前注意防治蚜虫。

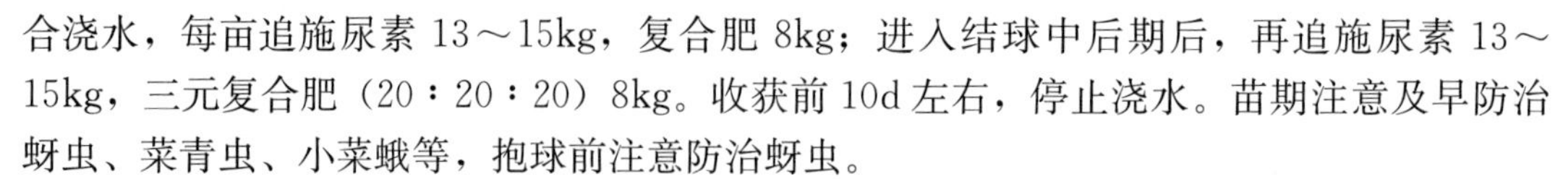

4. 适用区域

建议在河北、山西、陕西、河南、内蒙古、北京、天津、辽宁、吉林、黑龙江等省份适宜地区秋季露地种植。

5. 注意事项

（1）缺陷　叶球收获过晚时，叶球顶部软叶增多，略显头大、收获期浇水贮存过程中易造成裂球。

（2）风险及防范措施　收获前一周禁止浇水，防止裂球；根据市场行情可提早或适时收获，防止头部变大，影响运输。

6. 技术指导单位

河北省农林科学院经济作物研究所。

7. 示范案例 1

（1）地点　河北省高邑县。

（2）规模和效果　200 亩露地生产田，主要示范冀白 4 号新品种秋冬季露地冬储生产及配套栽培技术；平均亩产 10 000kg，平常年份亩销售额 0.6 万元，2020 年平均亩销售额 1.3 万元。

8. 示范案例 2

（1）地点　河北省清河县。

（2）规模和效果　40 亩露地生产田，主要示范冀白 4 号新品种秋冬季露地冬储生产及配套栽培技术；平均亩产 10 500kg，平常年份亩销售额 0.6 万元，2020 年平均亩销售额 1.6 万元。

二、大白菜新品种——冀白 6 号

1. 品种来源

河北省农林科学院经济作物研究所（坝上蔬菜产业岗位专家承担单位）育成。

2. 品种简介

秋季中晚熟大白菜品种，生育期 75～80d，需要密植，生长势强，叶球整齐一致。株型直立紧凑，球顶部舒心，株高 47.0cm，开展度 44.0cm×44.0cm，叶色深绿、帮绿色。叶球高桩合抱，品质好，商品率高，易于运输。心叶淡黄，球高 41.3cm、球粗 15.3cm，单球重 3.0kg，净菜率 81.0%，平均亩产净菜 9 000kg。该品种抗病性强，高抗病毒病、霜霉病、黑腐病，抗软腐病。详见彩图 2。

3. 种植要点

前茬作物收获后，及时灭茬、整地、施肥，定植前要施足底肥，一般每亩施腐熟农家肥 5 000kg 以上，或商品有机肥 3 000kg；磷酸氢二铵 20～30kg，三元复合肥（20：20：20）50kg；针对软腐病较重的缺钙地块加施生石灰或过磷酸钙 50kg。

冀中南地区可于 8 月 5～12 日立秋时间段露地直播，播种时建议采用起垄栽培，做到旱可浇、涝可排，播种时采取条播或穴播，可采用高垄直播，垄间距 50cm 左右，一般垄高 15cm 左右。采用干籽条播或穴播，亩用种量 150～250g，亩定植密度 2 500～3 000株，行距 50cm，株距 40cm。播种深度为 1cm，播种后覆土不超过 1cm，防止因覆土过厚造成出苗困难。

播种后水肥管理、间苗及病虫害防治等参照大白菜新品种——冀白 4 号。

4. 适用区域

适合河北、山西、陕西、内蒙古、北京、天津、辽宁、吉林、黑龙江等省份适宜地区秋季露地种植。

5. 注意事项

（1）缺陷　耐抽薹性一般，不可作为春季栽培品种使用。

（2）风险及防范措施　品质好，但易招蚜虫、菜青虫等虫害，注意抱球前的虫害防治。

6. 技术指导单位

河北省农林科学院经济作物研究所。

7. 示范案例 1

（1）地点　河北省承德市滦平县。

（2）规模和效果　20 亩露地生产田，主要示范冀白 6 号新品种秋冬季露地冬储生产及配套栽培技术；平均亩产 9 000kg，平常年份亩销售额 0.5 万元，2020 年平均亩销售额 0.9 万元。

8. 示范案例 2

（1）地点　河北省邢台市清河县。

（2）规模和效果　20 亩露地生产田，主要示范冀白 6 号新品种秋冬季露地冬储生产及配套栽培技术；平均亩产 9 600kg，平常年份亩销售额 0.6 万元，2020 年平均亩销售额 1.4 万元。

三、大白菜新品种——油绿 3 号

1. 品种来源

河北农业大学自研品种。

2. 品种简介

中熟大白菜一代杂交品种，生长期 75d 左右。结球紧实，球叶数多，外叶叶色油绿，帮薄外叶少，商品性状好，冬贮性强。叶面核桃纹中等，毛刺较少；株型半直立，株高 45.3cm，株展 67.8cm；球高 31.7cm，球粗平均 16.1cm，球型指数 2.0，属于中桩叠抱类型；菜形上下等粗，商品性状好，冬贮性强，单株净重平均约 2.7kg，净菜率高达 72.1%。抗芜菁花叶病毒病、霜霉病、黑腐病，耐热性中等。菜形美观，易装运，耐贮性强。亩产量 8 000kg 左右，适合秋播露地栽培。冬贮后，球叶色翠绿，烂叶率低，口感甜。详见彩图 3。

3. 种植要点

（1）重施基肥播种　亩施腐熟有机肥 5 000kg 左右，过磷酸钙 50kg，施后深翻耙平。

（2）适期播种　立秋后3～5d播种为宜。

（3）合理密植　高垄栽培，可育苗后定植或直播，出苗后及2～3片真叶时，间苗1次，5～6片真叶时可定苗，株行距40cm×55cm，亩密度2 800～3 000株。

（4）水肥到位　出苗期间注意保持充足的土壤水分，以确保齐苗；一般不蹲苗，雨水多的年份注意田间排除积水。收获前10d停止追肥浇水。进入莲座期后，每隔7～10d叶面喷施0.5%磷酸二氢钾2～3次，补钙剂2次。

（5）病虫害防治　本着“以防为主，治早治小”的原则，力求通过加强栽培管理防止或减少病虫害发生。可据当地实时物候变化适当晚播，防止病毒病的发生。通过高垄栽培，合理密植，及时排水防涝等田间精细管理措施，降低病虫害发生概率。勤观察，早预防，严格控制病虫害发生的范围。需施药防治时可用吗胍·乙酸铜或烷醇·硫酸铜等防治病毒病，同时注意防毒防蚜；用甲霜灵·锰锌或百菌清等防治霜霉病；用硫酸链霉素·土霉素搭配辛菌胺醋酸盐、百菌清喷雾防治软腐病；用吡虫啉或抗蚜威等防治蚜虫；用苏云金杆菌粉剂防治菜青虫、甜菜夜蛾等害虫。另外，在苗期需用敌百虫拌成毒饵防治地下害虫及蟋蟀对幼苗根叶的危害。

4. 适用区域

适宜在北京、天津、河北、辽宁、山东秋季露地种植。

5. 注意事项

（1）缺陷　由于株型紧凑，叶球略小，种植密度低于每亩2 800株影响丰产，建议适当密植。

（2）风险及防范措施　大白菜播期多高温时不宜过早播种。苗期及时防治蚜虫、白粉虱等害虫，减少病毒病的发生和其他病害的传播。极端的高温、干燥、多雨等异常气候可能会导致不结球或结球不良等生理障碍及病虫害。延迟采收生理障碍及病虫害发生概率高，影响商品性状，应适时采收。

6. 技术指导单位

河北农业大学。

7. 示范案例1

（1）地点　河北省保定市定兴县。

（2）规模和效果　50亩露地田，主要示范油绿3号新品种秋露地生产及配套栽培技术。平均亩产可达9 000kg，平均亩产值可达2 000余元。

8. 示范案例2

（1）地点　山东省泰安市肥城市。

（2）规模和效果　40亩露地田，主要示范油绿3号新品种秋露地生产及配套栽培技术。平均亩产及亩产值同示范案例1。

四、大蒜主推品种——六瓣红

1. 品种来源

永清县当地农家品种。

2. 品种简介

蒜头护皮为红色，蒜瓣护皮为紫红色，蒜头一般每头4～6瓣，单柱型围坐，无加楔、无重瓣。蒜瓣呈元宝状，洁白鲜嫩有光泽。质地坚实，口感清脆、辛辣醇香，捣碎后蒜液黏稠。休眠期长达8个月，耐贮存。详见彩图4至彩图6。

3. 种植要点

选择晴好天气进行播种。按行距20cm、深6～7cm开沟，播种时，株距8～10cm。播种密度为每亩3.3万～4.1万株。播种时，按照株距将蒜瓣直立、深度一致栽植于开好的沟底土壤内，随播随覆土，覆土厚度2cm。播后将土壤耙平踩实。采用机械播种，行距、株距、密度参照人工开沟播种。播后一般不需要立即浇水，如果墒情不足，可在播种后适当浇小水补墒。

出苗后，若田间土壤较干，可适当浇一次小水，促进苗齐苗壮。幼苗期进行控水蹲苗。管理以锄划松土除草为主，需锄划3～4次。随幼苗生长，锄划深度由深到浅，注意不要伤及大蒜须根。当蒜苗长至5～6片叶时，母瓣退母。退母前及时进行浇水追肥，结合浇水，每亩可追施硫酸钾20kg、尿素10kg，或三元复合肥（17∶17∶17）25～30kg。加强锄划除草。

分瓣期结合墒情，如植株出现萎蔫要适时浇水，保持土壤湿润，及时除草。如果出现植株矮小、黄叶等缺肥症状，结合浇水可适当进行补肥，每亩可补施三元复合肥（17∶17∶17）10～15kg。在蒜薹抽出前期，结合浇水，每亩追施三元复合肥（12∶18∶20）20～30kg。蒜薹总苞先端露出叶鞘后，每隔8～10d视植株长势情况浇水。收蒜薹前2～3d，停止浇水。当蒜薹长度达到20～25cm时，顶端自动打弯下垂，蒜薹总苞白苞前，及时采收蒜薹。

4. 适用区域

宜选择中壤土或重壤土，地块平坦，有机质含量丰富，耕层深厚疏松，保水保肥，有水浇条件，排灌方便的地块。

5. 注意事项

前茬未种植其他葱蒜类作物，避免连作，应隔年轮作。

6. 技术指导单位

廊坊市经济作物站。

7. 示范案例

（1）地点　永清县刘街乡。

（2）规模和效果　永清县丰沐生态农业开发有限公司生产的六瓣红大蒜种植面积达到了1 000多亩，年产量达到1 800万头。未经包装的六瓣红大蒜初次销售价格平均0.5元/头，经过筛选包装后，六瓣红大蒜售价4元/头。销售渠道主要是以电子商务为主的线上销售，2016年至今在慧聪网、京东、淘宝、微信电商建立了自己的网络销售渠道，同时线下实体销售到各大超市批发及零售，与凡谷归真（北京）农业科技发展有限公司建立销售合作关系，主要销售地区为京津冀地区。永清县刘街乡六瓣红大蒜高端产品占该单位产品比例20%，高端销售量360万头，年销售额1 440万元。

五、番茄新品种——冀番 143

1. 品种来源

河北省农林科学院经济作物研究所自研品种。

2. 品种简介

冀番 143 为无限生长类型，生长势强，中早熟，坐果率高。果实圆形，深粉红色，硬度较高，商品性好，口感好，品质佳，可溶性固形物含量 4.7%左右，单果重 230g 左右。抗病性好（番茄黄化曲叶病毒病包括 *Ty*－1、*Ty*－5，烟草花叶病毒病 $Tm-2^{a}$，叶霉病 *Cf*－9，晚疫病 *Ph*－3，枯萎病 *I*－2，灰叶斑病 *Sm*），平均亩产 14 000kg 左右。适合冬春保护地及日光温室秋延后栽培。详见彩图 7。

3. 种植要点

定植前要施足底肥，一般亩施腐熟农家肥 7 500kg 以上，腐熟鸡粪 2 000kg，或商品有机肥 1 200～1 500kg，低磷配方复合（混）肥 20～25kg，或磷酸氢二铵、钾肥各 20～30kg，硫酸镁 5kg。定植前每亩穴施生物菌肥或土壤调理剂 100kg，铁、锌、硼等微肥 1kg。华北地区温室春季栽培 12 月育苗，2 月定植；春大棚栽培 1 月育苗，3 月定植；秋冬茬日光温室栽培 7 月育苗，8 月底定植。定植密度为每亩 3 000 株左右，单干整枝。坐果前，适度蹲苗，防止徒长和落花落果。

4. 适用区域

建议在河北、山西、河南、北京、天津等地适宜地区冬春保护地及日光温室秋延后栽培。

5. 注意事项

虽然抗番茄黄化曲叶病毒病，但仍存在秋延后保护地栽培感染黄化曲叶病毒病的风险。秋冬茬日光温室应适当晚播，冀中南地区适宜播期为 7 月下旬至 8 月上旬，定植期为 8 月下旬至 9 月上旬。注意加强防治番茄黄化曲叶病毒病。

6. 技术指导单位

河北省农林科学院经济作物研究所。

7. 示范案例 1

（1）地点　藁城农业高科技园区。

（2）规模和效果　1 个越冬温室，主要示范冀番 143 新品种在越冬温室生产及配套栽培技术。平均亩产可达 14 000kg，平均亩产值可达 35 000 余元。

8. 示范案例 2

（1）地点　河北省农林科学院滨海农业研究所。

（2）规模和效果　2 个冬春温室，示范冀番 143 新品种在冬春温室生产及配套栽培技术。平均亩产可达 13 600kg，平均亩产值可达 30 000 余元。

六、番茄新品种——冀番 144

1. 品种来源

河北省农林科学院经济作物研究所自研品种。

2. 品种简介

无限生长类型，生长势强，耐低温弱光，适应性较强。中晚熟，果实高圆或微扁圆，成熟果为粉红色，亮度佳；硬度较高，果皮较厚，耐储运，商品性好；果实饱满，果脐小，畸形果率低，果实均匀度高，单果重250g左右；可溶性固形物含量4.3%左右，平均亩产15 600kg左右。抗叶霉病（包括*Cf*-5）、根腐病（*I*-2）、灰叶斑病（*Sm*），适宜秋冬茬、越冬茬、冬春茬、早春茬棚室栽培。详见彩图8。

3. 种植要点

定植前要施足底肥，一般亩施腐熟农家肥8 000kg以上，腐熟鸡粪2 500kg，或商品有机肥1 500～2 000kg；亩施低磷配方复合（混）肥25～30kg，或磷酸氢二铵、钾肥各施25～35kg；亩施硫酸镁5kg，定植前每亩穴施生物菌肥或土壤调理剂100kg，铁、锌、硼等微肥1kg。华北地区温室春季栽培12月育苗，2月定植；春大棚栽培1月育苗，3月定植；秋冬茬日光温室栽培7月育苗，8月底定植。秋冬茬栽培前期中午棚内超过35℃时使用降温剂或用遮阳网遮光50%～70%降温，幼苗期间保持土壤湿度有助于防治黄化曲叶病毒病，定植密度为每亩3 000株左右，单干整枝。坐果前，适度蹲苗，防止徒长和落花落果。

4. 适用区域

建议在河北、山西、河南、北京、天津等地适宜地区越冬茬、早春茬、秋冬茬、冬春茬棚室种植。

5. 注意事项

（1）缺陷　抗番茄黄化曲叶病毒病（*Ty*-1）、根结线虫（不含*Mi*1-2）能力差。

（2）风险及防范措施　存在秋延后保护地栽培感染黄化曲叶病毒病的风险。秋冬茬日光温室应适当晚播，冀中南地区适宜播期为7月下旬至8月上旬，定植期为8月下旬至9月上旬。

6. 技术指导单位

河北省农林科学院经济作物研究所。

7. 示范案例1

（1）地点　藁城农业高科技园区。

（2）规模和效果　0.5个越冬温室，主要示范冀番144新品种在越冬温室耐低温生产及配套栽培技术。平均亩产可达15 500kg，平均亩产值可达38 000余元。

8. 示范案例2

（1）地点　河北省农林科学院滨海农业研究所。

（2）规模和效果　0.5个冬春温室，示范冀番144新品种在冬春温室生产及配套栽培技术。平均亩产可达15 600kg，平均亩产值可达32 000余元。

七、番茄新品种——冀番145

1. 品种来源

河北省农林科学院经济作物研究所自研品种。

2. 品种简介

无限生长类型，生长势中等，早熟，6～7 节着生第一花序，叶片稀疏细小，通风透光良好，连续坐果能力突出。大果品种，果实圆形，粉红色，单果重 225g 左右，果脐小；硬度较高，货架期长；果整齐一致，不易裂果，商品性好；可溶性固形物含量 4.5%左右。平均亩产 14 000kg 左右。抗叶霉病（*Cf*－5）、根腐病（*I*－2）、灰叶斑病（*Sm*），适合保护地早春及冬春茬栽培。详见彩图 9。

3. 种植要点

定植前要施足底肥，一般亩施腐熟农家肥 8 000kg 以上，或商品有机肥 1 500～2 000kg，腐熟鸡粪 1 000kg；亩施低磷配方复合（混）肥 25～30kg，或磷酸氢二铵、钾肥各 25～35kg；亩施硫酸镁 5kg，针对次生盐渍化、酸化等障碍土壤，定植前穴施生物菌肥或土壤调理剂 100kg，铁、锌、硼等微肥 1kg。大棚内 10cm 深地温稳定在 10℃、最低气温在 4℃以上时即可定植。温室春季栽培 12 月育苗，2 月定植，每亩灌溉定苗水 15～20m^3，以滴灌滴透为准，1 周左右灌溉缓苗水 10～12m^3；春大棚栽培 1 月育苗，3 月定植；秋冬茬日光温室栽培 8 月育苗，9 月定植，定植水一定要浇足，定植后 2～3d 要浇 1 次足量缓苗水，这是缓苗快和培育壮苗的基础。幼苗期间保持土壤湿度有助于防治黄化曲叶病毒病，定植密度为每亩 3 000 株左右，单行高垄，行株距 100cm×0.33cm，畦高 15cm，或双行高垄，畦面宽 60cm，大行距 80cm，小行距 60cm，单干整枝。坐果前，适度蹲苗，防止徒长和落花落果。推荐使用锂电型番茄电动授粉器授粉和熊蜂授粉，及时疏花疏果，大果型品种一般第一穗果留 3 个，以上每穗留 4 个；中果型品种第一穗果留 4 个，以上每穗留 5 个。

晴朗的中午棚内气温超过 35℃时使用遮阳网遮 50%～70%的光线或用降温剂降温，下午要及时撤下遮阳网，遮阳时间过长对花芽分化会造成影响。空气湿度宜在 70%～85%，土壤湿度宜在 65%～85%。进入 10 月，及时关风口。

第一穗果膨大到乒乓球大小时进行追肥（樱桃番茄花生米大小时），选用高钾型滴灌专用肥（如 18－7－25 三元复合肥＋TE），每亩每次施用 12～15kg，配合滴水 10～15m^3，以后 10～15d 滴灌水肥 1 次。配合追肥施用微生物菌剂 2～3 次，每亩每次施用 2～3kg。高温、低温等逆境条件下需要加强叶面肥管理。叶面喷施 0.2%～0.4%硫酸镁，0.2%～0.5%硝酸钙，或 800～1 200 倍稀释后钙镁中量元素肥料，连续喷 2～3 次，每次间隔 7～10d；叶面喷施含硼、锌的微量元素肥料，连续喷 2～3 次，每次间隔 7～10d；或者喷施含中微量元素的叶面肥。

4. 适用区域

适合在河北、山西、河南、北京、天津等地越冬茬、早春茬、秋冬茬、冬春茬棚室种植。

5. 注意事项

（1）缺陷　抗番茄黄化曲叶病毒病能力差。

（2）风险及防范措施　存在秋延后保护地栽培感染黄化曲叶病毒病的风险。不适合秋大棚栽培，秋冬茬温室栽培适宜播期为 7 月下旬至 9 月上旬，注意加强防治番茄黄化曲叶病毒病。

6. 技术指导单位

河北省农林科学院经济作物研究所。

7. 示范案例 1

（1）地点 石家庄市藁城农业高科技园区。

（2）规模和效果 0.5 个越冬温室，主要示范冀番 145 新品种在越冬温室耐低温生产及配套栽培技术。平均亩产可达 14 000kg，平均亩产值可达 34 000 余元。

8. 示范案例 2

（1）地点 河北省保定市涞水县。

（2）规模和效果 4 亩冬春茬温室，示范冀番 145 新品种在冬春温室生产及配套栽培技术，平均亩产值可达 28 000 余元。

八、甜椒新品种——冀研 16

1. 品种来源

河北省农林科学院经济作物研究所自研品种。

2. 品种简介

该品种为利用甜椒雄性不育两用系育成的中熟甜椒杂交种，植株生长势强，果实灯笼形，周正美观，果面光滑有光泽，青果绿色，成熟果黄色，单果重 230g，果肉厚 0.6cm，每 100g 含维生素 C 141.0mg。商品性、连续坐果性好，较耐低温弱光；抗病性好，抗病毒病、炭疽病，耐疫病。既可作为青椒采收上市，又可作为彩色椒高档精品蔬菜栽培。产量表现突出，前期平均亩产 1 422.5kg，总产量平均亩产 4 511.6kg。详见彩图 10 至彩图 13。

3. 种植技术

冀中南地区，日光温室冬春茬栽培于 10 月中下旬育苗，1 月中下旬至 2 月上旬定植；日光温室秋冬茬栽培于 7 月中下旬播种育苗，8 月中下旬至 9 月上旬定植。塑料大中拱棚春提前栽培于 12 月中下旬育苗，3 月中下旬定植；塑料大拱棚秋延后栽培于 6 月底至 7 月初播种育苗，7 月底至 8 月初定植；各种栽培茬口应适时播种，培育壮苗；施足底肥，适时定植，春提前栽培每亩定植 2 200～2 500 株，秋延后栽培每亩定植 1 600～1 800 株，坐果前及时防止植株徒长；适时采收，防止坠秧；加强田间管理，及时追肥浇水，防治病虫害。

4. 适用区域

适合河北省早春或秋冬茬保护地栽培。

5. 注意事项

冀研 16 为杂交一代，不可再留种使用。该品种前期生长速度快，应适当增施有机肥，植株坐果前及时防止植株徒长，坐果后及时追肥，果实膨大后及时采收，防止坠秧。

6. 技术指导单位

河北省农林科学院经济作物研究所。

7. 示范案例 1

（1）地点　邯郸市肥乡区康源现代农业园区。

（2）规模和效果　示范面积 100 亩，主要示范甜椒新品种冀研 16 塑料大棚春提前配套栽培技术。平均亩产 5 000kg，高产可达 5 500kg，平均亩产值可达 15 000 余元。

8. 示范案例 2

（1）地点　石家庄藁城区春晖蔬菜专业合作社。

（2）规模和效果　示范面积 80 亩，主要示范甜椒冀研 16 日光温室春提前配套栽培技术。平均亩产可达 4 500kg，高产可达 6 000kg，平均亩产值可达 18 000 余元。

九、甜椒新品种——冀研 105

1. 品种来源

河北省农林科学院经济作物研究所自研品种。

2. 品种简介

该品种为利用甜椒雄性不育两用系育成的中熟甜椒杂交种，植株生长势强，株型较开展，果实灯笼形，连续坐果性好，果大肉厚，果面光亮、味甜质脆。平均单果重 254g，果肉厚 0.65cm。果实商品性好、丰产性好，抗黄瓜花叶病毒、耐烟草花叶病毒，田间表现抗疫病能力强。前期产量平均亩产 1 418kg，平均比对照增产 17.2%；总产量平均亩产 4 379kg。详见彩图 14。

3. 种植技术

冀中南地区，日光温室冬春茬栽培于 10 月中下旬育苗，1 月中下旬至 2 月上旬定植，亩栽 2 000～2 200 株；塑料大中拱棚春提前栽培于 12 月中下旬育苗，3 月中下旬定植，亩栽 2 100～2 300 株；各种栽培茬口应适时播种，培育壮苗；施足底肥，适时定植，坐果前及时防止植株徒长；适时采收，防止坠秧；加强田间管理，及时追肥浇水，防治病虫害。

4. 适用区域

适合河北省早春茬保护地栽培。

5. 注意事项

冀研 105 为杂交一代，不可再留种使用。该品种前期生长速度快，易徒长。种植应适当增施有机肥，植株坐果前及时防止植株徒长，坐果后及时追肥，果实膨大后及时采收，防止坠秧。

6. 技术指导单位

河北省农林科学院经济作物研究所。

7. 示范案例 1

（1）地点　邯郸市肥乡区康源现代农业园区。

（2）规模和效果　示范面积 100 亩，主要示范甜辣椒新品种冀研 105 塑料大棚春提前配套栽培技术。平均亩产 5 500kg，高产可达 6 000kg，平均亩产值可达 15 000 余元。

8. 示范案例 2

（1）地点　成安县鹏瑞蔬菜种植专业合作社。

（2）规模和效果　示范面积 100 亩，主要示范甜辣椒新品种冀研 105 塑料大棚春提前配套栽培技术。平均亩产可达 5 000kg，平均亩产值可达 14 000 余元。

十、甜椒新品种——冀研 108

1. 品种来源

河北省农林科学院经济作物研究所自研品种。

2. 品种简介

该品种为利用甜椒雄性不育两用系育成的早熟甜椒杂交种，植株生长势强，连续坐果性好，果实灯笼形，绿色，果面光滑有光泽，果大肉厚，果形周正美观，平均单果重 230g 左右，每 100g 含维生素 C 128.01mg，商品性好，抗病毒病、炭疽病，耐疫病。一般亩产量 4 000kg。详见彩图 15、彩图 16。

3. 种植要点

冀中南地区，日光温室春提前栽培于 10 月中下旬育苗，1 月中下旬至 2 月上旬定植；日光温室秋冬茬栽培于 7 月中下旬播种育苗，8 月中下旬至 9 月上旬定植。塑料大中拱棚春提前栽培于 12 月中下旬育苗，3 月中下旬定植；塑料大拱棚秋延后栽培于 6 月底至 7 月初播种育苗，7 月底至 8 月初定植；各种栽培茬口应适时播种，培育壮苗；施足底肥，适时定植，春提前栽培亩栽 2 000～2 200 株，秋延后栽培亩栽 1 600～1 800 株。坐果前及时防止植株徒长；适时采收，防止坠秧；加强田间管理，及时追肥浇水，防治病虫害。

4. 适用区域

适合河北省保护地栽培。

5. 注意事项

冀研 108 为杂交一代，不可再留种使用。其他注意事项参考冀研 103。

6. 技术指导单位

河北省农林科学院经济作物研究所。

7. 示范案例 1

（1）地点　邯郸市肥乡区康源现代农业园区。

（2）规模和效果　示范面积 100 亩，主要示范甜辣椒新品种冀研 108 塑料大棚春提前配套栽培技术。平均亩产可达 5 000kg，平均亩产值可达 14 000 余元。

8. 示范案例 2

（1）地点　成安县鹏瑞蔬菜种植专业合作社。

（2）规模和效果　示范面积 100 亩，主要示范甜辣椒新品种冀研 108 塑料大棚春提前配套栽培技术。平均亩产可达 5 000kg，平均亩产值可达 13 000 余元。

十一、甜椒新品种——冀研 118

1. 品种来源

河北省农林科学院经济作物研究所自研品种。

2. 品种简介

该品种为利用甜椒雄性不育两用系育成的早熟甜椒杂交种，植株生长势强，果实灯笼形，成熟果黄色，果大肉厚，果面光滑而有光泽，平均单果重240g，果肉厚0.6cm，果实商品性好，抗病毒病、耐疫病，连续坐果能力强。详见彩图17至彩图19。

3. 种植要点

冀中南地区，日光温室冬春茬栽培于10月中下旬育苗，1月中下旬至2月初定植；日光温室秋冬茬栽培于7月中下旬播种育苗，8月下旬至9月初定植。塑料大中拱棚春提前栽培于12月中下旬育苗，3月中下旬定植；塑料大拱棚秋延后栽培于6月底至7月初播种育苗，7月底至8月初定植；各种栽培茬口应适时播种，培育壮苗；施足底肥，适时定植，春提前栽培亩定植2 200～2 500株，秋延后栽培亩定植1 800～2 000株。坐果前及时防止植株徒长；适时采收，防止坠秧；加强田间管理，及时追肥浇水，防治病虫害。前期平均亩产1 447.1kg，总产量平均亩产4 474.4kg。

4. 适用区域

建议在河北省石家庄、邯郸、沧州、承德等地区及相似气候类型区域做设施春提前及秋延后种植。

5. 注意事项

冀研118为杂交一代。其他注意事项参考冀研105。

6. 技术指导单位

河北省农林科学院经济作物研究所。

7. 示范案例1

（1）地点　邯郸市肥乡区康源现代农业园区。

（2）规模和效果　示范面积100亩，主要示范甜椒新品种冀研118塑料大棚春提前配套栽培技术。平均亩产5 500kg，高产可达6 000kg，平均亩产值可达16 000余元。

8. 示范案例2

（1）地点　藁城农业高科技园区。

（2）规模和效果　示范面积50亩，主要示范甜辣椒新品种冀研118日光温室春提前配套栽培技术。平均亩产5 500kg，高产可达6 000kg，平均亩产值可达18 000余元。

十二、甜椒新品种——金皇冠

1. 品种来源

河北省农林科学院经济作物研究所自研品种。

2. 品种简介

该品种为利用甜椒雄性不育两用系育成的中熟甜椒杂交种。果实方灯笼形，果大肉厚，果面光滑有光泽，果形周正美观；果实商品性、产量、抗病性等方面表现突出，连续坐果能力强；每100g含维生素C 108.5mg（鲜重）。平均单果重200g，平均果肉厚5mm；抗病毒病，耐疫病。成熟果实转为黄色，果实甜味大，可作为水果甜椒生食。前期平均亩产1 381.6kg，平均总亩产4 167.5kg。详见彩图20至彩图22。

3. 种植要点

冀中南地区，日光温室冬春茬栽培、日光温室秋冬茬栽培、塑料大拱棚春提前、塑料大拱棚秋延后栽培播种、育苗、定植时间及田间管理参照冀研118。春提前栽培亩定植1 800～2 500株，秋延后栽培亩定植1 500～1 800株；坐果前及时防止植株徒长；适时采收，防止坠秧；加强田间管理，及时追肥浇水，防治病虫害。

4. 适用区域

金皇冠甜椒新品种适合在河北省石家庄、邯郸、沧州、承德等地区及相似气候类型区域进行设施春提前及秋延后种植。

5. 注意事项

该品种为杂种一代，不可再留种使用。前期生长速度快，易徒长，种植应适当增施有机肥，植株开花后坐果前应及时防止徒长，坐果后期及时追肥，一旦徒长若不及时采取措施，易造成减产。

6. 技术指导单位

河北省农林科学院经济作物研究所。

7. 示范案例1

（1）地点　藁城农业高科技园区。

（2）规模和效果　示范面积50亩，主要示范金皇冠日光温室春提前配套栽培技术。平均亩产5 000kg，高产可达5 500kg，平均亩产值可达20 000余元。

8. 示范案例2

（1）地点　石家庄藁城区春晖蔬菜种植专业合作社。

（2）规模和效果　示范面积80亩，主要示范金皇冠日光温室秋延后越冬一大茬配套栽培技术。平均亩产10 000kg，高产可达11 000kg，平均亩产值可达30 000余元。

十三、辣椒新品种——冀研20

1. 品种来源

河北省农林科学院经济作物研究所自研品种。

2. 品种简介

该品种为利用雄性不育两用系育成的早熟辣椒杂交种，植株生长势强，连续坐果能力强，果实长牛角形，果实粗大肉厚，黄绿色，果面光滑顺直；一般单果重130g，最大可达160g；微辣，商品性好，较耐低温弱光，抗病毒病、疫病。高产，一般亩产量3 500kg，可作为鲜食辣椒栽培。详见彩图23至彩图25。

3. 种植要点

冀中南地区，日光温室春提前栽培于10月中下旬育苗，1月中下旬至2月上旬定植；日光温室秋冬茬栽培于7月中下旬播种育苗，8月中下旬至9月上旬定植。塑料大中拱棚春提前栽培于12月中下旬育苗，3月中下旬定植；塑料大拱棚秋延后栽培于6月底至7月初播种育苗，7月底至8月初定植；各种栽培茬口应适时播种，培育壮苗；施足底肥，适时定植，春提前栽培亩栽1 800～2 200株，秋延后栽培亩栽1 500～1 700株，坐果前及时防止植株徒长；适时采收，防止坠秧；加强田间管理，及时追肥浇水，防治病虫害。

4. 适用区域

主要适于春提前和秋延后设施栽培。

5. 注意事项

冀研 20 为杂交一代，不可再留种使用。该品种前期生长速度快，易徒长。门椒采收不及时易坠秧造成减产。应适当增施有机肥，坐果前适当控制浇水量并浅蹲苗、适时采收。

6. 技术指导单位

河北省农林科学院经济作物研究所

7. 示范案例 1

（1）地点　邯郸市肥乡区康源现代农业园区。

（2）规模和效果　示范面积 100 亩，主要示范辣椒新品种冀研 20 塑料大棚春提前配套栽培技术。平均亩产 5 000kg，高产可达 6 000kg，平均亩产值可达 16 000 余元。

8. 示范案例 2

（1）地点　成安县鹏瑞蔬菜种植专业合作社。

（2）规模和效果　示范面积 100 亩，主要示范辣椒新品种冀研 20 塑料大棚春提前配套栽培技术。平均亩产可达 5 500kg，平均亩产值可达 15 000 余元。

十四、辣椒新品种——冀星 8 号

1. 品种来源

河北农业大学自研品种。

2. 品种简介

早熟杂交一代牛角椒，始花节位 10～11 节；早熟性好，植株生长势强，整齐一致，连续坐果能力强，抗病，丰产性好；辣椒果实绿色，顺直，果面光滑，商品性好；果长 25.3cm，果粗 5.7cm，果肉厚 0.38cm，平均单果重 123.7g；亩产量 5 000kg 左右。适宜早春保护地栽培。详见彩图 26。

3. 种植要点

（1）播种　河北地区早春拱棚栽培于 12 月下旬至 1 月上旬播种育苗。

（2）定植　幼苗 3～5 片真叶即可定植，一般在 2 月下旬至 3 月上旬定植。定植前施足农家肥及三元复合肥。选择晴天下午进行移栽，采用小高垄地膜覆盖种植。每畦栽 2 行，畦宽 1.2m，株距 35cm，大小行栽培，垄宽 60cm，行距 50cm，亩密度约3 000株。

（3）定植后的管理　定植缓苗后应少浇水，根据土壤墒情可浇 1～2 次小水，浇水应在晴天上午进行，浇水后注意提高地温，降低空气湿度。结合浇水每隔 15～20d 追 1 次肥，每亩施氮磷钾复合肥 20kg，一般随水冲施 3 次。注意对植株进行整枝，保留 3～4 个主枝，应及早疏去畸形果，及时摘除门椒以下侧枝，使果实充分发育，增加产量。在植株生长到 40cm 高时进行吊蔓，以防植株倒伏。

（4）病虫害防治　苗期主要防治猝倒病和立枯病，可用多菌灵和噁霉灵处理苗床。

定植后主要防治病毒病、白粉病等，病毒病的防治依据“防毒先防蚜”原则，药剂防治用吗胍·乙酸铜或三十烷醇、十二烷基硫酸钠和硫酸铜混配剂等防治；白粉病在早期难以发现，需要提前预防，可用苯醚甲环唑杀菌剂喷雾防治；此外，整个生长期都要预防疫病发生，可用霜霉威等药剂。

从定植到结果期要注重白粉虱、蚜虫等害虫的防治，可采用黄板和药物喷雾法结合措施，可用吡虫啉、阿维菌素等药剂配合或交替施用；选择清晨空气湿度大，昆虫飞翔能力差时喷药，易达到较好的防治效果。

4. 适用区域

种植辣椒地区早春保护地栽培。

5. 注意事项

（1）缺陷　由于对辣椒疫病和病毒病抗性中等，注意防病。

（2）风险及防范措施　该品种为杂交一代，不可留种使用；苗期及时防治蚜虫、白粉虱等害虫危害，减少病毒病的发生和其他病害的传播；在不同地区大面积应用该品种，必须经过科学试验试种后，方可推广种植；对各类除草剂敏感，务必远离使用除草剂的作物。

6. 技术指导单位

河北农业大学。

7. 示范案例 1

（1）地点　河北省衡水市饶阳县。

（2）规模和效果　1 亩早春大棚，主要示范冀星 8 号新品种早春大棚生产及配套栽培技术。平均亩产可达 5 000kg，平均亩产值可达 10 000 余元。

8. 示范案例 2

（1）地点　河北省保定市望都县。

（2）规模和效果　1 亩早春大棚，示范冀星 8 号主要早春大棚生产及配套栽培技术。平均亩产可达 5 000kg，平均亩产值可达 11 000 余元。

十五、辣椒新品种——欢乐

1. 品种来源

山东省西甜瓜育种工程技术研究中心。

2. 品种简介

无限型早熟鲜食大果辣椒新品种。植株旺盛，节间较短，抗逆性强，抗病性强，栽培容易，易坐果，连续结果力强，果实生长膨大快，果长 28～35cm，果肩宽 4.0～4.5cm，单果重 80～100g，果实长粗大，羊角形，果皮光亮，黄绿色，果肉厚，辣味中强，品质好食味佳，果实美观，整齐度高，采收期相对集中，果实成熟后转亮红色，商品性极好，深得市场喜爱，可作青红两用辣椒栽培。适合保护地及露地早春、越夏、秋延后栽培。详见彩图 27、彩图 28。

3. 种植要点

定植前要施足底肥，一般亩施腐熟农家肥 4 000kg 以上，或商品有机肥 2 000kg、硫酸钾型三元复合肥 50kg、过磷酸钙 30kg，混匀后撒施，深翻 25～30cm。针对重茬地块或土传病害比较严重的地块，定植前每亩可用微生物菌剂 2.5～5kg，旋耕前均匀喷施到地面后旋耕。

大棚内 10cm 地温稳定在 12℃以上时即可定植，华北地区温室春季栽培，12 月育苗，2 月定植；冀北及内蒙古、山西等同类气候地区春秋棚及越夏栽培 3 月育苗，4 月中下旬至 5 月上旬定植；秋冬茬日光温室栽培 6 月中旬育苗，8 月初定植。

定植后 2～3d 浇缓苗水，幼苗期促控结合，以促为主，尤其是越夏栽培，要加强水肥管理，促进植株茂盛生长，有助于病毒病的预防。定植密度为每亩 2 400 株左右，双行高垄，畦面宽 60cm，大行距 80cm，小行距 60cm，四干整枝，吊蔓或搭架栽培。坐果前，适度蹲苗，防止落花落果。

棚内气温超过 32℃时及时通风或拉上遮阳网，注意遮阳时间不宜过长，否则影响花芽分化和坐果。

辣椒根系较弱，不耐旱也不耐涝，浇水追肥要遵循少量多次的原则。可在开花前，随水追施高磷型水溶肥每亩 5～8kg，当大部分门椒长到 3～5cm 时，随水追施平衡性水溶肥每亩 8～10kg，以后每采收 1 次果，结合浇水施肥 1 次，一般可用平衡型肥料和中钾型肥料交替使用。

辣椒采收高峰期对钙、镁、硼等中微量元素需求较高。可根据实际情况，随水追施糖醇钙 5kg 或硝酸钙 8kg，预防脐腐病的发生，也可叶面喷施含有钙、镁、硼、锌的中微量元素肥料的叶面肥，连续喷 2～3 次，每次间隔 7～10d。

4. 适用区域

建议在河北、山西、河南、北京、天津、山西、内蒙古等地适宜地区保护地或露地早春茬、越夏茬、秋延茬种植。

5. 注意事项

（1）缺陷　盛果期注意枯萎病、青枯病等病害的发生。

（2）风险及防范措施　栽培以促为主，高温季节栽培，注意加强防治病毒病。

6. 技术指导单位

河北省张家口市农业技术推广站。

7. 示范案例 1

（1）地点　河北亚雄现代农业园区。

（2）规模和效果　30 个春秋棚，主要示范辣椒新品种欢乐在拱棚越夏生产及配套栽培技术。平均亩产可达 8000kg，平均亩产值可达 16000 余元。

8. 示范案例 2

（1）地点　河北省张家口市阳原县大石庄村。

（2）规模和效果　25 亩春秋棚，主要示范辣椒新品种欢乐在拱棚越夏生产及配套栽培技术。平均亩产可达 7 500kg，平均亩产值可达 14 000 余元。

十六、茄子新品种——农大 601

1. 品种来源

河北农业大学自研品种。

2. 品种简介

中早熟杂交一代圆茄，始花节位 8～9 节；株型紧凑，生长势强，性状整齐一致，坐果早，膨果快，平均单果重 500g 以上；果皮黑亮，着色均匀，果肉紧实、少籽细嫩，商品性状优良，丰产性好。亩产量 7 000kg 左右。适合早春保护地栽培。详见彩图 29。

3. 种植要点

（1）定植前准备　定植前先深翻地，深 25～30cm。然后每亩施腐熟有机肥 8 000kg 以上，过磷酸钙 50kg，硫酸钾 30kg，尿素 25kg。施肥后翻第二遍，应浅翻，将肥料翻匀。

（2）播种　春塑料大棚栽培在 12 月下旬至 1 月上旬均可育苗。

（3）定植　苗龄 4 叶 1 心，一般在 2 月下旬至 3 月上旬定植，畦宽 1.2m，沟深 0.2m，每畦栽植 2 行，株距 50cm，亩定植密度为 2 000 株左右。

（4）定植后管理　定植时每亩灌溉定苗水 15～20m^3，以滴灌滴透为准，一周左右灌溉缓苗水 10～12m^3；定植水一定要浇足，定植后 2～3d 要浇一次足量缓苗水，这是快速缓苗和培育壮苗的基础。缓苗后至开花前一般不浇水，过分干旱时，可视天气适当浇小水，但到开花坐果和膨大期对水肥的需求量较大，要根据土壤墒情与植株长势及时灌水。

门茄瞪眼时及时追肥，每亩追复合肥 10kg、尿素 10kg、硫酸钾 8kg。对茄、四门斗和八面风坐住后再各追 1 次肥，肥量同上。

晴天中午棚温达 30℃以上时可进行小通风；随天气变暖，通风口可逐渐加大，通风时间也可适当加长。进入夏季可加设遮阳网遮光降温，也可向棚膜喷施降温剂降温。

当门茄开花后，其下侧枝应及时打掉，门茄以上双干整枝。要采收的茄子果实位置以下的老叶及时摘除，以加强通风透光。以上过程宜选择晴天进行，并结合喷施广谱性杀菌剂防止病菌侵入。

4. 适用区域

全国种植紫黑圆茄地区，早春保护地栽培。

5. 注意事项

（1）缺陷　由于该品种开花坐果早，果实膨大速度快，蹲苗过度影响前期产量，建议水肥要充足。

（2）风险及防范措施　该品种为杂交一代，不可留种使用；避免重茬栽培，采用适宜砧木嫁接防病。门茄瞪眼前不可大水大肥，以防化果。果实商品成熟后及时采收，以防坠秧。

6. 技术指导单位

河北农业大学。

7. 示范案例 1

（1）地点　河北省保定市清苑县。

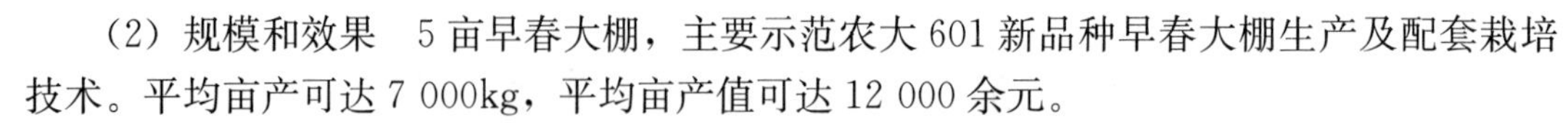

（2）规模和效果　5亩早春大棚，主要示范农大601新品种早春大棚生产及配套栽培技术。平均亩产可达7 000kg，平均亩产值可达12 000余元。

8. 示范案例2

（1）地点　河北省衡水市饶阳县。

（2）规模和效果　10亩早春大棚，示范农大601新品种早春大棚生产及配套栽培技术。平均亩产可达7 000kg，平均亩产值可达13 000余元。

十七、茄子新品种——农大603

1. 品种来源

河北农业大学自研品种。

2. 品种简介

中早熟杂交一代圆茄，始花节位8～9节；茎秆粗壮，株型较紧凑，植株生长势强，整齐一致，抗病性强；坐果早，坐果能力强，膨果快，平均单果重520g左右；果实耐老，较硬，着色均匀，深紫黑，亮泽，果肉紧实、细嫩、籽少，商品性状优良，丰产性好，亩产量7 800kg左右。适合早春保护地栽培。详见彩图30。

3. 种植要点

（1）播种育苗　春塑料大棚栽培在12月下旬至1月上旬均可播种。选择在晴天上午播种。播种前1d要用清水将穴盘内基质浇透，播种当天喷洒50%多菌灵500倍液。水渗下后将种芽均匀放入穴坑，每穴1～2粒种子，播后盖育苗基质1cm。播完后温室内覆地膜扣小拱棚。温室内50%～60%种子出苗后及时去掉地膜。长至2片真叶时，白天高于28℃放风，保持25～26℃，夜间10～14℃。第一片真叶展平后，根据情况需要间苗。随着后期外界温度升高，要逐渐加大放风量，温度控制在白天23～28℃，夜间15℃。其间可喷施2次0.2%磷酸二氢钾，以培育壮苗。定植前7d加大通风炼苗。

（2）定植　定植前先深翻地，深25～30cm。然后每亩施腐熟有机肥3～4m^3，过磷酸钙50kg，硫酸钾30kg，尿素25kg。施肥后翻第二遍，应浅翻，将肥料翻匀。畦宽1.2m，沟深0.2m，每畦栽植2行，株距50cm，每亩2 000株左右。浇足定植水。垄面覆膜，提高地温。

（3）田间管理　缓苗后至开花前一般不浇水，过分干旱时，可视天气适当浇小水，但到开花坐果和膨大期对水肥的需求量较大，要根据土壤墒情与植株长势及时灌水。门茄瞪眼时及时追肥，每亩追复合肥10kg、尿素10kg、硫酸钾8kg。对茄、四门斗和八面风坐住后再各追1次肥，肥量同上。

定植后3～5d视地面干湿程度进行1次中耕，以提高地温，促缓苗。缓苗后再进行1次中耕，结合中耕对植株茎部进行培土，以利根系生长，防止倒伏。

晴天中午棚温达30℃以上时可进行小通风；随天气变暖，通风口可逐渐加大，通风时间也可适当加长。进入夏季可加设遮阳网遮光降温，也可向棚膜喷施降温剂降温。

当门茄开花后，其下侧枝应及时打掉，门茄以上双干整枝。要采收的茄子果实位置以下的老叶及时摘除，以加强通风透光。以上过程宜选择晴天进行，并结合喷施广谱性杀菌剂防止病原侵入。

（4）病虫害防治　遵循“加强管理，以防为主”的原则，主要病害是黄萎病、枯萎病、灰霉病和褐纹病等。常见的虫害有蚜虫、红蜘蛛和茶黄螨。防治方法以农业综合防治为主，配合物理防治，采取合理轮作。一旦发现病虫害，要及时防治。

4. 适用区域

适宜全国种植紫黑圆茄地区进行早春保护地栽培。

5. 注意事项

（1）缺陷　由于该品种开花坐果早，果实膨大速度快，蹲苗过度影响前期产量，建议水肥要充足。

（2）风险及防范措施　参照农大601。

6. 技术指导单位

河北农业大学。

7. 示范案例1

（1）地点　河北省保定市定兴县。

（2）规模和效果　示范面积1亩，主要示范农大603新品种早春拱棚生产及配套栽培技术。平均亩产可达7 800kg，平均亩产值可达11 000余元。

8. 示范案例2

（1）地点　河北省沧州市肃宁县。

（2）规模和效果　示范面积1亩，示范农大603新品种早春大棚生产及配套栽培技术。平均亩产可达7 800kg，平均亩产值可达12 000余元。

十八、茄子新品种——农大604

1. 品种来源

河北农业大学自研品种。

2. 品种简介

晚熟杂交一代圆茄，始花节位10节左右；茎秆粗壮，生长势好，整齐一致，连续坐果能力强，平均单果重550g左右；果实着色均匀，深紫黑色，果面亮泽，果肉紧实，细嫩，籽少，口感佳；丰产性好，抗病能力强，商品性状优良。亩产量5 000kg左右。适合秋延后保护地栽培。详见彩图31。

3. 种植要点

（1）播种　河北地区秋延后大棚栽培于6月中下旬播种。

（2）定植　幼苗3～5片真叶，苗龄35～40d即可定植，一般在7月中下旬。定植前施足农家肥，亩定植密度一般为1 800～2 000株，建议选低限。定植应选在阴天或晴天下午进行，并浇足浇透定植水。

（3）定植后的管理　定植缓苗后应少浇水、蹲苗，及时松土，控制徒长，一般随水冲施3次氮磷钾复合肥。采用双干整枝，门茄和对茄适时采收，留四门斗即第四和第五个果摘心，待果实达到商品成熟度后在植株上活体保存，待价销售，一般在10月下旬至11月上旬一次性采收上市。

（4）病虫害防治　主要防控茄子秋季易发生的茎基腐病、叶霉病、黄萎病、褐纹病、菌核病等病害，烟粉虱、蓟马、蚜虫和鳞翅目等虫害。可采用绿色防病大处方，操作步骤：①穴盘及茄苗处理，定植前1～2d用10g 70%噻虫嗪+10mL 25%嘧菌酯兑水15L淋盘，用药浸茄子苗。②撒药土，定植时每亩用枯草芽孢杆菌30亿个/g可湿性粉剂1 000g拌成药土，随定植沟撒施于沟畦中。③定植时喷淋68%精甲霜·锰锌500倍液，对土壤表面进行杀菌消毒（防控茄子茎基腐病和立枯病）。④定植15d后喷75%百菌清可湿性粉剂+22.4%螺虫乙酯1 500倍液1次（预防各种真菌病害和烟粉虱）。⑤喷上述药10d后用25%嘧菌酯悬浮剂灌根1次，每袋10mL兑水15L（下同）（防控褐纹病、褐斑病、叶霉病）。⑥随着门茄瞪眼期用枯草芽孢杆菌30亿个/g可湿性粉剂800倍液灌根，每株100mL（防控茄子黄萎病，壮秧）。⑦20～30d后在门茄幼果期喷32.5%吡萘·嘧菌酯1 500倍液+14%氯虫·高氯氟悬浮剂1 500倍液（防控褐斑病、叶霉病及后期鳞翅目害虫的幼虫）。⑧灵活掌握防控，可使用40%嘧霉胺水分散粒剂1 200倍液或50%咯菌腈可湿性粉剂3 000倍液喷施，后期注意防治菌核病。

4. 适用区域

河北、山东、北京等我国种植紫黑圆茄地区的秋延后塑料大棚栽培。

5. 注意事项

（1）缺陷　由于果实单果重较大，可能会影响销售，建议果实达商品果大小时及时采摘上市。

（2）风险及防范措施　参照农大601。

6. 技术指导单位

河北农业大学。

7. 示范案例1

（1）地点　河北省衡水市饶阳县。

（2）规模和效果　40亩秋延后大棚，主要示范农大604新品种秋延后大棚生产及配套栽培技术。平均亩产可达6 500kg，平均亩产值可达14 000余元。

8. 示范案例2

（1）地点　河北省廊坊市固安县。

（2）规模和效果　2亩秋延后大棚，主要示范农大604新品种秋延后大棚生产及配套栽培技术。平均亩产可达6 500kg，平均亩产值可达13 000余元。

十九、黄瓜新品种——田骄八号

1. 品种来源

青岛硕丰源蔬菜种苗有限公司。

2. 品种简介

强雌性旱黄瓜品种，植株生长健壮，连续坐果能力强。植株生长健壮，产量高。果实商品率高，果面有稀疏白刺，刺瘤较大，商品瓜直径3.5cm左右，果实长18～20cm，翠绿色，圆润饱满，果肉淡绿，可溶性固形物含量3.6%左右，品质脆甜，肉质细腻，口味清香。较耐低温弱光，抗霜霉病、白粉病和角斑病。适于日光温室越冬茬生产。详见彩图32。

3. 种植要点

田间管理参照《日光温室旱黄瓜越冬茬生产技术规程》（DB 1303/T 280）执行。

4. 适用区域

冀东北旱黄瓜优势产业带。

5. 注意事项

蘸花坐果；适当疏雌花，及时采收。

6. 技术指导单位

河北科技师范学院。

7. 示范案例

（1）地点　乐亭万事达生态农业发展有限公司。

（2）规模　以唐山市乐亭县、秦皇岛市昌黎县为核心进行示范应用，2020年示范面积236亩。

二十、黄瓜新品种——博美170

1. 品种来源

天津德瑞特种业有限公司。

2. 品种简介

密刺品种，生长势强，不歇秧，节间稳定；连续结瓜能力强，瓜码适中，前中后期下瓜均匀，腰瓜长34cm左右；瓜条顺直，深绿色，有光泽，商品果率高。可溶性固形物含量3.1%左右，品质好，产量高，对霜霉病、白粉病抗性较强，耐寒性强。适合越冬保护地栽培。详见彩图33。

3. 种植要点

田间管理参照《平泉黄瓜日光温室越冬茬全程绿色提质增效技术规范》。

4. 适用区域

冀北密刺黄瓜优势产区。

5. 注意事项

及时疏除多余雌花，适时采收，防止坠秧。

6. 技术指导单位

河北科技师范学院。

7. 示范案例

以平泉市为核心进行示范应用，在辽宁凌源、内蒙古宁城广泛应用。

二十一、黄瓜新品种——中农56

1. 品种来源

中国农业科学院蔬菜花卉研究所。

2. 品种简介

植株生长势较强，分枝弱。瓜色深绿、有光泽，平均瓜长32cm，瓜柄短，果肉浅绿色，可溶性固形物含量3.1%，口感好。早熟性突出，雌花节率高，丰产。抗霜霉病、白粉病、黑星病、病毒病、枯萎病、流胶病等。适合保护地早春及秋冬短茬口栽培。详见彩图34。

3. 种植要点

（1）整地作畦　双高垄或高畦双行地膜覆盖栽培。

（2）定植密度　定植密度每亩3 000～3 500株。

（3）日常管理　参照当地同类黄瓜，生长中后期可结合防病喷叶面肥6～10次。

4. 适用区域

冀中南密刺黄瓜优势产区，环京津精品黄瓜优势产区。

5. 注意事项

及时疏除多余雌花，适时采收，防止坠秧。

6. 技术指导单位

河北科技师范学院。

7. 示范案例

（1）地点　馆陶县黄瓜产业扶贫科技园。

（2）规模和效果　中农56早春塑料大棚种植，亩产可达8 500kg左右，单价比其他同类品种高0.4～0.6元/kg，示范推广30亩。

二十二、黄瓜新品种——津早199

1. 品种来源

天津科润黄瓜研究所。

2. 品种简介

该品种以主蔓结瓜为主，茎秆粗壮，瓜条顺直，成品瓜率高；强雌品种，连续带瓜能力强，不易化瓜；腰瓜长35cm左右，刺密，瓜柄短，瓜色油亮，无黄线，肉质翠绿，口感清香脆甜；商品瓜易采收，商品性突出。详见彩图35。

3. 种植要点

（1）该品种耐低温弱光、长势强、不歇秧，适合早春温室1月中旬定植和春拱棚2月中旬抢早定植。

（2）生产应采用高畦栽培方式，亩保苗2 800株左右，不要密植。

（3）定植缓苗后及时浇缓苗水并适时进行中耕，植株正常生产以后，视其生长情况适当进行追肥浇水。

（4）该品种瓜柄容易脱离，方便采收，省时省工，为种植户节省了大量的劳动时间，而且易脱离的瓜柄给主蔓造成的创口很小，减少了病害的发生。

（5）该品种抗白粉病、霜霉病和枯萎病等多种病害。

4. 适用区域

适合河北、河南、陕西等地管理水平相对比较粗放的地区。

5. 注意事项

该品种连续带瓜能力强，注意加强水肥管理。

6. 技术指导单位

石家庄市农业技术推广中心、河北省农林科学院经济作物研究所。

7. 示范案例

（1）地点　藁城区贯庄村。

（2）规模和效果　津早199早春塑料大棚种植，亩产可达8 000～9 000kg，单价比其他同类品种高0.2～0.4元/kg，示范推广500亩。

第三章

主　推　技　术

一、蔬菜绿色安全高效施肥技术

1. 技术内容概述

针对菜农盲目追求高产增收，现行养分调控技术过度依赖有机肥、化肥，形成菜田养分过剩、面源污染、肥效锐减“三大瓶颈”，以菜田“减肥增效、产品安全、绿色环保”为核心，开辟了菜田养分微生物调控高效利用的新路径，攻克了减肥增效的技术关键，研发出了绿色环保型投入品，实现了蔬菜施肥污染“源头减量、过程控制、末端治理”的全程安全高效调控，推动蔬菜产业提质增效、绿色高质量发展。

2. 节本增效

经在河北省蔬菜主产区多点示范，减肥25%蔬菜平均增产10.2%以上，认定绿色食品蔬菜11个，不仅改善了蔬菜外观品质，使果形周正、色泽鲜艳，畸形果率≤3.5%，改善了商品性状，而且显著提高了蔬菜维生素C、可溶性糖等含量，适口性增强，深受消费者欢迎，年亩均增收2 048.0元；同时，降低养分淋失量49%以上、氮源气体排放量21%以上，有效防控面源污染。

3. 技术要点

探明了菜田高氮土壤微生物调控氮的机制，氨氧化古菌对 NO_x 排放、硝酸盐淋失，氨氧化细菌对 N_2O、NH_3 排放起关键作用；揭示了石灰性菜田土壤微生物调控磷的作用机制，微生物碱性磷酸酶基因 *phoD* 和磷转运基因 *pitA* 是活化调控磷的关键因子；创制了耐盐碱、耐缺氧等抗逆培养基，优选出4株肥用特异优势高效菌株，明确了其功能特性，攻克了施入土壤难形成优势菌群的难题；发明了新型肥料及制作方法5项，研发登记准字号绿色环保型微生物肥料7个，水溶肥1个，攻克了缺乏绿色投入品的物化难题；优选出施氮配施DCD及配比的方法，明确了微生物肥适宜施用时期、用量和用法及其肥料效应和环境效应，攻克了减肥增效的施肥要领。基于安全限量减肥25%，应用自研的环保型肥料，创建了10种主栽蔬菜安全高效施肥模式（见下表），以微生物肥调控为主线，因菜施策、精量调配、水肥耦合，打破了现行施肥模式，经多点示范，减肥25%实现蔬菜生产大幅度提质增效。

棚室瓜果类蔬菜安全高效施肥模式简表

施肥要领	亩目标产量（t）	每亩底施基肥	随滴灌或膜下沟灌追肥				
			生育时期	间隔（d）	每亩菌剂用量（L）	每亩水溶肥用量（kg）	追肥次数
棚室番茄 控氮、稳磷、攻钾，足施底磷，前期轻追，后期重追	短季茬 5～7.5	腐熟有机肥 3～4m^3 颗粒菌剂 5kg 磷酸氢二铵 50～60kg 硫酸钾 30～40kg	缓苗期	10～15	5～6	—	隔 2 水追 1 次菌剂；随每水追高钾水溶肥；次数随茬口而定
			初穗果期	10～12	—	5～6	
	长季茬 10～15	腐熟有机肥 6～8m^3 颗粒菌剂 10kg 磷酸氢二铵 80～90kg 硫酸钾 60～80kg	盛果期	8～10	5～6	5～6	
			末果期	8～10	—	4～5	
棚室黄瓜 控氮、稳磷、攻钾，足施底肥，轻追勤追，少量多次	短季茬 5～7.5	腐熟有机肥 4～5m^3 颗粒菌剂 5kg 磷酸氢二铵 50～60kg 硫酸钾 30～40kg	缓苗期	4～6	5～6	—	随滴灌每隔 30d 追 1 次菌剂；随每水追高钾水溶肥；次数随茬口而定
			结瓜初期	4～6	—	2～3	
	长季茬 10～15	腐熟有机肥 7～9m^3 颗粒菌剂 10kg 磷酸氢二铵 80～100kg 硫酸钾 50～60kg	盛瓜期	3～5	5～6	3～4	
			末瓜期	3～5	—	2～3	
棚室辣椒/甜椒 足施底磷，追肥前期控氮、后期攻钾，菌剂精巧防病	短季茬 2～3	腐熟有机肥 3～4m^3 颗粒菌剂 5kg 磷酸氢二铵 50～60kg 硫酸钾 30～40kg	缓苗期	15	5～6	—	每隔 1 水追施 1 次菌剂和中钾水溶肥；次数随茬口而定
			门椒膨大期	15	—	5～6	
	长季茬 6～7	腐熟有机肥 8～10m^3 颗粒菌剂 10kg 磷酸氢二铵 50～60kg 硫酸钾 30～40kg	结椒盛期	10	5～6	7～8	
			结椒末期	10	—	5～6	
棚室茄子 前期攻氮、足磷，后期攻钾、稳磷，巧施基肥，适时追肥	长季茬 7～8	腐熟有机肥 5～7m^3 颗粒菌剂 10kg 磷酸氢二铵 50～60kg 硫酸钾 30～40kg	缓苗期	15	5～6	—	随滴灌每隔 1 水追施 1 次菌剂；随每水追施中钾水溶肥
			门茄瞪眼期	10	—	4～5	
			盛果期	10	5～6	5～6	
			末果期	10	—	4～5	
棚室西葫芦 控氮、稳磷、补钾，足施基肥，巧施追肥	短季茬 4～5	腐熟有机肥 7～8m^3 生物有机肥 40kg 磷酸氢二铵 50～60kg 硫酸钾 20～30kg	根瓜出现	15	5～6	—	随滴灌每隔 1 水追 1 次菌剂；随每水追施低钾水溶肥
			根瓜膨大期	15	—	4～5	
			盛瓜期	10	5～6	5～6	
			末瓜期	10	—	4～5	
棚室南瓜 控氮、稳磷、增钾，足施底磷，前期控氮，后期稳磷、攻钾	短季茬 2～3	腐熟有机肥 4～5m^3 生物有机肥 40kg 磷酸氢二铵 40～50kg 硫酸钾 20～30kg	缓苗期	15～20	5～6	—	随滴灌每隔 1 水追施 1 次菌剂；随每水追施中钾水溶肥
			初瓜膨大期	15～20	—	3～4	
			盛瓜期	10～15	5～6	4～5	
			末瓜期	10～15	—	—	
棚室芸豆 控氮、稳磷、攻钾，控花促荚，足施底磷，前期控氮，后期攻钾	短季茬 2～3	腐熟有机肥 4～5m^3 生物有机肥 40kg 磷酸氢二铵 50～60kg 硫酸钾 20～30kg	缓苗期	10	5～6	—	随滴灌每隔 30d 追施 1 次菌剂；随每水追施高钾水溶肥
			结荚初期	5～7	—	3～4	
			盛荚期	5～7	5～6	4～5	
			末荚期	5～7	—	3～4	

根菜叶菜类蔬菜安全高效施肥模式简表

施肥要领	亩目标产量（t）	每亩底施基肥	随滴灌或膜下沟灌追肥			
			生育时期	间隔（d）	每亩水溶肥用量（kg）	追肥次数
白萝卜 前期稳磷、攻氮，后期补磷、攻钾，深翻施足基肥，追肥前轻、中重、后轻	露地栽培 4～5	腐熟有机肥 4～5m^3 颗粒菌剂 10kg 磷酸氢二铵 20～30kg 硫酸钾 30～40kg 尿素 30～50kg	长出 2 片真叶 萝卜膨大初期 萝卜膨大后期	15～20 10～15 10～15	5～6 7～8 3～4	随每水追施高钾水溶肥
胡萝卜 稳氮、攻磷、增钾，深翻施足基肥，前轻追、后重追	露地栽培 4～5	腐熟有机肥 4～5m^3 颗粒菌剂 10kg 磷酸氢二铵 20～30kg 硫酸钾 30～40kg 尿素 20～30kg	定苗期 根莲座期 根膨大盛期	10～15 10～15 10	3～4 6～7 8～9	随每水追施高钾水溶肥
大白菜 足施底磷、菌剂，精巧补钙，追肥前期稳磷、攻氮，后期补磷、攻钾	露地栽培 4～5	腐熟有机肥 4～5m^3 颗粒菌剂 10～15kg 硫基型三元复合肥（18-12-20 或 18-12-18）30～40kg	定苗期 莲座期 结球期 包心期	15～20 10～15 10～15 10～15	3～4 5～6 8～9 4～5	随每水追施中钾水溶肥

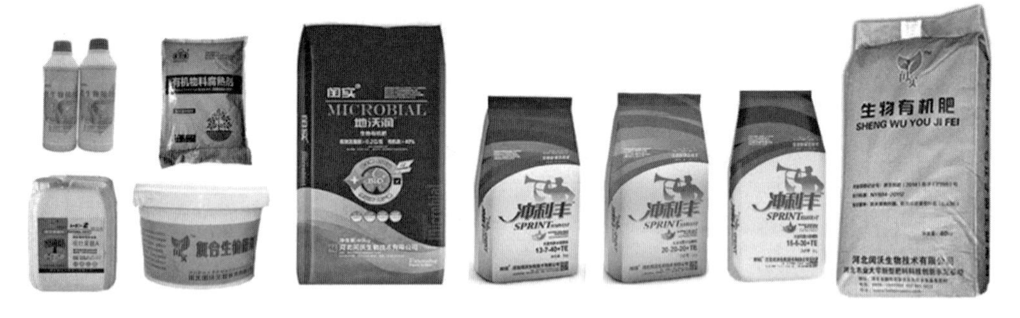

研发的微生物肥料等绿色环保肥料

4. 适用区域

适合我国北方石灰性土壤蔬菜种植区。

5. 技术来源

河北省现代农业产业技术体系蔬菜产业创新团队菜田污染防控与障碍修复岗位。

6. 注意事项

禁止微生物肥料与杀菌剂等农药混施。

7. 技术指导单位

河北农业大学、河北闰沃生物技术有限公司。

8. 示范案例

在河北省 11 个地市 27 个县（市、区）建立了 36 个示范点，以示范点为龙头，以推广施肥模式为抓手，以种植专业合作社为载体，以种植户为网目，构建了覆盖全河北省蔬菜主产区的推广网络。经多点试验示范，创建的10种蔬菜安全高效施肥模式，减肥25%分别平均增产番茄14.9%、黄瓜11.8%、茄子10.2%、辣椒/甜椒11.9%、西葫芦10.5%、南瓜15.2%、芸豆13.6%、胡萝卜19.0%、白萝卜10.9%、白菜13.0%。同时，改善蔬菜品质（见下表），色泽鲜艳、适口性强、商品性好，深受消费者欢迎。同时，降低氮磷钾淋失49.7%，降低 N_2O、NO_x 和 NH_3 排放量分别为21.8%、76.5%和21.8%，有效防控面源污染，保障了蔬菜食品安全和环境安全。并且，该项成果培植起蔬菜产业扶贫典型，使贫困山村稳定脱贫，受到农民日报、河北青年报、河北电视台等国家级、省市级多家媒体报道，特别是“贫瘠沙土地上长出金芸豆”“用科技照亮增收致富路”等系列报道，引起社会广泛关注和强烈反响。随着农业绿色发展，减肥增效需求剧增，应用前景十分广阔。

蔬菜安全高效施肥模式示范产量效应

蔬菜	示范地	每亩示范田（kg）	每亩对照田（kg）	每亩增产量（kg）	增产率（%）
番茄	永清	13 467.85	11 567.54	1 900.31	16.4
	藁城	12 876.50	11 324.87	1 551.63	13.7
	南河	11 385.42	10 172.40	1 213.02	11.9
	桃城	6 754.45	5 998.73	755.72	12.6
	故城	7 296.04	6 016.03	1 280.01	21.3
	平均	10 356.05	9 015.91	1 340.14	14.9
黄瓜	昌黎	13 827.65	12 328.40	1 499.25	12.2
	玉田	11 835.34	10 562.50	1 272.84	12.1
	固安	7 386.52	6 617.63	768.89	11.6
	正定	6 892.65	6 207.43	685.22	11.0
	平均	9 985.54	8 928.24	1 057.30	11.8
茄子	饶阳	7 368.25	6 626.36	741.89	11.2
	永年	6 765.52	6 117.12	648.40	10.6
	青县	6 856.43	6 225.50	630.93	10.1
	平均	6 996.73	6 323.00	673.73	10.7
辣椒/甜椒	望都	2 366.85	2 104.52	262.33	12.5
	成安	2 174.35	1 957.46	216.89	11.1
	鸡泽	1 956.27	1 747.03	209.24	12.0
	平均	2 165.82	1 936.34	229.48	11.9
西葫芦	张北	4 674.90	4 236.78	438.12	10.3
	昌黎	4 715.74	4 258.96	456.78	10.7
南瓜	饶阳	2 513.52	2 087.82	425.70	20.4
	张北	2 440.44	2 125.82	314.62	14.8
芸豆	张北	1 887.27	1 657.36	229.91	13.9
	沽源	1 808.56	1 596.35	212.21	13.3
胡萝卜	永清	4 967.80	4 155.20	812.60	19.6
	固安	4 865.21	4 112.57	752.64	18.3
白萝卜	张北	3 817.10	3 426.50	390.60	11.4
	康保	3 779.30	3 422.10	357.20	10.4
白菜	玉田	4 865.73	4 313.59	552.14	12.8
	隆化	4 835.18	4 271.36	563.82	13.2

蔬菜安全高效施肥模式示范品质效应

蔬菜	维生素C增长量（%）	可溶性糖增长量（%）	蔬菜	维生素C增长量（%）	可溶性糖增长量（%）
番茄	24.0	25.4	南瓜	10.1	18.9
黄瓜	30.1	6.4	白萝卜	8.8	12.1
茄子	9.3	16.8	胡萝卜	7.9	13.6
辣椒	18.0	3.6	白菜	10.6	6.7
甜椒	15.3	12.5	芸豆	9.6	11.2
西葫芦	16.7	13.6			

开发“无药”黄瓜等绿色食品蔬菜产品试验

辣椒等减肥降污、提质增效技术示范

培植起绿色食品芸豆脱贫致富产业

二、露地青花菜肥药双减高产高效安全栽培技术

1. 技术内容概述

张承坝上地区为河北省露地夏季蔬菜主产区，露地青花菜肥药双减高产高效安全栽培技术，适用于冀北张家口、承德坝上错季蔬菜产区及同气候类型区露地错季蔬菜种植区。一般在 4 月中旬棚室内播种育苗，5 月中下旬定植；第二茬可在 6 月中旬育苗，7 月中旬定植。可以满足河北省内外夏季 7 月和 9 月对青花菜产品的市场需求，填补了夏季市场上青花菜的空缺。

肥药双减高产高效安全栽培技术，在立足于以推广青花菜新品种、化学农药肥料减施、节水灌溉、育苗移栽、诱杀虫板、性诱剂杀虫灯等物理综合防治技术为核心，提高青花菜产品质量、增加农民收入，达到了夏秋蔬菜节本、提质、增效的目的，促进了坝上蔬菜可持续发展，实现“三减一增”即减少用水量、减少化肥用量、减少农药用量、增加青花菜产量的种植效益。

2. 节本增效

利用该技术进行夏季错季青花菜露地栽培，填补了省内外夏季青花菜市场供应的空白。单茬亩产量 2 000kg 左右，每千克田间平均售价 3 元，亩效益 6 000 元，商品菜生产率由原来的 85%提高到 95%，亩增产约 200kg、增收 600 元；按照一年两茬，亩增收可达 1 200 元。

3. 技术要点

（1）品种选择　宜选择具有生育期短、适应性广、耐寒、抗病性强、品质好等优点的早中熟品种，要求球形周正、蕾粒均匀紧实、色泽深绿、茎基部不空心、株型直立，如品种耐寒优秀。

（2）青花菜设施育苗技术

①基质选择、配制。选择无菌无病无虫的基质，草炭＋蛭石＋珍珠岩，容积比为 6∶1∶3，每立方米加入复合肥（$N:P_2O_5:K_2O=15:15:15$）1kg。50L 基质加入 5～8g 含活菌 200 亿/g 的农业专用复合芽孢杆菌，250～400 倍液进行喷洒。

装盘前一天将基质倒在塑料布上，边喷淋水边翻搅，基质含水量以“手握成团、轻触即散”为宜。基质喷淋搅拌后用塑料布盖严，闷闭 8～10h。

②苗盘准备与压穴。选用标准的 105 孔穴盘，将拌好的基质装入穴盘，用平板将基质刮平、刮匀，并将多余的基质刮掉。将装好基质的穴盘孔对孔码高，每 10 个穴盘码一堆，用面积大于穴盘的木板放在穴盘顶端向下施力，压深 10mm。

③播种与覆土。用 105 手持穴盘点播仪播种，每穴播 1 粒。播后覆基质，用平板刮平，使每穴覆盖基质均匀一致。

④浇水。浇水要在上午 10：00 前进行。浇水时采用喷洒的方式，忌大水直冲，以免将基质冲出穴盘。

基质相对含水量在 60%～80%为宜，当表面基质发黄、发硬，与苗盘边缘出现空隙时及时浇水，浇水量以水刚刚从穴盘底部渗出为宜。

⑤温度管理。播种至齐苗期间，白天温度保持20～25℃，夜间15～18℃；齐苗至定植前10d，白天温度保持10～20℃，夜间8～10℃；定植前10d至定植期间，白天温度保持10～15℃，夜间5～10℃。午间温度过高时应通风降温。采用透光率为50%的遮阳网覆盖在大棚外进行遮阳。遮阳时间应根据季节和当天光照强弱而定，一般在10：00～15：00进行。温度低、光照弱的情况下遮阳时间可短些或不遮阳，反之则可长。

⑥标准苗。幼苗5～6片真叶时即可定植。健壮植株，株高12～15cm，叶片肥厚，根系发达（提苗时基质不松散），无病虫害。

（3）露地青花菜肥药双减高产高效安全栽培技术

①定植前准备。施底肥整地，底肥用奋斗生物有机肥（枯草芽孢杆菌＋胶冻样类芽孢杆菌大于0.2亿/g，有机质含量大于40%）1 200kg，（N：P_2O_5：K_2O＝18：18：18）复合肥25kg。起垄、铺滴灌带、覆膜采用机械一次性完成。选用幅宽90cm的黑色地膜，垄面宽60cm，垄沟宽50cm，垄高10cm。每垄膜下铺设1条滴灌带。

②定植。

定植时间：第一茬5月中下旬定植，第二茬7月中旬定植。育苗时间相应往前推30d。如只种一茬，可在5月中旬到7月中旬根据市场安排种植。

定植方法与密度：定植前2d田间滴灌1次透水，要求两滴灌头中间土壤水分下渗15cm。每垄2行，株距40cm，行距55cm，亩定植3 000株。按株距错位定植于滴灌带两侧，定植深度以刚好埋住幼苗土坨为宜，并将土坨周围的土壤填实，使根部与土壤紧密接触。定植后浇水使幼苗土坨全部湿润，0～20cm土层相对含水量达80%以上。

③水肥药一体化田间管理。定植后水肥一体化：用30亿个多角体/mL的棉铃虫核型多角体病毒水分散粒剂50mL随定植水施用，亩用1L促根抗逆；每亩喷施30mL 62.5%精甲·咯菌腈200mL/m^3封闭地面。苗期结合浇水，每次追肥前用清水滴灌30min，然后将肥料溶解到滴灌系统的肥罐内进行滴灌，追肥完毕再用清水滴灌30min。定植后每亩施用高氮液肥3～4kg；缓苗后追施有机硅大量元素水溶肥1次，每亩7.5kg。

莲座期水肥药一体化：每亩滴灌嘧菌酯100mL＋春雷·王铜100g＋氯虫·噻虫嗪50mL；施用硝酸钾肥1次，每亩12kg，并配施钙镁硼铁锌肥，每亩5kg。莲座后期追施（N：K_2O＝20：20）氮钾肥1次，每亩20kg，有机硅大量元素水溶肥1次，每亩7.5kg。

结球期水肥一体化：根据发病情况每亩施用棉铃虫核型多角体病毒水分散粒剂50mL＋嘧菌酯30mL。包心期追施有机硅大量元素水溶肥1次，每亩7.5kg；中后期施用（N：P_2O_5：K_2O＝15：5：30）三元复合水溶肥1次，每亩7kg，全生育期共27kg。

辅以物理防治：田间悬挂25cm×40cm黄色粘虫板或黄色板条，板条上涂上一层机油，每亩30～40块，诱杀蚜虫、白粉虱；对于甜菜夜蛾等飞行能力较强的害虫，采用太阳能频振式杀虫灯，每10亩一台。

（4）采收　当花球球面直径为13～15cm、小花蕾整齐未松散、整个花球紧实完好、呈深绿色时商品性最佳，为采收适期。采收时将花球连同10cm左右长的嫩茎一起割下，花球要轻拿轻放，以防损伤。

4. 适用区域

张承坝上露地蔬菜产区及同气候类型区露地错季蔬菜种植区。

5. 技术来源

河北省现代农业产业技术体系蔬菜创新团队——坝上蔬菜产业岗；张家口市农业科学院。

6. 注意事项

张承坝上露地蔬菜产区，采取一季两茬生产模式时，必须严格控制农事操作时间。第二茬在7月中旬必须定植完毕，否则影响后期采收。育苗时间以定植时间向前推30～35d为宜。

7. 技术指导单位

河北省农林科学院经济作物研究所、张家口市农业科学院。

8. 示范案例1

（1）地点　张北县超大现代农业开发有限公司农业园区。

（2）规模和效果　示范面积500亩。

栽培品种为耐寒优秀。于每年的5月中下旬定植，7月上旬采收；7月中旬定植，9月中旬采收上市。全年青花菜亩产4 000kg、平均市场售价3元/kg，商品菜生产率由85%提高到95%，亩增产400kg，实现亩增收1 200元。该模式集成基质育苗、水肥药一体化、化肥与农药减施、机械覆膜铺滴灌带等关键技术，形成了省工节本、优质安全、高产高效的种植方式。采用该技术后与传统青花菜栽培方式相比，产品的硝酸盐含量减少16.9%，可溶性糖含量增加12.0%，可溶性固形物含量增加3.5%；在减药减肥方面较农户传统模式减药38.5%～46.3%，减施化肥33.3%～38.9%，增产21.3%，起到了节本提质增效的效果。

9. 示范案例2

（1）地点　张北县油篓沟乡兴隆村。

（2）规模和效果　示范面积150亩。

青花菜采收期

青花菜整地——机械覆膜、铺滴灌带

栽培品种为耐寒优秀。于每年的5月中下旬定植，7月上旬采收；7月中旬定植，9月中旬采收上市。全年青花菜亩产3 800kg、平均市场售价3元/kg，商品菜生产率由83%提高到95%，亩增产418kg，实现亩增收1 254元。该模式集成基质育苗、水肥药一体化、化肥与农药减施、机械覆膜铺滴灌带等关键技术，形成了省工节本、优质安全、高产高效的种植方式。采用该技术后与传统青花菜栽培方式相比，产品的硝酸盐含量减少了15.2%，可溶性糖含量增加了11.8%，可溶性固形物含量增加4.3%；在减药减肥方面较农户传统模式减药38.5%～46.3%，减施化肥33.3%～38.9%，增产18.2%，起到了节本提质增效的效果。

三、冷凉地区露地花椰菜高效栽培技术

1. 技术内容概述

针对坝上地区花椰菜栽培品种杂乱，化肥、农药施用过量导致商品率低、经济效益差等问题，研究提出了露地花椰菜的品种选择、育苗技术、生产管理及病虫害防治高效栽培技术，提高了花椰菜的产量和品质，实现了露地花椰菜优质高产目标。

2. 节本增效

本技术的使用较常规栽培技术亩产增幅7%，商品率提高5%。

3. 技术要点

（1）品种及其播期

①品种选择。选用抗病、高产、商品性好的品种，如：力禾白玉80，该品种中晚熟，植株根系发达，吸肥力强，抗逆性好，耐寒、耐湿。春播定植至采收约65d，花球松大雪白，蕾枝浅绿色，单球重约2 000g，商品性高，产量高。翠松78，该品种蕾茎青绿色，口感甜脆，耐寒耐湿，适应性强，花球扁圆松大，球面平整洁白，单位球重约2 300g，春播定植后约60d采收。庆美全松75，该品种青梗全松，小米粒花，生长强健，抗雨耐湿，抗病性强，花球松大，雪白美观，花梗浅绿色，单球重约1 500g，春播定植后约55d采收。庆美65，该品种青梗松花，中早熟，生长强健，花球松大圆整，雪白美观，蕾枝青梗，呈浅绿色，单球重约1 600g。

②播期选择。依据张承坝上地区的气候特点及农作习惯确定播期。一般春季播期为4月中下旬至5月中下旬，苗龄约35d即可移栽，7月中下旬开始收获。

（2）育苗及苗期管理

①种子消毒及催芽。每亩需用种33g。可选用有包衣剂的种子，也可用种子质量0.3%～0.4%的福美双拌种，可有效减少黑腐、根腐等病害的发生。种子浸泡至膨胀，用湿纱布包好放入温度为25～30℃的环境下进行催芽，保持湿度，待露白即可播种。

②苗床制作。选择光照条件好，给水及排水方便，土壤透气性好的地块。采用50%福美双可湿性粉剂1 000倍液或阿维菌素1 000～1 500倍液对苗床消毒。

③育苗土。可购买商品育苗基质，或者采用三年以上未栽培过十字花科蔬菜的清洁菜园土加入充分腐熟的农家肥或有机肥，并充分混匀，比例为6∶4。

④育苗及播种方式。采用设施育苗。可采用72孔或105孔育苗盘进行育苗，也可点播育苗，行距5cm，种距3cm，覆土厚度为0.3～0.5cm。

⑤苗期管理。播种覆土后浇透水，保温保湿至出苗。苗期适温为20～30℃，待出苗85%以上后，及时分苗和间苗，并喷施适宜浓度的生根壮苗肥。采用70%噁霉灵可湿性粉剂3 000～3 300倍液或72.2%霜霉威盐酸盐400～600倍液进行苗床喷雾，以预防猝倒

病。采用甲维盐、氯氰菊酯和阿维菌素防治蚜虫、跳甲、菜青虫。及时拔除病、弱苗；适当降低水分，控制温度，促进根系生长，防止幼苗徒长，培育健壮幼苗。

（3）移栽定植 定植前结合整地每亩施入微生物复合肥 100kg 左右，有机肥 2 500～3 000kg 作为基肥。深耕细作，垄面宽 0.6m，垄沟宽 0.4m，铺设滴灌管、覆膜，减少杂草的生长。适宜定植密度为每亩 1 700 株。

（4）栽培要点

①花椰菜的需肥特点。花椰菜的营养生长期对氮肥的需要量较大，花球形成期对磷和钾需求量大。每生产 1 000kg 花椰菜其养分吸收量为：N 13.4kg、P 3.93kg、K 9.59kg，N∶P∶K=1∶0.3∶0.7。

②缓苗期。浇足定植水，定植后的一周为缓苗期，视天气情况，适量浇水，保持土壤湿润。

③莲座期。莲座期根系和叶片开始快速生长，需要大量的水肥，对温度要求比较严格，适宜温度为 20～25℃，当夜温过高时，营养生长过盛，根系生长减弱，同时植株生长弱，导致商品花小，品质差，产量低，收益不高。此时期主要是以氮肥为主，配合适量的磷钾肥。

④结球期。此期是花椰菜生产最关键的时期，且对水肥的需求量较大，占生育期的 70%以上。保持土壤湿润，重施 1～2 次追肥，每次每亩施磷钾肥 20kg。该期间要适量喷施硼砂，防止花球空心。当花球直径 10cm 时束叶遮花，避免光线直射影响花球品质。

⑤采收期。花椰菜成熟后应及时采收，过早采收影响产量，过晚采收会导致花球松散影响品质。采收时应当带 5～6 片叶，以防花球受到机械损伤。

（5）病虫害防治 主要病害有猝倒病、黑胫病、黑腐病、霜霉病、软腐病等；虫害有跳甲、小菜蛾、菜青虫等。应采取“预防为主，综合防治”的植保方针。

①猝倒病。一种真菌性病害，低温高湿环境下多发，在猝倒病发病初期用 58%甲霜灵可湿性粉剂 500～600 倍喷雾防治。

②黑胫病。又称根朽病，是一种细菌性病害，多发生于高湿暖和的天气。主要危害幼苗子叶和幼茎，发病部位有灰白色圆形或椭圆形斑，伴随较多的散生黑色粒点，如发生严重可造成幼苗死亡。用 72%甲霜·锰锌可湿性粉剂 500 倍液间隔 10d 灌根 1～2 次。

③黑腐病。一种细菌性病害，各生育期均可发生。幼苗期受害子叶出现水渍状、变褐、枯萎。成熟期发病，多危害叶片，从叶缘向内发展，形成 V 形或不规则形淡黄褐色坏死斑，病健交界不明显，病斑边缘常具有黄色晕圈，迅速向外发展，致周围叶肉组织变黄枯死。可用 50%腐霉利可湿性粉剂 1 000 倍液或 70%甲基硫菌灵可湿性粉剂 800～1 000 倍液喷施防治。

④霜霉病。一种真菌性病害，主要危害花椰菜的叶片，多在莲座期发病，叶片以老叶最易受害，病叶出现边缘不明显的黄色病斑，逐渐扩大，因受叶脉限制呈多角形或不规则黄褐色至黑褐色的病斑，叶背病斑上有黑褐色斑点，较为明显并稍突起，高湿时叶背面散生白色霉层，严重时叶片枯黄脱落。可选用 69%烯酰锰锌可湿性粉剂 800 倍液，50%代森锰锌可湿性粉剂 800 倍液或 72%霜脲·锰锌可湿性粉剂 600～800 倍液喷雾。

⑤软腐病。一种细菌性病害，多发生在花椰菜生长的中后期。茎基部出现水渍状淡褐

色病斑，当光照强、温度高时易出现萎蔫，傍晚恢复，后期腐烂严重，散发恶臭味。可采用20%噻枯唑可湿性粉剂800倍液或70%敌磺钠可湿性粉剂500～1 000倍液浇灌防治。

⑥细菌性斑点病。全生育期均可发生，先在叶背面产生水渍状小点，暗绿色，逐渐发展成0.2～0.5mm大小灰褐至暗褐色近圆形坏死斑，中央明显凹陷，边缘常有一水渍状暗绿色晕环。叶面病斑呈灰褐至暗褐色，形状不规则，边缘颜色较深，呈油渍状。多个病斑相互连接成坏死斑块，空气干燥时易破裂脱落穿孔，致叶片坏死。病害严重时，植株全部叶片均可染病。

⑦跳甲等地下害虫。在播种后用4.5%高效氯氰菊酯乳油2 000倍喷洒地表。小菜蛾、菜青虫幼虫咬食叶肉，留下透明叶面表皮，可选用2%阿维菌素乳油1 000～1 500倍液或20%氯虫苯甲酰胺悬浮剂1 500倍液喷施防治。

4. 适用区域

张承坝上地区及相似类型气候条件下种植。

5. 技术来源

张家口市农业技术推广站、河北省现代农业产业技术体系蔬菜产业创新团队张承坝上露地蔬菜试验站。

6. 注意事项

①适时束叶遮花。

②叶面喷药补肥时，需正反面喷施。

7. 技术指导单位

张家口市农业技术推广站。

8. 示范案例

（1）地点　沽源县大二号乡西大二号村

（2）规模和效果　示范面积50亩。平均亩产商品花3 200kg，较常规种植亩增产7.6%，商品率提高5.8%，取得了较好的经济效益。

四、坝上青花菜病虫害绿色防控技术

1. 技术内容概述

张家口坝上地区是青花菜的种植基地，猝倒病、立枯病、根腐病、霜霉病、小菜蛾等病虫害常造成采收商品率降低。该技术根据“预防为主，综合防治”的植保方针，依据青花菜生产条件和栽培特点，以保护生态环境，节本降耗、提高资源利用率为目标，优化集成生物防治、生态控制、物理防治和化学调控等新技术，构建以“绿色减灾、和谐植保”为核心的绿色防控体系，通过早期预防，减少化学农药的使用次数和使用量，提高病虫害的防治效果和产品质量。

2. 节本增效

采用绿色防控后，减少农药使用次数3～4次，每亩可以节约成本30元左右。青花菜花球腐烂、黑腐病、霜霉病及地上虫害的预防效果显著，且有效节省了人工投入，减少了常规喷药过程中对青花菜植株造成的机械损伤，降低了侵染性病害发生率，商品率达到

92%，亩增收760元。

3. 技术要点

（1）育苗

①播种前，先将1kg NCD-2枯草芽孢杆菌混入蛭石中，再与育苗基质（1 000kg）混匀后播种（或者播种后，将育苗盘移至育苗棚，喷淋100倍NCD-2枯草芽孢杆菌。）。

②15d后，育苗盘喷淋62.5%精甲霜灵·咯菌腈1 000倍液，氨基酸冲施肥必腾叶800倍液。

③定植前，喷淋30%氯虫苯甲酰胺·噻虫嗪1 500倍液和68.75%氟吡菌胺·霜霉威盐酸盐水剂1 000倍液，氨基酸冲施肥必腾叶800倍液。

（2）生长期病虫害防治

①农业防控措施。实行轮作倒茬，与非十字花科蔬菜进行2～3年轮作。采收后，及时清理田间杂草和植株残体病叶，破坏害虫越冬场所；春、秋季节深翻整地，冻、晒虫卵及虫体，随犁灭虫；农事操作尽量减少对叶片的伤害。加强水肥管理，提高植株抗病能力。

②物理防控。定植后，田间吊挂夜蛾类和小菜蛾的性诱剂诱集桶和三角台（每亩3个）或安装太阳能杀虫灯诱杀成虫，直至收获。

③化学防治。定植后10～15d，在滴灌水肥后，采用25%嘧菌酯悬浮剂80mL和30%氯虫苯甲酰胺·噻虫嗪悬浮剂50mL、必腾根冲施肥500mL兑水15L配成母液，随水滴灌15～20min。定植30～45d后，用0.5%苦参碱水剂800～1 500倍液或5%甲氨基阿维菌素苯甲酸盐水分散粒剂1 500倍液或苏云金杆菌（8 000IU/μL）乳剂2 000倍液喷雾2～3次，防治菜青虫、小菜蛾幼虫和刺吸式害虫。用47%春雷·王铜可湿性粉剂800倍液、77%氢氧化铜可湿性粉剂1 000倍液等，间隔7d喷施3次，防治黑腐病。

④适时采收。当花球球面直径长至13～15cm，小花蕾整齐未松散，整个花球紧实完好、呈鲜绿色时商品性最佳，为采收适期。采收时将花球连同10cm左右长的嫩茎一起割下。花球要轻拿轻放，以防损伤。

4. 适用区域

该技术适合在河北省坝上青花菜种植地区采用。

5. 技术来源

河北省农林科学院植物保护研究所，河北省现代农业产业技术体系蔬菜产业创新团队。

6. 注意事项

①滴灌药剂应在水肥滴灌后进行，避免药剂过度稀释影响防治效果。

②一般第一次药剂灌根后，可以不再施药防治。定植30～45d后，小菜蛾发生量较大情况下，需按该方案喷施杀虫剂2～3次。

7. 技术指导单位

河北省农林科学院植物保护研究所。

8. 示范案例

（1）地点　沽源县三源食品有限公司种植基地。

（2）规模和效果　示范面积 800 亩。针对坝上地区霜霉病、黑腐病、菌核病、小菜蛾、菜青虫、菜蚜等病虫害，在沽源县三源食品有限公司五里桥种植基地示范应用“水肥药一体化病虫害绿色防控技术”，一次施药，持效期 50～60d，减少农药使用次数 3～4 次，每亩可以节约人工成本 80 元左右，在 2020 年连阴雨频发条件下，霜霉病发生率控制在 5%以内。

五、六瓣蒜免用农药生产技术

1. 技术要点

（1）蒜种准备

①挑选种蒜头。播种前，挑选蒜瓣数为 6 瓣、无散瓣、无伤瓣、无病，外观形状、蒜衣色泽符合六瓣蒜品种特性，单头鳞茎≥25g 的蒜头。

②挑选种瓣。播种前 1～2d，人工掰蒜，去除蒜瓣上残留的茎盘，挑选无霉病、无伤残、无病虫、瓣形整齐、饱满、质地坚实的蒜瓣用作种瓣。根据种瓣大小分级放置、分开播种。

（2）播种前准备

①上冻前整地与施肥。清洁地块，均匀施入有机肥，每亩撒施优质商品有机肥 1 000kg 或腐熟的牛羊粪 3.5～4.0m^3 和豆饼肥 40kg，然后用旋耕机翻耕晒垡，翻耕深度 20～25cm，使有机肥和土壤充分混匀。

②浇封冻水。浇冻水时间以夜冻昼融为宜。一般在 12 月上旬（大雪前后），田间浇土壤封冻水，大水漫灌，使田间水分能够全部渗入土壤，浇足浇透，进行冬前造墒。

③播前整地与施肥。应用滴灌、喷灌等节水灌溉设施的，直接整平田块。通过沟渠浇水的，整成平畦，畦宽 1.6～2.0m。结合整地，浅翻施入磷酸二铵 30kg、硫酸钾 15kg，耙平耧细，使土肥充分混匀，整墒待播。注意田块或畦面必须整平，便于以后田间浇水。

（3）适期播种

①播种期。以表层土壤白天解冻、日平均温度稳定上升至 3～5℃时为适宜播种期。一般在 2 月下旬进行播种，适期内宜早播。

②播种。选择晴好天气，进行播种。按行距 20cm、深 6～7cm 开沟，播种时，株距 8～10cm。播种密度为每亩 3.3 万～4.1 万株。播种时，按照株距将蒜瓣直立、深度一致地植入开好的沟底土壤内，随播随覆土，覆土厚度 2cm。播后将土壤耙平踩实。采用机械播种，行距、株距、密度参照人工开沟播种。

③浇水。播后一般不需要立即浇水，如果墒情不足，可在播种后适当浇小水补墒。

（4）田间管理

①齐苗前管理。出苗后，若田间土壤较干，可适当浇 1 次小水，促进苗齐苗壮。

②幼苗期管理。幼苗期进行控水蹲苗。管理以锄划松土除草为主，需锄划 3～4 次，随幼苗生长，锄划深度由深到浅，注意不伤及大蒜须根。

③退母期管理。当蒜苗长至 5～6 片叶时，母瓣退母。退母前及时进行浇水追肥。结

合浇水，每亩可追施硫酸钾 20kg、尿素 10kg，或氮磷钾三元复合肥（N∶P_2O_5∶K_2O=17∶17∶17）25～30kg。加强锄划除草。

④分瓣期管理。结合墒情，如植株出现萎蔫状态，适时浇水，保持土壤湿润，及时除草。如果出现植株矮小、黄叶等缺肥症状，结合浇水可适当进行补肥，每亩可补施氮磷钾三元复合肥（N∶P_2O_5∶K_2O=17∶17∶17）10～15kg。

⑤抽薹与蒜头膨大期管理。抽薹期管理：在蒜薹抽出前期，结合浇水，每亩追施氮磷钾三元复合肥（N∶P_2O_5∶K_2O=12∶18∶20）20～30kg。蒜薹总苞先端露出叶鞘后，每隔 8～10d 视植株长势浇水。收蒜薹前 2～3d，停止浇水。当蒜薹长度达到 20～25cm 时，顶端自动打弯下垂，蒜薹总苞“白苞”前，及时采收蒜薹。

蒜头膨大期管理：在蒜薹采收后，视田间土壤墒情，及时浇水，保持土壤湿润。到蒜头采收前 4～5d，停止浇水。

（5）蒜头采收　在蒜薹采收后 18～22d，大蒜植株假茎松软，外皮与基部叶片大多干枯，上部有 3～4 片绿色叶片，叶色灰绿、叶尖干枯，蒜头外皮呈浅红色，适期收获蒜头。六瓣蒜在 6 月中旬采收蒜头。

2. 适用区域

适用于廊坊市辖区及其他具有相似环境条件的地域，进行六瓣蒜免用农药露地春播生产。

3. 技术来源

廊坊市经济作物站；河北省现代农业产业技术体系蔬菜产业创新团队廊坊设施精特蔬菜综合试验推广站；永清县丰沐生态农业开发有限公司。

4. 注意事项

前茬未种植其他葱蒜类作物，避免连作，应隔年轮作。

5. 技术指导单位

廊坊市经济作物站，联系邮箱 lfjzzh@126. com。

6. 示范案例

（1）地点　永清县刘街乡彩木营村。

（2）规模和效果　永清丰沐生态农业开发有限公司生产的六瓣红大蒜种植面积达到了 1 000 多亩，年产量达到 1 800 万头。未经包装的六瓣红大蒜初次销售价格每头 0.5 元，经过筛选包装后，六瓣红大蒜售价每头 4 元。销售渠道主要为以电子商务为主的线上销售，2016 年至今在慧聪网、京东网、淘宝网、微信电商建立了自己的网络销售渠道，同时线下实体销售到各大超市批发及零售，与凡谷归真（北京）农业科技发展有限公司建立销售合作关系，主要销售地区为京津冀地区。永清县刘街乡刘街六瓣红大蒜此项高端产品占本单位产品比例 20%，高端

采收的六瓣红大蒜

销售360万头，年销售额1 440万元。

六、设施蔬菜水肥药一体化智能控制技术

1. 技术内容概述

设施蔬菜水肥药一体化智能控制技术是结合区域的地形和水源及棚室栽培特点而采用的一种“三要素”精准调控技术。蔬菜生产上水肥药管理常以经验判断、管理粗放，导致浪费严重，土壤环境恶化，病虫害易发生蔓延等，使作物生长受阻，果实品质降低。而设施蔬菜水肥药一体化智能控制技术是由移动式智能过滤首部装置＋水肥一体化装置＋施药装置＋蔬菜种植滴灌模式组成。

2. 节本增效

采用智能过滤首部装置有如下优点：①解决了滴灌管堵塞这个普遍而又不好解决的关键难题；②实现了少量多次灌溉，提高了灌溉水和肥利用率，可增加轮灌面积50%，同时提高灌溉均匀度，节水15%～20%，节肥15%左右；③智能过滤首部配有自动卷管喷药装置，可精准对蔬菜对靶施药，减少用药数量；④节省用工，降低劳动强度。

3. 技术要点

（1）系统功能要点

①过滤系统。

离心过滤器：通过离心原理处理井水粗沙颗粒。

沙石过滤器：处理地表水藻类、草根、有机质、细沙等。

叠片过滤器：主要处理80μm以下细沙。

②自动反冲洗系统。过滤器在0.2～0.5MPa压力系统内正常工作，压力大于0.5MPa自动反冲洗启动，此系统与3种过滤器为一组合单元，保证了管道不堵塞，正常运行。

③施肥施药泵。通过柱塞式施肥原理，搅拌混合罐中的肥料或农药，通过控制系统，按比例注入管道内，达到精准施肥施药要求。

④增压泵。当首部系统压力小于0.2MPa时，增压泵自动启动开始工作，保证轮灌面积，均匀灌溉。

⑤卷管喷药装置。可以单独液面喷药，可以精准控制药液用量。

⑥中控系统。包括PLC编程系统模块、控制模块、无线传输模块，以及液晶触摸屏。可以实现触摸屏操作和手机远程操作。通过PLC编程系统和专家知识库系统实现自动施肥灌溉。

⑦稳压阀。安装在每个棚的进水口，保证每个棚的进水口压力稳定，提高灌溉均匀度。

（2）手机控制系统操作要点

①打开总控开关，启动设备电源；然后按下电器柜绿色按钮。

②安卓手机用微信扫描右方二维码，获取app，苹果手机在应用商店搜索HMI

Smart。下载完成后，点击打开手机 HMI Smart。

③输入登录账号，15830239693，输入密码，zzkkzz123456。

④点击“登录”进入设备列表，点击“我的设备”。

⑤根据区域作物种类，参照设施蔬菜节水节肥提质增效管理技术指标完成专家知识库系统中蔬菜种类及管理制度的选择，操作完成，系统运行。

速控云人机监控测试

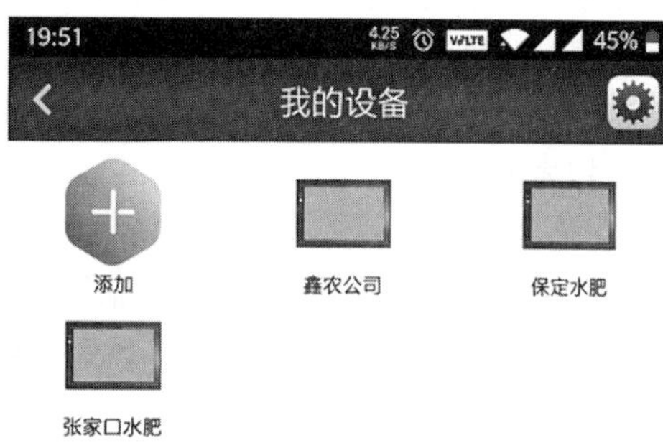

操作截图

4. 适用区域

不仅适合不同地形和水源（如井水、河水、地表水），而且适合日光温室、大棚等保护地蔬菜的水肥药灌施，同样适合丘陵山区小田块农作栽培。

5. 技术来源

河北省现代农业产业技术体系蔬菜产业创新团队水肥高效利用与产品质量监控岗。

6. 注意事项

精准柱塞定量施肥泵是通过搅拌混合罐把肥料混合，通过控制系统，按施肥比例输入管道内，满足每亩精准施肥用量要求。当整机首部系统压力小于 2kPa 时，增压泵自动启动，开始工作，自动卷管喷药装置中的药液按比例对蔬菜精准喷药，喷药管可自由伸缩，满足蔬菜用药要求。

7. 技术指导单位

河北省农林科学院农业信息与经济研究所。

8. 示范案例

（1）地点　张家口崇礼万家乐蔬菜有限公司。

（2）规模和效果　示范面积 310 亩，设施彩椒长势良好，无明显病虫害，节水 20%，节肥 15%，提升品质，示范效果明显。

七、设施番茄嫁接育苗技术

1. 技术内容概述

番茄是设施蔬菜栽培中的一类主栽品种，随着设施使用年限的增加，土壤连作障碍问题突出，青枯病、枯萎病等土传病害日益严重，近几年特别是根结线虫的危害也逐年加重，在防治上成为一个难点，影响经济效益，有的种植户甚至因此绝收。番茄嫁接是采用野生番茄或抗病抗逆性强的番茄作为砧木，不同区域应用接穗品种不同。该嫁接育苗技术与机械化精量播种、集约化基质育苗、嫁接苗温湿双控化管理技术相结合形成现代化嫁接育苗技术。嫁接后的番茄根系发达，具有抗病性强、生长势强等优点，可有效防止根结线虫等土传病害的发生，增产增收效果显著。

2. 节本增效

设施番茄嫁接育苗技术能增强植株抗逆性能和提高产量。番茄嫁接苗以抗根结线虫、抗青枯病、根腐病和枯萎病等优点被广大农户采纳应用，大大降低了病害发生率。嫁接番茄每亩产量稳定在7 000～8 000kg，比常规苗每亩增产20%左右。

3. 技术要点

（1）品种选择

接穗品种选用原则：根据市场需求、茬口、消费习惯等选用。早春茬应选用早熟、耐裂、优质品种，如普罗旺斯、金棚系列、粉宴、欧萨、夏旺、夏之宝石等。秋延后或秋冬茬应选用耐低温弱光、抗TY病毒病、优质品种，如金棚8号、桃太郎、草莓1号、番之味5号等。

砧木品种选用原则：嫁接后可明显增强番茄抗病性的品种，如砧爱1号和果砧1号等。品种更新换代较快，应及时根据市场需求进行调整。

（2）基质及穴盘选择

①基质。基质可选用资源节约型育苗基质或商品基质。

②穴盘。番茄育苗选用72孔穴盘进行育苗。播前可用高锰酸钾1 000倍消毒液对苗盘进行杀菌处理。

③装盘。将基质装盘，以基质恰好填满育苗盘的孔穴为宜，可用空穴盘底部稍压抚平。装盘时注意不要压紧，也不能中空，盘装好后待用。将装有基质的穴盘浇水，以浇水后穴盘下方小孔有水渗出为宜。

（3）播种

①播期。根据当地气候条件、不同栽培模式及育苗手段选择播种期。冬春季节生产一般在11月至翌年2月播种，秋冬季节生产一般要求在6月中旬至9月播种。套管接法番茄砧木与接穗播期一致。

②种子处理。种子处理时接穗和砧木同用此法。播种前首先检测种子发芽率，种子发芽率应在90%以上，然后进行温汤浸种，把种子放入55℃热水中，维持水温均匀，浸种15min，并不断搅拌，夏季育苗时应再用10%的磷酸钠处理20min，再用清水冲洗干净，放于温度为25～30℃、空气相对湿度为85%～90%的催芽室中催芽。

③播种方法。

播前准备：将装有基质的穴盘浇水，以浇水后穴盘下方小孔有水渗出为宜。

播种：根据种子的发芽情况，一般一穴播1～2粒，播后均匀覆盖蛭石，覆盖厚度为1cm。

播种后处理：种子覆盖后基质表面喷68%的精甲霜灵·锰锌600倍液封闭苗盘，防苗期病害。穴盘上用新地膜覆盖，四周压实，以保持基质湿度和温度。50%～60%种芽顶膜时逐步揭去薄膜。夏季育苗一般不覆膜。

机播（精量播种）：机械化播种种子不需要催芽，利用滚筒式或针式自动播种机，按照操作流程进行播种，播种完成后，放于催芽室内催芽，齐苗后放于育苗温室内育苗床上进行苗期管理。

（4）嫁接前苗期管理

①温湿度控制。白天温度保持在25～30℃，夜间保持在16～18℃。夏秋高温季节白天的最高温度不超过32℃，利用加大通风口和使用遮阳网进行降温或利用风机、水帘进行降温；冬季育苗夜间温度低于10℃时应采用增温措施，可利用铺设间距为8～12cm的地热线进行加热，地热线下铺蛭石保温，直接将穴盘放在地热线上，也可用融汇燃气热辐射采暖机进行空气加温。空气相对湿度保持在70%～80%为宜。嫁接前应保持穴盘基质水分充足。

②株型调控。夏秋季节育苗时秧苗受高温影响易徒长，可用缩节胺喷施2次。具体方法：播种前在基质表面和子叶展平第一片真叶刚露心时分别喷洒浓度为400mg/kg缩节胺，每盘50mL左右，可有效控制幼苗徒长。

③病虫害防治。苗期常见病害为猝倒病、立枯病等；常见虫害有白（烟）粉虱、蚜虫等。

预防原则："预防为主，综合防治"，以农业防治、物理防治、生物防治为主，化学防治为辅。

农业防治：育苗期间适时适量喷水，阴雨天尽量不喷水，以保持温室内70%～80%的较低湿度，可预防苗期猝倒病、立枯病等病害的发生。

物理防治：设防虫网和利用黄板诱杀白（烟）粉虱、蚜虫等害虫。将育苗设施所有通风口及进出口均设上30～40目的防虫网防虫。在育苗设施内悬挂黄板（30cm×20cm）诱杀白（烟）粉虱、蚜虫等害虫，每亩悬挂30～40块。

生物防治：用丽蚜小蜂虫板防治烟粉虱，每亩8板，7～10d释放1次，释放4～5次。

化学防治：病害防治，2叶1心后每7～10d喷施1次甲霜灵·锰锌水分散粒剂或霜霉威水剂防苗期病害。选用噻虫嗪水分散粒剂，或吡虫啉喷雾，或噻虫嗪与高效氯氟氰菊酯微囊悬浮剂喷雾防治虫害。

（5）嫁接技术

①嫁接方法。番茄嫁接方法有劈接法和套管接法。

劈接法：又称为切接法。砧木5～6片真叶、接穗4～5片真叶为嫁接适期。嫁接时砧木留1～2片真叶，用刀片平切掉上面部分，在留下的幼茎顶部正中垂直向下切一刀，约1cm深；接穗留2叶1心，削成双斜面（楔形），斜面长约1cm，斜度为30°，将削好的接穗插入砧木的切口中，使两者吻合，用嫁接夹固定。

套管接：套管接是番茄常用的嫁接方法。是采用专用嫁接固定塑料套管将砧木与接穗连接、固定在一起。塑料套管剪成1cm左右长。所需砧木和接穗的幼苗茎粗度一致，因此，砧木与接穗应同期播种，当接穗和砧木都具有2～3片真叶、株高5cm、茎粗2mm左右时为嫁接适期。嫁接时，在砧木和接穗的子叶上方约0.6cm处呈30°角斜切一刀，或平切，将套管的一半套在砧木上，斜面与砧木切口的斜面方向一致，再将接穗插入套管中，使其切口与砧木切口紧密结合。

②嫁接后管理。

搭建嫁接苗管理棚：小拱棚可直接搭建在移动苗床上或育苗棚地上，大小依据苗床宽度和长度而定，原则是便于操作。小拱棚材料可选用竹片、细竹竿、荆条、钢筋等，弯成拱形，用塑料薄膜覆盖。将嫁接好的幼苗带盘放入苗床中，封闭拱棚。

温度管理：具体温度管理见下表。

番茄嫁接后温度管理

嫁接后生长阶段	白天（℃）	夜间（℃）
嫁接后 1～3d	25～28	17～20
嫁接后 4～10d	23～26	15～18
嫁接 10d 后至定植前	22～26	15～18

湿度管理：嫁接后前 3d 小拱棚湿度保持在 95％以上，小拱棚的棚膜上布满雾滴；嫁接 3d 以后，把湿度降下来，保证小拱棚内湿度维持在 75％～80％。每天进行放风排湿，防止苗床内长时间湿度过高造成烂苗，苗床通风量先小后大，通风量以通风后嫁接苗不萎蔫为宜，嫁接苗发生萎蔫时要及时关闭棚膜。

遮阳管理：嫁接后前 3d 用遮阳网覆盖小拱棚，避免阳光直射；嫁接后 4～6d，见光和遮阳交替进行，中午光照强时遮阳，同时要逐渐加长见光时间，见光后叶片萎蔫应及时遮阳；以后中午要间断性见光，植株见光不再萎蔫即可去掉遮阳网。嫁接成活后正常管理。

（6）壮苗标准　嫁接苗壮苗标准：秧苗健壮，接穗和砧木嫁接口愈合好，株高 10～12cm，茎粗 0.3～0.4cm，且砧木与接穗粗度一致，接穗节间紧凑，子叶完整，叶色深绿开展，无病虫害，根系发达，白根布满基质。

4. 适用区域

适用于冀中南地区日光温室、塑料大棚和露地番茄的嫁接育苗生产。

5. 技术来源

河北省农林科学院经济作物研究所。

6. 注意事项

①嫁接后前 3d 的管理至关重要。嫁接后前 3d 小拱棚湿度保持在 95％以上，小拱棚的棚膜上布满雾滴，用遮阳网覆盖小拱棚，避免阳光直射，3d 后每天视苗情逐渐增加通风和见光时间。

②套管接要求所需砧木和接穗的幼苗茎粗度一致，因此，砧木与接穗应同期播种，当接穗和砧木都具有 2～3 片真叶、株高 5cm、茎粗 2mm 左右时为嫁接适期。

7. 技术指导单位

河北省农林科学院经济作物研究所。

8. 示范案例

（1）地点　固安县顺斋瓜菜种植专业合作社。

（2）规模与效果　示范面积10亩。示范设施番茄集约化育苗技术，接穗番茄品种金棚1号，砧木番茄品种砧爱1号和果砧1号2个。这2个砧木生物学性状表现较好，嫁接亲和力强，用套管接法，穴盘集约化育苗技术（包括穴盘育苗技术、环境调控技术、株型调控技术、病虫害防治技术），嫁接成活率在90%以上，共育苗10亩，育出的番茄幼苗长势健壮，叶色鲜绿，壮苗率达98%。于收获时调查根结线虫，各处理均未发病，且提高了对番茄晚疫病的抗性，并减少了农药用量及用工，增加了番茄产量，较自根苗亩增产25%。

八、设施番茄精量水肥栽培技术

1. 技术内容概述

以设施番茄生长特征为基础，以精量水肥栽培为目标，确立水随根走、水肥同步灌溉施肥模式，创新精量灌溉、精量施肥、农艺避病、植物诱虫、植物源微生物源药剂防控病虫害等关键技术，明确控湿减病、匀肥避病、净棚精做、生化防治安全生产模式为一体的综合技术体系，即通过精量水肥栽培，减少化肥超量使用造成的温室番茄生理性病害、土壤污染、土壤盐渍化、农产品品质下降等系列问题。设施番茄生产中，精量水肥栽培技术的研发，可实现降耗、增效，是未来农业发展的基础。

2. 节本增效

亩均节水39.3%、节肥32.3%、节工7～9个；品质指标提高10%以上；施药期延长约46%。实现了“四降二提”，即降人工、水、化肥、化学农药，提高品质、效益。

3. 技术要点

（1）精量灌溉技术

定植方法：70～90cm大小行栽培，株距为30～40cm，亩栽苗约2 000株。采用滴灌。土壤孔隙度一般为45%～50%，作物生长中土壤自有含水量不低于50%。

灌溉量：幼苗刚定植后土壤相对含水量较小，每次每亩灌溉量4～6m^3；缓苗水每次每亩灌溉量9～10m^3；膨果期每次每亩灌溉量10～13m^3。冬春茬番茄（5穗果）生长期精量灌溉每次每亩灌溉量为88m^3，节水率为37.2%。

（2）精量施肥技术　依据品种根系生长分布范围，采用同等大小定植袋定植，通过定植袋中营养元素总量变化，定向跟踪测定番茄单株对主要营养元素的吸收利用情况。冬春茬番茄温室栽培主要营养元素吸收比例为氮∶磷∶钾＝2.43∶1∶4.93。5果穗单株产量约3.76kg（每亩产量7 512kg），消耗纯氮量约3.29g、磷1.36g、钾6.65g。依据前期调研土壤基础营养状况及设施土壤营养成分分级标准，磷处于极度富含状态（$P_2O_5 \geqslant$ 100mg/kg），追肥应选择最低含磷量（5%～6%）速溶肥品牌，即N∶P_2O_5∶K_2O＝(12～15)∶(5～6)∶(25～29)。

（3）农艺控幼苗徒长关键技术　冬春季上午定植、夏秋季傍晚定植；定植水湿润直径15～20cm；定植5～7d叶面喷施0.15%～0.35%磷酸二氢钾；保留主茎下所有侧枝，第一花穗幼果直径2～3cm时，将第一花穗下所有侧枝一次性去除，该技术可以替代化学防控措施，有效控制番茄幼苗徒长。

（4）防止幼苗定植后茎基腐关键技术　高温季节下午低温时段定植，定植水湿润直径控制在种苗周围15cm范围内、土壤湿度达到80%，培土3～5cm；缓苗水后再培土5～8cm。

（5）温室粉虱、蚜虫的生物诱导防治关键技术　在设施操作行与幼苗同期均匀定植烟草幼苗，每亩50～60株，以不影响操作为宜，定期防治及清理烟草上的害虫，生长期结束后，集中销毁烟草。

（6）植物源微生物源药剂防控病虫害关键技术　50%山豆根+40%贯众+10%地榆的配比对灰霉病、叶霉病及白粉病防控效果均达到82%以上，配合植物免疫蛋白使用，防效间隔期达到10～12d。50%小檗碱+30%绿僵菌+20%免疫蛋白复配可以实现病虫统一防治，真菌病害防治率83.6%以上，蚜虫粉虱防治率80%以上，防效间隔期达到8～10d。

4. 适用区域

适合温室冬春茬番茄栽培的区域。

5. 技术来源

河北省现代农业产业技术体系蔬菜产业创新团队水肥高效利用与产品质量监控岗。

6. 注意事项

栽培温室应保温性能好，透光率高，地势平坦，土壤肥沃、疏松。

7. 技术指导单位

石家庄市农林科学院、河北省农林科学院农业信息与经济研究所。

九、高效环保型棚室建造及配套蔬菜生产省力简约化栽培技术

1. 技术内容概述

（1）技术基本情况　针对蔬菜棚室蓄热保温性能差、土地利用率低、耕地破坏严重、抗自然灾害能力差、建造成本高以及蔬菜生产费工费力等瓶颈问题，进行了日光温室和连栋塑料大棚的结构优化设计和蔬菜生产的省力简约化栽培技术研究。设计建造了高效环保型异质复合墙体日光温室、轻简型连栋塑料大棚，创新了高效环保型日光温室墙体结构，减少了轻简型连栋塑料大棚的建造成本；提出了与2种高效环保型棚室相配套的5种蔬菜生产省力简约化栽培技术，实现了棚室功能最优、产出最高。同时为河北省棚室建设、蔬菜栽培提供理论依据及技术支撑。

（2）节本增效　推荐技术已在冀南、冀中、冀东区域较大范围示范展示。

2. 节本增效

在技术试验中，通过对11种新型承重建材、8种保温材料比较，以筛选出的2种承重建材、3种保温材料，设计建造了4种不同的异质复合墙体日光温室：①37cm厚的页岩实心红砖+5cm厚的保温沙浆；②37cm厚的页岩实心红砖+5cm厚的酚醛板；③37cm厚的页岩多孔砖墙+5cm厚的酚醛板；④37cm厚的页岩多孔砖墙+1cm厚的STP真空绝缘板。筛选出1种异质复合墙体（37cm厚的页岩实心红砖+5cm厚的酚醛板），该墙体传热系数为0.05W/（m^2·K），是冬暖Ⅱ型日光温室土墙墙体传热系数的5/12，其蓄热保温性能优于冬暖Ⅱ型日光温室，土地利用率提高了17.5%。该墙体可作为传统日光温室

的替代墙体。解决了土厚墙日光温室土地利用率低和耕地破坏严重的问题。

轻简型连栋塑料大棚与连栋塑料大棚相比，降低了棚室高度、简化了基础和减少了骨架用量，每平方米建造成本比连栋塑料大棚低 1/2。轻简型连栋塑料大棚采用热镀锌轻钢结构装配而成，具有骨架轻、防腐性能好、寿命长、重量轻、安装使用方便和适合标准化作业的优点。经过近几年的生产实践和推广，轻简型连栋塑料大棚可以完全替代普通塑料大棚。

3. 技术要点

（1）异质复合墙体日光温室的建造技术

①结构参数。温室坐北朝南，东西延长，温室方位为南偏西 5°～10°。热镀锌双拱焊接骨架，长度 50～80m，净跨度 10m，高 4.5m。页岩实心砖（页岩多孔砖）厚度 0.37m，后墙外侧贴 5cm 酚醛板（1cm HD－STP 真空绝热板或抹 5cm 保温沙浆），后坡长度 1.4m，后坡外贴 8cm 聚苯板。后墙内高 3m，外高 3.74m，骨架间距 1m。前屋面与地面夹角 62°，采光角 15°，后屋面仰角 38°。

②温室骨架。热镀锌双拱焊接装配式骨架，上下弦采用直径 26.75nn、厚 2.75mm（6 分、DN20）钢管，腹杆采用直径 12 钢筋。设置 6 道系杆，系杆均采用直径 26.75mm、厚 2.75mm（6 分、DN20）钢管，两端深入山墙，后坡 3 道、前坡 3 道。紧靠山墙各搁置 1 榀骨架。抗风压 35kg/m²，抗雪压 24kg/m²。由沧州市阳光温室制造有限公司制造、安装。

③异质复合墙体结构。页岩实心砖（页岩多孔砖）＋保温隔热板（酚醛板、HD－STP 真空绝热板、抹保温沙浆）＋后屋面保温（挤塑板）。

后墙体施工工艺。24cm 页岩实心砖（页岩空心砖）→涂找平沙浆及黏结沙浆→粘贴 5cm 酚醛板（1cm HD－STP 真空绝热板）→加固锚栓→抹平沙浆，压入耐碱网格布→涂抹面沙浆。

东西山墙施工工艺（瓷砖饰面）。24cm 页岩实心砖（页岩空心砖）→涂找平沙浆及黏结沙浆→粘贴 5cm 酚醛板（1cm HD－STP 真空绝热板）→涂第一遍抹面沙浆→铺贴镀锌钢丝网→加固锚栓→涂第二遍抹面沙浆→贴面砖→勾缝。

后屋面施工工艺。混凝土预制板（1.5m×1m×4cm）→填充轻质保温材料（蛭石）→混凝土预制板→涂找平沙浆及黏结沙浆→贴 8cm 挤塑板保温→加固锚栓→抹平沙浆，压入耐碱网格布→涂抹面沙浆。

④温室装备。电动卷膜、电动卷帘、电动施肥系统。

⑤主要特点。异质复合墙体日光温室占地面积较小，土地利用率高（异质复合墙体日光温室较冬暖Ⅱ型日光温室土地利用率提高 17.5%），使用年限长。砖墙无下挖，抗自然灾害能力强。页岩砖墙＋保温隔热板既可提高温室蓄热能力，又可提高温室的保温性能。

⑥种植模式。适合越冬一大茬果菜、冬春茬—秋冬茬一年 2 茬果菜生产。

（2）轻简型连栋塑料大棚的建造技术

①结构参数。南北走向，东西排跨，温室长不大于 60m，栋宽 8m，开间宽 4m，天沟处檐高 2.0m，骨架脊高 3.8m，天沟采用双端排水，坡度为 5‰。

②技术指标。风载 0.5kN/m²，雪载 0.24kN/m²。

③具体建造技术参照地方标准《轻简型连栋塑料大棚建造技术规范》。

（3）蔬菜生产的省力与简约化栽培技术　与 2 种高效环保型棚室相配套的 5 种蔬菜生

产省力与简约化栽培技术如下：

①吊蔓技术。采用荷兰模式的番茄挂钩、吊秧夹、果穗钩，可大量节约棚室茄果类蔬菜吊挂时间，省工省力。

吊秧夹或西红柿卡扣：用番茄吊秧夹或西红柿卡扣将吊绳与植株固定在一起，固定与解开容易且快速高效，节省大量时间，具有省工、省绳、高效和环保等特点。

果穗钩：果穗钩一端拉住吊绳另一段拉着果穗，操作简便，省工省时。

②吊袋式二氧化碳气肥使用技术。吊袋式二氧化碳的使用方法为将 2 种原料混合均匀，按袋上标注圆圈打孔，呈 S 形，吊挂于棚内番茄上面 50 cm，缓慢释放二氧化碳，每亩大棚用量 25 袋，一次有效期 40d 左右。

③锂电型番茄电动授粉器授粉技术。电动授粉器使用方法：打开授粉器电源开关，将授粉器的振动钢针在花穗柄部轻触 0.5～1s，一触即可，注意不要直接放到花朵或果实上，以免造成伤害。促进自然坐果，杜绝激素授粉的弊病，有效提高坐果率，省工省力。

授粉时间：8：00～10：00，15：00 之后。

授粉次数：2～3d 1 次，可根据开花生长情况灵活掌握。

④夏季银灰色（防蚜地膜）地膜全覆盖技术。银灰色（防蚜地膜）地膜：夏季高温时种植行用钢丝或竹竿将地膜撑起来，每隔 50cm 一个，从南往北把地膜覆盖在撑竿上。该覆膜技术具有降温、保水、增光、灭草等功能，还具有避蚜、防病毒病的作用。

⑤手提泵施肥喷药技术。

手提泵性能：手提泵的主要结构为轻型卧式往复自吸式隔膜泵＋流量调节器＋漏电保护器＋速接头。喷药雾化程度高，施肥均匀可控。

手提泵技术参数：净重 2.7kg，电压 220V，具有远程遥控开关、漏电保护开关，扬程 95m。

田间首端枢纽由管灌系统和滴灌系统 2 部分组成，在 2 个系统的前端增设 1 个变径增接口和速接头，手提泵与速接头可快速连接。当滴灌运行时，可利用手提泵冲入肥料，通过滴灌系统将肥料准确地滴入作物根区，实现精准施肥。

当进行喷药作业时，药箱放置在田间首端，手提泵与输药管和药箱可进行快速连接，作业人员只需手持喷杆进行喷雾，利用手中的遥控器远程调控。利用手提泵进行喷药，不仅解决了传统背负式喷雾器的负重大、操作不便、田间植株易损伤的弊端，而且提高了工作效率。

手提泵施肥

手提泵喷药

4. 适用区域

该技术适合推广应用的区域为河北（冀南、冀中、冀东区域）、北京、天津。

5. 技术来源

河北省农林科学院经济作物研究所自研成果。

6. 注意事项

在棚室建造过程中注意环保建材的使用。

7. 技术指导单位

河北省农林科学院经济作物研究所，联系邮箱 yinqingzhen67@163.com。

8. 示范案例

异质复合墙体日光温室及配套种植模式和关键技术的应用，实现了果菜冬季安全生产，解决了土墙日光温室土地利用率低和耕地破坏严重的问题。

在冀东、冀北、环京津及冀中南地区，结合当地气候条件，制定了适合当地条件的日光温室设计建造方案，筛选出了适合当地温室的墙体围护材料，冀北地区为页岩砖＋酚醛板＋60cm 黏土，冀东地区为稻草板＋页岩砖＋酚醛板和稻草板＋彩钢板 2 种类型，冀中南为页岩砖＋酚醛板。异质复合墙体日光温室适合一年一作或一年两作果菜栽培。依据当地的气候特点和种植习惯，冀北地区以越冬黄瓜—越夏番茄栽培为主推模式；冀东地区适合冬春茬甜瓜和一年一作越冬黄瓜栽培；冀中南地区以一年两作果菜栽培为主，京津地区适合种植模式以冀东为主、冀中为辅，结合相应的越冬关键技术，实现了果菜冬季安全生产。建造的温室节能、环保、节约土地，土地利用率提高了 17.5%。

以该技术为核心的科技成果“蔬菜棚室结构与栽培模式创新及应用”于 2019 年 4 月 12 日通过了河北省科技成果转化服务中心成果评价，综合评分 93.10，整体水平达同类研究的国际先进水平。河北省农林科学院经济作物研究所获实用新型专利“一种异质复合墙体日光温室”（授权号 ZL201621002849.3）。

高效环保型棚室建造技术及蔬菜生产绿色防控技术已遴选为 2020 年河北省农业农村厅 5 项农业主推技术之一，并推荐为 2020 年农业农村部主推技术，并入选为 2021 年河北省农业农村厅农业主推技术之一。

异质复合墙体日光温室内部结构
（页岩实心砖＋酚醛板）

相同结构、不同保温材料
节能型日光温室群

轻简型连栋塑料大棚

十、秋延后设施番茄病虫害绿色防控保健性栽培技术

1. 技术内容概述

秋延后设施番茄6月中下旬播种育苗，7月中下旬定植，充分利用夏季长日照等光热资源提高番茄产量，但定植后土传病害和白粉虱、烟粉虱严重威胁植株健康，同时高温也造成植株各种生理障碍，采用绿色防控与保健性栽培技术相结合，利用植物生长调节剂和高效低毒杀虫、杀菌剂对植株抗逆性进行调控，改进农药施用方法，预防病虫害，减少农药对环境的污染，提高果品的外观品质，具有良好的经济、社会、生态综合效益。

2. 节本增效

应用绿色防控保健性栽培技术的设施番茄无死苗发生，植株茎秆粗壮、叶色浓绿，叶片肥厚宽大，高温条件下，没有出现卷叶和打蔫现象。灰叶斑病和病毒病的防治效果分别达到93.49%和82.36%，较常规防效提高21.29%和52.75%，减少常规用药次数3次，降低用药量20%以上。

3. 技术要点

（1）沟施药土　移栽前每亩地使用10亿个活芽孢/g NCD-2枯草芽孢杆菌可湿性粉剂1 000g拌药土撒施于定植沟畦中。

（2）定植前蘸根　用6.25%精甲霜灵・咯菌腈悬浮剂20mL和70%噻虫嗪种子处理可分散剂5mL兑15L水蘸盘穴。

（3）定植后消毒灭菌　用68%精甲霜灵・代森锰锌水分散粒剂500倍液和47%春雷・王铜可湿性粉剂500倍液喷施穴坑或垄沟，进行土壤表面药剂封闭处理。

（4）黄板诱杀害虫　定植后亩设置中型板（25cm×30cm）30块左右，色板底边高出番茄苗顶端20cm左右为宜，并随番茄生长不断调整黄板高度，利用害虫对颜色的趋向性防治蚜虫、斑潜蝇和烟粉虱等多种害虫。

(5) 滴灌施药预防　定植 7～10d 后，浇缓苗水 15～20m^3，每亩随缓苗水冲施 25%嘧菌酯悬浮剂 100mL 和氨基酸水溶肥 500mL，预防番茄叶霉病和灰叶斑病等病害。

(6) 花期喷药防治　开花坐果期，用 22%噻虫・高氯氟微囊悬浮剂 1 000 倍液、47%春雷・王铜可湿性粉剂 500 倍液和氨基酸水溶肥 700 倍液喷施 1 次，防控烟粉虱、番茄溃疡病，同时提供叶面营养促进花穗分化。

(7) 药剂根施，强秧壮果保丰收　盛果期，随水冲施 42.4%唑醚・氟酰胺悬浮剂 80mL 和 47%春雷・王铜可湿性粉剂 500g、腐殖酸 500mL，防控番茄细菌性溃疡病等病害，强秧壮果，延长果实采收期。

4. 适用区域

秋延后设施番茄栽培地区。

5. 技术来源

河北省农林科学院植物保护研究所、河北省现代农业产业技术体系蔬菜产业创新团队。

6. 注意事项

品种选用抗番茄黄化曲叶病毒病品种，棚室风口安装 60 目防虫网阻止粉虱等传毒介体进入。

7. 技术指导单位

河北省农林科学院植物保护研究所。

8. 示范案例 1

(1) 地点　任泽区盛世农业合作社现代农业园。

(2) 规模和效果　示范面积 80 亩。在任泽区盛世农业种植专业合作社示范应用，经统计，番茄每个塑料大棚（棚内面积为 560m^2）农药投入为 385 元，平均产量为 6 415.8kg，商品果率为 80.25%，平均每棚产值约为7 800元，示范取得良好的经济效益、生态效益和社会效益。

9. 示范案例 2

(1) 地点　饶阳县大尹村镇绿科蔬菜采摘园。

(2) 规模和效果　示范面积 30 亩。种植品种为罗拉。8 月 5 日定植，设施为日光温室，安装防虫网和遮阳网，按照该技术方案防治病虫害，全生育期无死苗，番茄黄化曲叶病毒病防治效果 93.7%，叶霉病和灰叶斑病防治效果 96.3%。

十一、棚室番茄全产业链绿色生产技术

1. 技术内容概述

该规程涵盖了河北省棚室番茄生产的主要茬口、栽培形式，集成创新了全程绿色高效生产技术，其技术指标科学、先进、实用，主要创新如下：

①根据河北省番茄主要种植区域、栽培茬口、棚室类型、地域分布及气候特点，将棚室番茄周年生产主产区划分为冀中南、沧衡、环京津、冀东、张承五个类型区。

②集成创新了冬春茬日光温室、早春茬塑料大棚、张承地区越夏大棚、秋延后塑料大棚、秋冬茬日光温室及越冬一大茬日光温室全程生产技术6种。

③该项目将棚室番茄集约化育苗、水肥精准调控、熊蜂授粉、病虫害绿色防控技术和新型物化产品进行了有机集成，为番茄周年生产供应提供了绿色高效的技术支撑。

该项目整体达国内领先水平，可作为河北省棚室番茄全产业链绿色生产技术规程推广应用。

2. 节本增效

可周年生产，满足市场需求，效益较高，年产量较对照亩增产5%～16%，亩增效500～3 000元。

3. 技术要点

（1）茬口安排

①冬春茬日光温室番茄栽培模式。适合冀中南地区、沧衡地区、环京津地区、冀东地区，一般11月上中旬至1月上旬播种，1月上中旬至2月下旬定植，3月下旬至6月中下旬收获。

②早春茬塑料大棚番茄栽培模式。适合冀中南地区、沧衡地区、环京津地区、冀东地区，一般1月上中旬至2月上中旬播种，3月上中旬至4月上中旬定植，5月底至7月收获。

③张承地区越夏大棚番茄栽培模式。适合张承地区，一般3月中旬至4月上旬育苗，4月中下旬至5月上旬定植，7月中下旬至10月采收。

④秋延后塑料大棚番茄栽培模式。适合冀中南地区、沧衡地区、环京津地区、冀东地区，一般6月上旬至7月下旬播种，7月上旬至8月下旬定植，9月底至11月采收，青果可贮至元旦上市。

⑤秋冬茬日光温室番茄栽培模式。适合区域冀中南地区、沧衡地区、环京津地区、冀东地区，一般6月下旬至8月上旬播种，7月下旬至9月上旬定植，10月中旬至翌年1月收获。

⑥越冬一大茬日光温室番茄栽培模式。适合区域冀中南地区、沧衡地区、环京津地区、冀东地区，一般在8月上旬至9月中旬育苗，10月上旬至11月中旬定植，1～6月收获。

（2）主要栽培措施

①育苗期温度保持在15～28℃，昼夜温差控制在10～15℃。

②定植后温度与湿度管理。早春茬番茄定植后密闭保温，一般定植后3～4d内不放风，有条件的还可在大棚四周围一圈草苫，使棚温白天保持在30℃，夜间保持在15～17℃；缓苗后开始放风，降温降湿并进行多次中耕蹲苗，使棚温白天保持在25℃、夜间12～15℃，即午后温度降到20℃左右关闭风口，选择中午时间适当放风，待潮气放出后及时封闭棚膜；番茄生长中后期，逐渐加大放风量，延长放风时间，棚温白天保持在28～30℃、夜间14～15℃为宜。应特别注意每次浇水后要加大放风量，以降低棚内空气湿度。其他茬口参照结果期，白天温度控制在20～28℃，夜间10℃以上，采取对应措施管理。

③吊蔓、吊袋、植株调整。缓苗后开始吊蔓，生产中多采用钢丝吊绳高吊蔓栽培方

式，吊蔓时，在各行上部拉钢丝绳，钢丝绳和吊绳要足够结实，以防盛果期突然断裂造成损失。用番茄吊秧夹将吊绳与植株固定在一起。坐果后将果穗钩一端挂在果穗上，一端拉住吊绳或挂在上部叶片的叶柄处。

CO_2 气肥吊袋：吊袋式 CO_2 的使用方法为将 2 种原料混合均匀，按袋上标注圆圈打孔，呈 S 形，吊挂于棚内番茄上面 50cm，缓慢释放 CO_2，每亩大棚用量 25 袋，一次有效期 40d 左右。

整枝：无限生长类型品种多采用单干整枝，即每株只留 1 个主干，所有侧枝都摘除。有限生长类型的樱桃番茄品种可采用双干、三干整枝。

打杈：在侧枝长到 5～6cm 时打杈。

摘心：一般留 4～5 穗果，生长期较长的地区可留 6～7 穗。果穗留足后及时摘心（打顶），即在花序最上部留 2 片叶摘心，掌握在拉秧前 40～50d 进行，以保证最后一穗花序能正常发育成商品果。

去叶：原则上在果实长成时，摘除下部病、老、黄叶，增加植株整体透光性，减少落花落果及病虫害的传播和蔓延。对已收获的下部果实周围的枝叶要及时全部去掉。

（3）授粉　推荐使用熊蜂授粉和锂电型番茄电动授粉器授粉。

①熊蜂授粉。熊蜂授粉的优势主要为省时省力、增加产量和提升品质。每个蜂群可供 1.5～2.5 亩地 40～50d 的授粉需求，坐果率可达 95%以上，增产 10%以上，并可减少畸形果、提升商品果率，使果实饱满，口感提升。

放蜂时间：在番茄开花 5%～10%时放入，一般在傍晚时将蜂群放入棚室，静置 30min 后打开巢门。

放蜂数量：对于面积为 1.5～2.5 亩大中果番茄棚室，释放 1 群熊蜂（60 只工蜂/群）即可满足授粉需要。樱桃番茄蜂群数量需加倍。

放置位置：若一个棚室内放置 1 群蜂，蜂箱应放置在棚室中部；若一个棚室内放置 2 群或 2 群以上熊蜂，则将蜂群均匀置于棚室中；蜂箱应放在垄间的支架上，支架高度 15cm 左右；蜂箱巢门朝南，有利于出巢。

注意事项：注意棚室温湿度管理，避免使用杀虫农药，维持熊蜂蜂群活力，实现持续稳定授粉。

熊蜂适应性较强，但授粉效果受温度和湿度影响较大。番茄授粉的最适气温白天 22～28℃、夜间 15～18℃，湿度为 50%～60%。若白天气温低于 15℃或高于 30℃、夜间气温低于 12℃或高于 20℃，花粉不能正常萌发，易导致授粉失败（无论是人工授粉还是熊蜂授粉，都不会有理想的效果）。湿度过高特别是阴天，花粉不易散出，影响授粉。

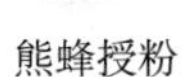

熊蜂授粉　　激素蘸花

熊蜂授粉效果对比

熊蜂授粉期间推荐使用生物防治方法防治白粉虱和蚜虫，避免使用杀虫农药，如吡虫啉、高效氯氰菊酯、噻虫嗪、氰戊菊酯、氯氰菊酯、高效氟氯氰菊酯、硫丹、螺螨酯、联苯菊酯、烯啶虫胺、丁硫克百威等。使用杀菌剂，黄昏熊蜂回箱后把箱移出棚室再施药，过了安全间隔期后再放回原地。避免强烈振动或敲击蜂箱，防止蜇人。

番茄熊蜂授粉

②锂电型番茄电动授粉器。

电动授粉器使用方法：打开授粉器电源开关，将授粉器的振动钢针在花穗柄部轻触0.5～1s，一触即可，注意不要直接放到花朵或果实上，以免造成伤害。

授粉时间：上午9：00到下午3：00。

授粉次数：2～3d 1次，可根据开花生长情况灵活掌握。

③生长调节剂的使用。防止落花落果的植物生长调节剂以防落素（中文名称：对氯苯氧乙酸，中文别名：番茄灵、4－CPA番茄灵）效果最好，应用也最为普遍。

常用保花保果的药品名称及配制方法：防落素20～30mg原液兑水1L；果霉宁2号，1mL药液兑水1.5L；丰产剂2号，20mL药液兑水1L。

注意事项：配制药液时不能使用金属容器，要使用玻璃、搪瓷或陶瓷容器；避开中午高温时操作，一般选在上午10：00前和下午3：00后操作，棚内温度以18～20℃为宜；不得重复蘸花或药液过多，花蕾、未完全开放的花不要蘸，蘸花后要马上增加水肥，以保证果实生长发育正常。

防落素的使用（喷花法）：花序上3～4朵花开放时使用；低温季节使用浓度为35～40mg/kg，高温时以25～30mg/kg为宜；使用小喷雾器，在每个花序开放3～4朵花时往花序上喷洒药液，同时挡住番茄的枝叶和生长点，以免引起药害；喷壶的压力、雾滴要均匀一致，花萼、柱头着药均匀。

番茄丰产剂2号的使用（喷花法）：其为10mL瓶装，应用时加水稀释50～70倍；用2.5%咯菌腈200倍液加在点花液中点花，防止花器发病。

（4）疏花疏果　大果型品种一般第一穗果留3个，以上每穗留4个，其余疏掉；中果型品种第一穗果留4个，以上每穗留5个，其余疏掉；小果型品种一般结果较多，果实较小，故不疏或少疏果，第一穗果留5个。疏花疏果时先把畸形花、弱小花和畸形果疏掉，但切忌疏花疏果过重，以免影响产量。

（5）追肥用量　水分管理以滴灌为主、沟灌为辅，水肥管理根据番茄产量水平、土壤肥力、土壤质地、墒情和气候条件确定，如沙壤土采用少量多次管理方式，减少水肥渗漏损失。中等土壤肥力下，番茄每亩 8 000～10 000kg 产量水平的水肥管理方案如下：

①滴灌水肥一体化。采用膜下滴灌技术，滴灌专用肥选用含氨基酸、腐殖酸、海藻酸等具有促根抗逆功能的全水溶性肥料，第一穗果膨大到乒乓球大小时进行追肥（樱桃番茄花生米大小时），选用高钾型滴灌专用肥（如肥尔得 4 号 N：P_2O_5：K_2O=18：7：25，添加微量元素），每亩每次 8～12kg，配合滴水 10～15m^3，以后 10～15d 滴灌水肥 1 次。配合追肥施用微生物菌剂 2～3 次，每次每亩 2～3kg。

②沟灌施肥。一般每株保留 4～5 穗果，每穗果膨大到乒乓球大小时进行追肥，选择低磷高钾冲施肥或水溶性肥料（如肥尔得 4 号 N：P_2O_5：K_2O=18：7：25，添加微量元素），每次每亩追施 10～15kg，配合灌溉每亩施 12～18m^3。配合追肥冲施微生物菌剂 2～3 次，每亩 2～3kg。

高温、低温等逆境条件下需要加强叶面肥管理。叶面喷施 0.2%～0.4%硫酸镁、0.2%～0.5%硝酸钙，或钙镁中量元素肥料 800～1 200 倍液，连续喷 2～3 次，每次间隔 7～10d；叶面喷施含硼、锌的微量元素肥料，连续喷 2～3 次，每次间隔 7～10d，或者喷施含中微量元素的叶面肥。

（7）风险提示

①育苗期夜温不能低于 12℃，否则影响花芽分化，易形成裂果或无头秧苗。

②华北地区秋季播种早于 7 月 5 日可能会引起感染 TY 病毒病及成熟果裂果，晚于 8 月 20 日果实可能偏小，其他区域参照选择合适的播种期。

③在秋冬茬日光温室栽培抗 TY 病毒病品种，在 35℃以上高温和徒长、缓苗、光照过弱等致植株免疫能力下降及带毒粉虱密度过大的情况下，存在感染黄化曲叶病毒病的风险，应适当晚播，避免持续高温伤害及烟粉虱的蔓延。

该项目将棚室番茄集约化育苗、水肥精准调控、熊蜂授粉、病虫害绿色防控技术和新型物化产品进行了有机集成，为番茄周年生产供应提供了绿色高效技术支撑。

4. 适用区域

冀中南、沧衡、环京津、冀东、张承五个类型区。

5. 技术来源

河北省农林科学院经济作物研究所、河北省农林科学院农业资源环境研究所、河北省农林科学院植物保护研究所、河北省农林科学院旱作农业研究所自主研发了熊蜂授粉技术、越冬茬地膜延迟覆盖促进根系下扎技术、有机肥量化推荐技术、水肥精准调控技术、病虫害绿色防控等技术，集成生产上使用的新产品（振荡授粉器、果穗钩、吊秧夹、二氧化碳气肥、氨基寡糖素、增温块、降温剂、深松机），并进行了全产业链规范集成。河北省农林科学院经济作物研究所、河北省农林科学院资源环境研究所、河北省农林科学院植物保护研究所、河北省农林科学院旱作农业研究所共同完成的河北省农林科学院创新工程项目“棚室番茄全产业链绿色生产技术规程”自研成果。

6. 注意事项

本系列规程共分冬春茬日光温室、早春茬塑料大棚、张承地区越夏大棚、秋延后塑料大棚、秋冬茬日光温室及越冬一大茬日光温室6个全产业链绿色生产技术规程，主要从产地环境、品种选择、育苗管理、栽培管理以及采收与储运等环节来阐述棚室番茄全产业链绿色生产技术要点。

本系列规程列举了当前河北省番茄生产的主要种植茬口和栽培形式，同时由于各地气候差异较大，棚室结构、管理水平不尽一致，本系列规程中的一些如播期、定植期、肥料种类及用量、农药种类及用量等指标难免存在差异，可因地制宜进行调整。

7. 技术指导单位

河北省农林科学院经济作物研究所、河北省农林科学院农业资源环境研究所、河北省农林科学院植物保护研究所、河北省农林科学院旱作农业研究所。联系邮箱 yinqingzhen67@163.com。

8. 示范案例1

（1）地点　藁城农业高科技园区。

（2）规模和效果　1个越冬温室，番茄2020年9月9日播种，10月6日定植。年产量较对照亩增产5%～16%，亩增效500～3 000元。

9. 示范案例2

（1）地点　大河试验园区。

（2）规模和效果　1个三连栋日光温室、1个塑料大棚、3个单栋日光温室。三连栋日光温室，2020年1月2日播种，2月28日定植；塑料大棚2020年1月15日播种，3月15日定植；单栋日光温室2020年8月9日播种，9月5日定植。年产量较对照亩增产5%～16%，亩增效500～3 000元。

示范棚

十二、辣椒连作土壤障碍修复技术

1. 技术内容概述

辣椒为茄科辣椒属植株，是世界十大蔬菜之一。营养丰富，风味独特，是我国重要的蔬菜作物。辣椒的维生素C含量是番茄的5倍、茄子的20倍。目前，我国辣椒年种植面积已超过180万 hm^2，占全国蔬菜总种植面积的8%～10%，约占世界辣椒栽培面积的20%，产量占世界辣椒总产量的25%，居首位。随着蔬菜生产的专业化、集约化和规模化水平日益提升，复种指数升高，品种相对单一，这种模式带来高效益的同时，加剧了蔬菜连作障碍的发生。

针对设施和露地辣椒种植区多年连作、化肥使用量大、有机肥和化肥施用比例失调等导致的连作区土壤板结、次生盐渍化、土传病害严重的问题，从减施化肥、有机肥部分替代化肥并配施菌剂入手，研发了辣椒连作区腐熟牛粪/生物有机肥替代部分化肥并配施微生物菌剂的土壤连作障碍修复技术，可操作性强，简便易行，科学实用。

2. 节本增效

该技术针对辣椒连作区土壤有机质含量低、速效磷钾养分富集、辣椒病害严重的问题，采用基施腐熟牛粪/生物有机肥替代部分化肥并配施微生物菌剂的技术，化肥减施30%以上，产量提高28%以上，病果率降低18～22个百分点，辣椒果实中辣椒素和维生素C含量提高近2倍，亩增纯收益近400～2 000元。

3. 技术要点

第一步：定植前，每亩均匀撒施腐熟的牛粪或生物有机肥320kg（8袋）、固体颗粒菌剂（含巨大芽孢杆菌或枯草芽孢杆菌）10kg、三元复合肥（15∶15∶15或17∶17∶17）20kg，主要是改善土壤环境（板结、次生盐渍化、病原积累）、壮根、促苗。

第二步：定植时，用99%噁霉灵原药，稀释4 000倍（250mg/L）蘸根，主要防控苗期病害。

第三步：浇定植水时，随水每亩施有效活菌2亿个/mL的巨大芽孢杆菌或枯草芽孢杆菌的微生物菌剂4L，主要是抑制土壤病原，刺激根系活性，缓苗。

第四步：初花期，每亩冲施氨基酸水溶肥5kg，并喷施含硼和锌的氨基酸叶面肥（按照叶面肥产品喷施说明书稀释后喷施），主要促花和促果。

第五步：门椒膨大期，随水每亩施有效活菌2亿个/mL的巨大芽孢杆菌或枯草芽孢杆菌3L，每亩冲施含氮、钾的腐殖酸复合肥25L（1桶），喷施硅叶面调理剂，以壮秧、防病和保证正常生殖生长。

第六步：膨果后期，每亩随水冲施含氮、钾的腐殖酸复合肥25L（1桶），主要防止结果后期辣椒秧出现早衰。

4. 适用区域

设施和露地辣椒连作种植区。

5. 技术来源

河北省现代农业产业技术体系蔬菜产业创新团队。

6. 注意事项：

避免微生物菌剂与杀菌剂混合使用，牛粪一定要完全腐熟。

7. 技术指导单位

河北农业大学、邯郸市蔬菜技术推广站、河北省微生物肥料产业技术研究院。

8. 示范案例1

（1）地点　河北省鸡泽县魏青村河北省级现代农业园区（万亩红辣椒园区）。

（2）规模和效果　示范面积50亩。示范品种为羊角红1号，为鸡泽主栽辣椒品种，由河北省邯郸市辣椒产业化办公室提供。鸡泽辣椒目前有两种用途，一是食用，二是加工产品，当地菜农以售卖鲜椒为主。应用该技术种植的辣椒于5月中下旬定植，9月中旬采收。鸡泽辣椒连作区的土壤pH和EC值均偏高，有机质含量偏低，平均在17.5g/kg，有效磷、速效钾养分在土壤中呈富集状态。该技术可显著增加辣椒株高、茎粗和开花数量，促进辣椒地上部生长。应用该技术辣椒产量可高达25.2t/hm^2，减施氮、磷、钾养分分别为55.9%，75.8%，56.8%，虽辣椒产量并未发生明显变化，但肥料偏生产力提高了1.96～2.24倍，病果率比农民常规施肥降低13个百分点；另外，该技术显著提高了辣椒素含量90%以上，提高了辣椒维生素C含量70%以上，改善了辣椒品质。在经济效益方面，该技术促使农民纯收益增加了30%以上、产投比增加了70%以上。因此，在鸡泽辣椒连作种植区，该技术克服了辣椒多年连作、化肥使用量大、有机肥和化肥施用比例失调等一系列连作障碍，减少了化肥用量，提高了辣椒产量，改善了辣椒品质，提高了农民经济效益。

鸡泽辣椒连作土壤障碍修复技术示范

鸡泽辣椒示范区—收获期

9. 示范案例2

（1）地点　河北省望都县河北乾亿食品股份有限公司基地。

（2）规模和效果　示范面积50亩。示范品种为辣椒王，为望都主栽辣椒品种，由当地农业农村局提供。辣椒于5月中下旬定植，10月初收获。望都辣椒种植区土壤理化性状各项指标变化较小，土壤有机质平均含量18.3g/kg。该技术可促进不同生育期辣椒的生长，尤其是在初花期效果更为明显。望都辣椒目前有两种用途，一是食用鲜椒，二是用干椒加工产品。应用该技术辣椒鲜椒产量可高达12.5t/hm^2，辣椒可增产6%以上，干椒产量高达4.26t/hm^2，减施氮、磷、钾养分分别为9.09%，51.2%，7.50%，肥料偏生产力提高70%以上；另外，该技术显著提高了辣椒素含量70%以上，改善了辣椒品质。在经济效益方面，该技术促使农民纯收益增加了28%以上，产投比增加了57%以上。

望都辣椒连作土壤障碍修复技术示范

望都辣椒示范区

十三、设施辣椒嫁接育苗技术

1. 技术内容概述

随着设施蔬菜的发展，辣椒实现周年供应的同时，由于连年生产、多年连作，土壤盐渍化、土传病害（青枯病、根腐病）难以预防。而嫁接可以提高辣椒抗逆性、抗病性，是防治土传病害最直接有效的途径。辣椒嫁接育苗技术以套管接为主，此法简单方便，嫁接成活率高，嫁接速度快，且定植后不用去除套管，省工节本。嫁接后辣椒长势明显增加，植株高大，生长旺盛，单位面积产量高于自根苗，可产生较高的经济效益。因此，套管接在设施辣椒栽培上具有广阔的发展前景。

2. 节本增效

套管接育苗高抗辣椒死秧病（根腐病、疫病、茎基腐病复合发生造成的死秧），长势壮，亩产量达5 900kg左右，在多年连作，土传病害发生严重区域较自根苗产量提高50%左右，且果实中的维生素C含量和可溶性糖含量显著提高，品质提升，商品性提高，可实现增产提质增效效果。

3. 技术要点

（1）育苗设施、设备　根据栽培季节不同，选用日光温室、塑料大棚育苗。冬春育苗应配备可加温日光温室；夏秋育苗应配备有遮阳防雨和通风降温设备的连栋温室或塑料大棚，设施内配备育苗床，集约化育苗还应配备精量播种机、72孔塑料育苗盘等。

（2）基质选择与配制　建议选用商品育苗基质，以提高育苗安全性，也可自行配制。基质配方（体积比）可选用草炭∶蛭石＝2∶1或棉籽皮菌渣∶蛭石∶珍珠岩＝2∶1∶0.3。冬春季育苗每立方米基质加4.0kg鸡粪肥和2.5kg复混（合）肥（N∶P_2O_5∶K_2O＝15∶15∶15）；夏季育苗每立方米基质加2.0kg鸡粪肥和1.5kg复混（合）肥（N∶P_2O_5∶K_2O＝15∶15∶15）。先将各原料过筛，再按照以上比例混合均匀。基质原料和鸡粪肥应该充分腐熟。

（3）品种选择

砧木品种：天仙607、卡特188、格拉芙特等抗病砧木品种。

接穗品种：可根据当地种植习惯、市场需求选择，可用冀研16、冀研108系列甜椒品种、冀研20辣椒等品种。

（4）浸种催芽　砧木或接穗种子55℃温水浸泡15min，水量相当于种子干重的6倍左右，并迅速搅拌，降至30℃浸泡8～12h后催芽。夏季育苗建议再用10%磷酸钠溶液浸泡15～20min，以钝化病毒，降低病毒病发病率，捞出清水洗净，沥干水，28～30℃下催芽，每天用温水投洗1次，待65%～70%的种子露白时，即可播种。

（5）播期　根据当地气候条件、不同栽培模式选择适宜播期。冬春育苗接穗一般在11月至翌年2月播种，秋冬生产接穗一般要求在6月中旬至9月播种。套管接砧木与接穗同时播种；劈接法砧木比接穗早播5～7d。

（6）播种方法　播种前基质要灌足底水，灌水量以穴盘下方小孔有水渗出为宜，水渗后将催好芽的种子均匀播于育苗盘中，覆盖0.8～1.0cm厚的蛭石，用68%精甲霜灵·锰锌600倍液或72.2%霜霉威800倍液喷洒苗盘表面，封闭苗盘防治苗期猝倒病、立枯病，然后立即覆盖地膜进行保温保湿，出苗前不需要补水。夏季播种后可不盖地膜，可盖遮阳网来降温，视情况在基质表面适当喷水，保持基质湿润。

（7）嫁接前苗期管理

①温度、湿度控制。白天温度保持在25～30℃，夜间温度保持在16～18℃。夏秋高温季节白天的最高温度不超过32℃，利用加大通风口和覆盖遮阳网进行降温或利用风机、水帘进行降温；冬季育苗夜间基质温度低于10℃时应采用增温措施，可利用在苗盘下铺设间距为8～12cm的地热线进行加温。空气相对湿度保持在70%～80%为宜。嫁接前应保持穴盘基质水分充足，避免嫁接前接穗和砧木处于干旱状态而影响成活率。

②苗期主要病虫害防治。苗期常见病害为猝倒病、立枯病等；常见虫害有白粉虱、烟粉虱、蚜虫等。

预防原则："预防为主，综合防治"，以农业防治、物理防治、生物防治为主，化学防治为辅。

农业防治：育苗期间适时适量喷水，阴雨天尽量不喷水，以保持温室内的空气湿度在70%～80%，可预防苗期猝倒病、立枯病等病害。2叶1心后结合喷水用0.1%尿素和0.1%磷酸二氢钾混合液或利用新型叶面肥进行1～2次叶面追肥。

物理防治：将育苗设施所有通风口及进出口加设30～40目的防虫网防虫。在育苗设施内悬挂黄板诱杀白粉虱、烟粉虱、蚜虫等害虫，每亩悬挂30～40块。

生物防治：选用丽蚜小蜂虫板防治烟粉虱，每亩8块，7～10d释放一次，分4～5次释放。

化学防治：2叶1心后每7～10d喷施1次甲霜灵·锰锌水分散粒剂或霜霉威水剂防苗期病害。选用噻虫嗪水分散粒剂或吡虫啉可湿性粉剂喷雾，或用噻虫嗪水分散粒剂与高效氯氟氰菊酯微囊悬浮剂喷雾，防治害虫。

（8）嫁接方法

①劈接法。将砧木自子叶上方、第一片真叶下平削，去掉上部，在砧木横切面中央向下劈切0.6～0.8cm。选与砧木粗细一致的接穗，自生长点下2～3片真叶处向下削成双斜面的楔形，斜面长度0.6～0.8cm，迅速将接穗切面插入砧木横切面的中央切口，用嫁接夹固定，使砧木与接穗嫁接面结合紧密。

②套管接。在砧木距地面4.0～5.0cm处斜切或平切。距接穗生长点的2.5～3.0cm处斜切或平切，留真叶2叶1心，使接穗的粗度与砧木吻合，插入嫁接套管一半。嫁接套管长度为1.5cm左右。嫁接操作时，切削刀片要锋利，速度要快，砧木和接穗的切面要平直、光滑。另一半嫁接套管套入砧木，注意一定使接穗与砧木切面充分接触。嫁接苗的高度为8.0～9.0cm。要随切随接，不可放置太久，以免影响愈合。

（9）嫁接后管理

①嫁接苗管理棚搭建。小拱棚可直接搭建在移动苗床上或育苗棚地上，大小依据苗床宽度和长度而定，原则是便于操作。小拱棚材料可选用竹片、细竹竿、荆条、钢筋等，弯成拱形，用塑料薄膜覆盖。将嫁接好的幼苗带盘放入苗床中，封闭拱棚。

②温度。嫁接后温度管理指标见下表。

辣椒嫁接苗不同生长阶段温度管理指标

嫁接后生长阶段	管理目标	温度指标（℃）	
		白天	夜间
嫁接后 1～3d	促进伤口愈合	25～30	18～22
嫁接后 4～15d	培养健壮幼苗	23～28	16～18
定植前 5～7d	提高抗逆性	20～25	12～14

③光照。嫁接后 1～3d，苗床密闭遮阳，防止萎蔫；3d 以后，早、晚揭开两侧遮盖物见散射光，并逐渐增加光照强度、延长光照时间。当嫁接苗生长点有新叶长出时，可进行正常光照管理。

④湿度。嫁接后 5d 内，浇足底水，空气相对湿度保持在 95%以上；接穗恢复生长后，增加通风量，降湿，以后逐渐加大风口直到转入正常管理。

⑤其他。伤口完全愈合后去除嫁接夹；及时剔除砧木上长出的侧芽；水肥管理与病虫害防治参照常规方法。

（10）壮苗标准　嫁接接口处完全愈合，嫁接苗健壮、生长整齐，冬春育苗具有 8～12 片真叶，夏秋育苗具有 6～8 片真叶，无检疫性病虫害。根系发达，叶片肥厚，生长势强。

4. 适用区域

本技术适合冀中南地区日光温室、塑料大棚和露地辣椒的嫁接苗生产。

5. 技术来源

河北省农林科学院经济作物研究所。

6. 注意事项

①不同的嫁接方法适合不同嫁接时期，把握好嫁接时期，是嫁接苗成活率高的重要保证。

②套管接接穗和砧木的播种时间一致，劈接法的砧木播种时间要比接穗播种时间提前 5～7d。

7. 技术指导单位

河北省农林科学院经济作物研究所。

8. 示范案例

（1）地点　固安顺斋瓜菜种植专业合作社。

（2）规模与效果　示范面积 10 亩。示范设施辣椒嫁接育苗技术，接穗品种为冀研 20，砧木品种为格拉夫特和卡特 188，采用套管接。2 个砧木生物学性状表现较好，嫁接亲和力强，穴盘集约化育苗技术（包括穴盘育苗技术、环境调控技术、株型调控技术、病虫害防治技术）嫁接成活率在 90%以上。共育苗 10 亩，育出的辣椒幼苗，粗高比合适，长势健壮，叶色鲜绿，壮苗率达 98%。定植后无根腐病发生，坐果初期无青枯病发生。且辣椒亩产增加，较自根苗亩增产 45%，维生素和可溶性糖含量均有提高。

十四、设施降糖辣椒绿色高效基质栽培技术

1. 技术内容概述

降糖辣椒是由韩国著名育种专家精心培育而成的保健功能型蔬菜，据测定其 α-葡萄糖苷酶抑制剂含量高于普通辣椒，近年来，种植面积逐年增加，但目前在栽培上，土壤连作障碍造成的土壤盐渍化及土传病害问题日益突出，尤其是在多年连续种植辣椒区域，已经成为限制辣椒生产的重要因素；设施降糖辣椒绿色高效基质栽培技术可有效克服连作障碍，易于实现精准化水肥及轻简化绿色生产。该技术核心包括：以菌渣为主要原料的资源节约型蔬菜栽培基质、栽培槽建造、水肥管理、一年一作换头技术、病虫害防治。该技术用农业先进技术推进特色产业发展，为降糖辣椒全产业链高质量发展奠定基础。

2. 节本增效

设施降糖辣椒绿色高效基质栽培技术的实施，较传统土壤栽培，亩产提高，品质提升，亩效益增加 50%左右，约 2 000 元，大大增加农民收益。

3. 技术要点

（1）品种选择　降糖辣椒专用品种。

（2）茬口安排　降糖辣椒不同种植茬口安排见下表。

降糖辣椒不同种植茬口安排

设施类型	茬口	播种期	定植期	收获期	育苗场所
日光温室	冬春茬	11 月下旬	1 月下旬至 2 月上旬	4 月上旬至 6 月下旬	可加温温室
日光温室	秋冬茬	7 月上旬	8 月上中旬	10 月上中旬至翌年 2 月上中旬	温室或大棚
日光温室	越冬茬	7 月中旬至 7 月下旬	8 月下旬	10 月中旬至翌年 6 月下旬	温室或大棚
塑料大棚	春提前	1 月上中旬	3 月中下旬	5 月中旬至 8 月中旬	可加温温室
塑料大棚	秋延后	6 月下旬	8 月上旬	9 月中旬至 11 月中下旬	温室或大棚

（3）育苗

①播种前准备。穴盘育苗在连栋温室、日光温室或塑料大棚等设施内进行，需配备苗床、穴盘及温度调控、湿度调控、光照调控设备。基质选用理化性状稳定、育苗效果好的商品育苗基质。穴盘选用 72 孔育苗盘。

②浸种催芽。种子放入 55℃的温水中不断搅拌。待水温降到 30℃后停止搅拌，浸种 20～30min。再用 10%磷酸钠水溶液浸种消毒 15～20min，捞出洗净，在 20～30℃清水中浸泡 8～12h。控干水分后，用干净湿纱布包裹，在 25～30℃条件下催芽，待 80%以上的种子露白时，即可播种。

③播种。播种方法同辣椒育苗技术。

（4）苗期管理

①温湿度管理。出苗前，环境温度白天控制在25～28℃，夜间15～18℃，基质温度保持在20～25℃。空气湿度保持在70%～80%，基质相对湿度保持在80%左右。出苗后，夏秋高温季节育苗白天温度不超过35℃，冬季育苗夜间温度不低于15℃。冬季育苗，苗盘上加盖一层地膜，保温保湿。夏季不盖膜，需及时喷水。育苗小环境升温选用采暖炉或地热线等设备；降温，采用遮阳网遮阳、双层湿报纸覆盖苗盘等措施。注意通风、换气、透光，防止幼苗徒长。

②水肥管理。幼苗3叶1心后，结合喷水叶面喷施1～2次0.3%尿素和0.2%磷酸二氢钾混合溶液或其他叶面肥喷施。定植前对苗盘喷水，减小出苗时根系损伤，缩短移栽后缓苗时间。

③成苗标准。日历苗龄，冬季60d左右，夏季30d左右。生理苗龄4叶1心，子叶完整，株高为12～14cm，茎粗0.3～0.4cm，粗度上下基本一致，节间短且紧凑，叶片深绿舒展，无病虫害。根系发达布满基质，呈白色，形成根坨。

（5）基质栽培系统建造　基质栽培可在日光温室、连栋温室、塑料大棚等内进行。

①栽培槽。栽培槽宽70cm，深25～30cm，长度依地块而定。两槽间隔80cm。可采用地上或半地上式，栽培槽可用砖块、PVC等建造。在地平面上确定好位置，下挖15～20cm深，70cm宽的坑道，坡降为0.5%～1%，以利排水。最底层铺设1～2层塑料膜与土壤隔离，上铺5cm左右厚度粒径0.5～2cm的河沙层，起滤水作用，河沙上部铺设200g/m^2规格无纺布。

②栽培基质。基质选用配方为草炭：蛭石=1：1或菌渣：蛭石：珍珠岩=1：1：0.2均可；选用基质的容重应在0.35～0.50g/cm^3，最大持水量在150%～240%，总孔隙度在65%～85%，pH在6.5～7.5，EC值在1.5～2.75mS/cm；基质选好后铺放在基质槽内，铺设厚度25～30cm，基质表面距离栽培槽上沿5～10cm。栽培基质亩用量60m^3左右，2～3年更换一次。

③灌溉设备。选用1寸斜5孔聚乙烯微喷带，每个栽培行放置2根，置于栽培槽栽培基质表面，微喷带间距35～40cm，每个栽培槽管道设置阀门控制水量。

（6）定植

①底肥。定植前施入底肥。春提前和秋延后短季节茬口栽培，每亩施用有机肥1 000～1 500kg、三元复合肥20～30kg；长季节栽培，每亩施用有机肥2 000～2 500kg、三元复合肥20～30kg。建议在基质中添加硫酸镁0.5kg/m^3。

②定植方法。选择大小整齐一致、无病虫害、健壮的种苗，定植于两条微喷带外侧，每槽双行，交叉定植，株距40～45cm。定植后浇定植水，按每亩20m^3标准进行灌水，新基质第一次使用，一定要确保浇透。7～10d后浇缓苗水，每亩15m^3。

（7）田间管理

①温度、湿度管理。定植后到缓苗，白天温度控制在25～30℃，夜间15℃以上；缓苗后，温度白天20～30℃，夜温12～15℃。生长期间空气相对湿度控制在75%以下。

②水肥管理。当门椒坐住时开始浇水肥。水肥一体，定时定量，水水带肥。不同茬口水肥管理见下表。

短季节栽培水肥一体方案（春秋茬）

生长期	肥料种类	每天每亩施肥量（kg）	每天浇水量（m^3）	天数（d）	备注
开花坐果期	平衡型水溶肥（20∶20∶20）	1～1.2	1～1.2	10	
坐果盛期	高钾型水溶肥（15∶5∶30）	1.2～1.5	1.2～1.5	20～25	
	中量元素水溶肥	0.5			
采收期	高钾型水溶肥（15∶5∶30）	1.2～1.5	1.2～1.5	10	
采收末期	清水		1.0～1.2	5～10	视茬口、天气而定，秋延后茬口慎重浇水

长季节栽培水肥一体方案（越冬茬）

生长期	肥料种类	每天每亩施肥量（kg）	每天浇水量（m^3）	天数（d）
坐果初期	平衡型水溶肥（20∶20∶20）	1.0～1.2	1～1.2	10
坐果及采收期	高钾型水溶肥（15∶5∶30）	1.0～1.2	1.0～1.2	50～55
	中量元素水溶肥	0.5		
秋茬采收期	高钾型水溶肥（15∶5∶30）	1.0～1.2	1.5～2.0	80～90
	中量元素水溶肥	0.5		
采收末期	清水		1.5～2.0	20～30

③植株调整。植株长到40～50cm高，门椒采收后，整枝吊蔓。采用三干或四干整枝，去除主干以下全部叶片，及主枝上的分枝、空枝、弱枝、徒长枝、重叠枝。整枝后及时喷药防止伤口感染；按主枝的生长方向及时吊蔓。结果中后期，在晴天中午，摘除植株上的老叶和病叶。

（8）病虫害防治　遵循“预防为主，综合防治”原则，以农业防治、物理防治、生物防治为主，化学防治为辅。

①农业防治。加强田间管理，通过通风降湿、增温等措施降低病害发生；通过轮作换茬，减少病源；及时清除杂草、摘除病叶、病果，拔除病株，并带出地块深埋或销毁，减少病虫害传播源等。基质栽培一般无土传病害，为了增强抗逆性也可选用嫁接苗。

②物理防治。将设施所有通风口及进出口加设30～40目的防虫网防虫。设施内悬挂黄、蓝粘虫板，诱杀白粉虱、烟粉虱、蚜虫、蓟马等害虫，每亩悬挂30～40块。

③生物防治。应用如赤眼蜂、丽蚜小蜂、捕食螨、绿僵菌、白僵菌、苏云金杆菌、枯草芽孢杆菌、核型多角体病毒等无毒副作用的生物产品或生物制剂防治病虫害。

④化学防治。选择高效、低毒、低残留农药，轮换、交替、精准使用，在农药安全间隔期用药。

（9）采收　开花后20～25d即可采收，在早晨温度比较低的时候进行，轻拿轻放，不伤及果柄和花萼及果实。

4. 适用区域

本技术适用于冀中南地区温室、大棚等设施降糖辣椒基质栽培。

5. 技术来源

河北省农林科学院经济作物研究所。

6. 注意事项

门椒采收后，及时整枝。一年一作换头技术要把抓住换头的重要时期。塑料大棚一年一作换头在7月中下旬至8月初进行，上茬采收完毕，将植株四门斗以上枝条全部剪掉；日光温室在每年8月20日左右定植，翌年2月中旬上茬收获后换头，施入平衡复合肥每亩10kg，保持棚室内适宜温湿度，促进新枝萌发。待新生枝条5cm左右后，选留不同生长方向的3～4个健壮枝条，其余枝条全部打掉。新生枝条开花坐果后转入正常管理。

7. 技术指导单位

河北省农林科学院经济作物研究所。

8. 示范案例

（1）地点 鸡泽县万亩红辣椒专业合作社。

（2）规模与效果 示范面积13亩。示范设施降糖辣椒绿色高效基质栽培技术，应用该技术辣椒亩产量较传统栽培辣椒增产51.32%，硝酸盐含量降低17.31%。该技术通过合理安排茬口，利用以菌渣为主的资源节约型基质进行高效栽培，结合水肥精准控制、绿色病虫害综合防治等技术大大提高了水肥的利用率，减少了病虫害的发生，降低了化学农药使用率，农药残留少，保证了降糖辣椒可用于制作辣椒叶茶的叶片质量，最终达到增产、节本、增效的目的，实现经济效益和社会效益最大化。

十五、甜（辣）椒日光温室秋延后越冬一大茬配套栽培技术

1. 技术内容概述

甜（辣）椒日光温室秋延后越冬一大茬栽培，适合冀中南地区，一般在7月中下旬播种育苗，8月底定植，翌年6月下旬拉秧，可以满足国庆、元旦、春节、五一重大节日的市场需求，更为突出地表现了其节日经济型商品的特性，并可使农民省去春茬烦琐的育苗工作，填补了甜（辣）椒市场上早春的空缺，延长生长周期，实现周年生产，既可满足设施甜（辣）椒生产发展需求和市场需求，又可增加农民收入，经济效益高、市场发展潜力巨大。

甜（辣）椒日光温室秋延后越冬一大茬栽培植株生长前期正值高温、强光、多雨、高湿季节，存在植株易徒长，开花期易落花落果，病虫害易严重发生等问题；冬季低温寡照雾霾天气发生较多，棚室内温光条件不足；安全越冬后，随着外界气温的迅速回升，植株生长活力增强，植株再生能力恢复，为促高产，研究制定出甜（辣）椒日光温室秋延后越冬一大茬栽培配套关键技术。

2. 节本增效

该技术可实现周年生产，主要以供应国庆、元旦、春节、五一重大节日的市场需求，效益较高，全年产量可达10 000kg以上，实现亩效益38 000元。其中2月中下旬之前亩

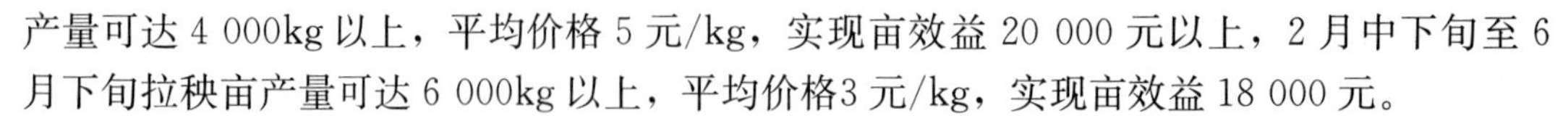

产量可达 4 000kg 以上，平均价格 5 元/kg，实现亩效益 20 000 元以上，2 月中下旬至 6 月下旬拉秧亩产量可达 6 000kg 以上，平均价格3 元/kg，实现亩效益 18 000 元。

3. 技术要点

（1）品种选择　针对甜（辣）椒日光温室秋延后越冬一大茬栽培的特点及产品供应规律，在这种栽培形式中应选择熟性较早，前期较耐高温、后期耐低温弱光性好、植株恢复再生能力强的甜椒、辣椒及彩色椒品种，如冀研 16 甜椒、冀研 108 甜椒、冀研 20 辣椒、冀研 118 甜椒、金皇冠水果型甜椒。

（2）甜（辣）椒日光温室秋延后越冬一大茬配套栽培育苗技术

①播前种子消毒。播种前将种子置于 55～60℃的热水中，水量相当于种子干重的 6 倍左右，不停地搅拌并维持水温，浸泡 20～30min；再用 1%硫酸铜浸种 5min，预防炭疽病和疫病；用清水冲洗干净，再用 10%磷酸钠浸种 15min，以钝化病毒，预防病毒病；种子处理后冲洗干净，再在 20～25℃的水中浸泡 8～12h，晾干后即可播种。

②搭建遮阳防雨、防虫育苗场地。应用该技术一般在 7 月中下旬播种育苗，时值高温多雨季节，为避免高温、雨涝及病毒病的危害，在幼苗生长环境（育苗场地）应选择地势高燥、排水良好的地方，最好选择温室或大棚内育苗，一般棚上覆盖遮光度 75%的遮阳网，以利于遮阳降温。要注意覆盖物不宜过厚，一般以花荫凉为宜，并且可以根据气候条件（温度、光照等）调控遮阳网。覆盖物还应随着幼苗的生长逐渐撤去，否则幼苗易徒长，难以达到培育壮苗的目的。为了有效预防病毒病的发生，防止蚜虫、白粉虱等虫害的传播，应在育苗棚四周设置 40 目的防虫网。

③穴盘护根育苗。采用穴盘护根育苗、一次成苗的现代化育苗技术，可保护幼苗根系，有效地防止土传病害的发生。甜（辣）椒日光温室秋延后栽培一般采用 50 孔穴盘进行育苗，育苗基质采用草炭∶蛭石（2∶1）混合，并按每立方米基质中加 50kg 腐熟鸡粪、1kg 复合肥混匀。

④苗期化学调控。在幼苗生长到 6～7cm 高（或幼苗长到 3～4 片真叶）时，选择傍晚喷洒生长调节剂培育壮苗。

（3）甜（辣）椒日光温室秋延后越冬一大茬栽培定植技术

①定植苗龄及时期。定植时苗龄不宜太大，应选择苗龄在 30～35d，株高 18cm 以下，长到 7～9 片真叶的适宜幼苗定植。一般在 8 月下旬定植。

②高温闷棚消毒。甜（辣）椒日光温室秋延后越冬一大茬栽培，植株生长期大大延长，为保证植株生长健壮和预防病虫害，必须保证植株获得足够的营养，并进行土壤消毒处理。施足以有机肥为主的基肥，一般亩施有机肥 5 000～8 000kg，同时施入杀菌剂和杀虫剂，进行高温闷棚消毒，一般要求在 20d 以上，彻底消灭土壤残留的病原、虫卵等，并将有机肥充分腐熟。

③整地施肥。定植前一周进行整地作畦，按行距开 10～15cm 的浅沟，沟内亩施磷酸氢二铵 15kg、过磷酸钙 50kg、硫酸钾 20kg、硫酸铜 3kg、硫酸锌1kg、硼砂 1kg、生物钾肥 1kg；或施入复合肥 40kg、硫酸铜 3kg、硫酸锌1kg、硼砂 1kg、生物钾肥 1kg；深翻整平后，与土混匀。

④定植技术。甜（辣）椒日光温室秋延后越冬一大茬栽培，定植时正值高温、高湿、

强光、多雨季节，不利于秧苗缓苗，并且容易诱发各种病虫害。因此，定植必须选择晴天的傍晚或阴天进行，栽后立即浇透水，并随水冲施敌磺钠 2～3kg。这种栽培形式定植密度一定要稀，选择单株栽培，穴距 40cm，亩栽密度 2 000 株左右。

（4）甜（辣）椒日光温室秋延后越冬一大茬栽培管理技术

①严防徒长，促进坐果。定植缓苗后，结合划锄培土，始终保持地面潮湿，但切忌大水漫灌，否则易疯秧。植株一旦出现徒长迹象，应及时在傍晚进行喷洒缩节胺 100mg/L 或矮壮素 200mg/L 等生长调节剂，可以明显矮化植株，增加茎粗，降低开花节位，使植株开花、结果提前，提高抗病毒病、疫病能力。开花期可喷施爱多收、绿丰 95、辣椒灵等促进坐果的生长调节剂，结合喷洒 0.1%硼砂效果更好。

②冬前管理技术。门椒坐稳后，每亩追施硫酸钾复合肥 10～12kg。门椒采收后，每亩追施尿素 10～12kg、硫酸钾 10～15kg，或硫酸钾复合肥 15～20kg。采收盛期，应水水带肥，每亩每次追施硫酸钾复合肥 12～15kg，结合防病每周喷一次0.2%～0.3%磷酸二氢钾与 0.1%尿素的混合肥液。

植株现蕾后结合中耕培土 2～3 次，培成 10～15cm 的小高垄。当外界最低气温下降到 12℃时，畦面覆盖地膜。

门椒采收后，采用双干或三干整枝，去除主干以下全部叶片，及主枝上的分枝、空枝、弱枝、徒长枝、重叠枝。整枝后应及时喷药防止伤口感染；按主枝的生长方向及时吊蔓。结果中后期，在晴天中午摘除植株上的老叶和病叶。

③越冬管理技术。盛果期过后，气温逐渐转冷，温度较低，光照减弱，管理主要以增温保温、增光补热、降低棚内湿度等措施为主，可用地膜覆盖畦面，或全膜覆盖。同时坚持清扫棚膜上尘土，适当早放苫保持夜间温度，一般低温期不浇水或少浇水，同时注意防止病虫害的发生，最好选用烟雾剂防病。

④早春恢复植株再生能力的管理技术。植株生长到翌年 2 月中下旬时，随着外界气温的迅速回升，植株生长活力增强，需水需肥增多，将植株四母斗以上枝条全部剪掉，同时摘除植株的全部叶片，浇大水并随水亩施复合肥 10kg，同时密闭温室，创造与植株定植后缓苗相似的温度、湿度环境条件，促进植株迅速恢复生长。以恢复植株再生能力为主，7～10d 后枝条重新发出，采取整枝、打顶、换头技术，选留不同生长方向的 2～3 个健壮枝条，其余枝条全部打掉，通过水肥调控、温湿调控，促高产。

（5）综合防治病虫害　病虫害防治以预防为主，从种子消毒做起，培育壮苗、增施有机肥，加强栽培管理。点片发生时及时采取防治措施。为减少虫源，减少农药的使用量，温室通风口用防虫网隔离。冬季低温寡照雾霾天气选用烟雾剂防治。

①农业防治。前茬作物收获后及时清理前茬残枝枯叶，通过深耕将地表的病原及害虫翻入土中，进行高温闷棚消毒 15～20d。由于定植时外界处于高温、高湿、多雨的环境，采用浅沟定植、逐步中耕培土，采用膜下沟灌或膜下滴灌的灌溉方法，达到定植前期降低根系温度、冬季降低室内空气湿度、减少病虫害发生的效果。

②物理防治。通过在温室通风口处设置防虫网（40 目），棚内悬挂黄板，畦面覆盖地膜等方法，防治蚜虫、白粉虱等蔬菜害虫，降低棚内湿度，减少病虫害发生。

③化学防治。

虫害：整个生育期注意防治蚜虫、白粉虱、茶黄螨等害虫，蚜虫、白粉虱可用10%的吡虫啉1 000倍液，或1%吡虫啉2 000倍液，或40%氯虫·噻虫嗪每亩8～12g等药剂防治；茶黄螨可用15%哒螨灵乳油300倍液，或1.8%阿维菌素3 000倍液，或73%炔螨特乳油2 000倍液等药剂进行防治。

真菌性病害：防治疫病、炭疽病、菌核病等病害可用25%嘧菌酯悬浮剂3 000倍液，或10%苯醚甲环唑水分散粒剂1 500倍液，或53%精甲霜灵·锰锌600～800倍液，或32.5%吡唑奈菌胺·嘧菌酯悬浮剂1 500倍液，或47%春雷·王铜可湿性粉剂400～500倍液，或62.75%氟吡菌胺·霜霉威水剂1 000倍液，或72.2%霜霉威1 000倍液等。

细菌性病害：防治疮痂病、枯萎病等病害可用47%春雷·王铜可湿性粉剂400～500倍液，或90%硫酸链霉素·土霉素可溶性粉剂1 000～2 000倍液，或72%硫酸链霉素1 000～1 200倍液，或50%琥铜·甲霜可湿性粉剂400～500倍液防治。

病毒病：可在防治蚜虫、白粉虱、茶黄螨的同时，喷施1.5%烷醇硫·酸铜水乳剂500～600倍液，或2%宁南霉素水剂200倍液防治。

4. 适用区域

适合在河北省中南部及相似类型气候条件下种植。

5. 技术来源

河北省农林科学院经济作物研究所、河北省现代农业产业技术体系蔬菜产业创新团队温室蔬菜良种筛选及应用岗。

6. 注意事项

该技术要求日光温室冬季最低气温在8℃以上；由于植株生长时间较长，注意一次性施入足够量的有机肥（中等肥力条件土壤，每亩施有机肥5 000kg以上）；2月中下旬剪枝换头后，应水肥同时供应，促进植株迅速恢复生长。

7. 技术指导单位

河北省农林科学院经济作物研究所，联系邮箱tianjiaoshi@126.com。

8. 示范案例1

（1）地点　石家庄藁城区春晖蔬菜专业合作社。

（2）规模和效果　示范面积80亩。示范品种有冀研16、冀研20、水果型甜椒金皇冠等。于8月20～21日定植，国庆前后部分品种采摘门椒，元旦前第二批果实上市，春节前第三批果实上市，春节后将果实全部采收上市，在2月上旬剪枝换头，换头后长势依然良好，五一前果实大量上市。到6月中下旬拉秧时，金皇冠亩产12 126kg、冀研16亩产13 163kg、冀研20亩产13 361kg，比常规栽培亩增产10%以上。该技术集成基质栽培、自动水肥一体化、高温闷棚、两膜一网一黄板、春季剪枝换头等关键技术，形成了“种一次，长一年”的省工节本、高产高效的周年种植方式，克服了日光温室春提前生产深冬季节育苗、定植病害发生严重的缺点，省去了春茬烦琐的育苗工作，产量形成时期有效地避开了生长期高温及冬季低温雾霾天气的影响，大大减少了农药的使用，节约了生产成本，对调整种植结构、提升产品品质、提高农民经济效益，加快供给侧结构性改革的实施具有很好的效果。

9. 示范案例 2

（1）地点　藁城农业高科技园区。

（2）规模和效果　示范面积 30 亩。示范品种有冀研 118、冀研 108、冀研 20、金皇冠等，采用河北省农林科学院经济作物研究所研制的低成本栽培基质栽培。应用该栽培技术在 7 月 15 日育苗，8 月 20 日定植于日光温室基质栽培槽中，9 月下旬部分品种采收上市，其间可根据市场需求采收上市，12 月下旬果实成熟，集中上市供应元旦市场，春节前再次成熟，果实集中上市供应市场，春节后将果实全部采收上市，在 2 月上中旬剪枝换头后加强水肥管理，促进植株、果实快速生长，4 月初可采收上市，五一节前果实可大量上市。到 6 月下旬拉秧时，冀研 118、冀研 108、冀研 20 号、金皇冠平均亩产均可达到 11 000kg 左右，比常规栽培亩平均增产 15%以上，取得了较好的经济效益。该技术可有效克服日光温室冬季蔬菜生产中雾霾天气的不利影响，以及春提前生产深冬季节育苗、定植病害发生严重等问题，省去了春茬烦琐的育苗工作，填补甜椒市场上早春的空缺，形成“种一次，长一年”的省工节本、高产高效的周年种植方式，实现甜（辣）椒在国庆、元旦、春节、五一等我国重大节日的全年供应，收益较常规种植大大提高，通过调整种植结构，提高农民经济效益，加快供给侧结构性改革的实施。

冬季 11 月植株生长管理情况

翌年 2 月中上旬植株剪枝

翌年春季 5 月植株生长情况

十六、水果辣椒日光温室越冬一大茬高效生产技术

1. 技术内容概述

以河北农业大学园艺学院蔬菜育种团队选育的耐寒、抗逆、高产水果辣椒品种 19－

164 为主栽品种，为了生产高端精品，水果辣椒适合夏季育苗，秋季在蓄热保温性能好的节能日光温室内定植，普通生产园区采用土壤栽培，高垄地膜覆盖，观光园区也可采用基质栽培。水果辣椒冬季采收青熟果上市，到春节前后可采收红熟果上市。该品种抗逆性强，可从冬季采收至翌年 6 月。

2. 主要特点

水果辣椒品种 19－164 为牛角椒类型，可采摘青熟果和红熟果，果个大，顺直、光滑，维生素 C 含量高，红熟果含糖量高，适合忌辣人群，可炒食和生食；该品种果实商品性好，搭配礼品菜销售可获得理想的产值。水果辣椒适合日光温室越冬一大茬栽培，由于冬季温度低，果实转色慢，可采收青熟果。也可不采收青熟果，等到春节前后采摘红熟果。

3. 节本增效

水果辣椒日光温室越冬一大茬生产模式可生产高端辣椒精品，在价格较高的冬季上市，并供应元旦、春节、五一等节日市场，经济效益较高。每亩产量可达 8 000kg 以上，实现亩效益 40 000 元以上。

4. 技术要点

（1）培育壮苗　7 月中旬播种育苗，选择具有遮阳网和湿帘-风机强制降温系统的育苗温室，采用 72 孔穴盘进行基质育苗。育苗过程中保持白天温度在 25～35℃，夜间 15～20℃；每隔 5d 追施全营养水溶肥或营养液，每隔 15d 喷施百菌清、噻虫嗪等杀菌剂、杀虫剂预防病虫害。辣椒容易被蓟马或茶黄螨等害虫侵害，应在发现初期及时喷施溴氰虫酰胺、阿维菌素等专用杀虫剂防控。在苗龄 5 叶 1 心时用噻虫嗪和精甲・咯菌腈蘸根后定植。

（2）作畦和定植　底肥施用 2～3t 生物有机肥和 30kg 氮磷钾平衡水溶肥，作 30cm 高的高畦或小高垄，膜下滴灌或沟灌，按照大行距 1m、小行距 50cm、株距 40cm 定植，每亩株数约 2 000 株。

在 8 月下旬至 9 月上旬选阴天或在晴天傍晚定植，定植后及时浇大水促进幼苗发生新根。

（3）定植后管理

①温度管理。辣椒适宜的温度范围为 20～32℃。一般温室白天温度保持 25～32℃，前半夜温度控制在 15～20℃，后半夜温度控制在 13～15℃。

②光照管理。辣椒定植初期气温高，为了保持适宜温度需要适度遮阳；冬季需要及时清洁薄膜，促进棚膜充分透光，有利于温室增温，促进作物光合作用。

③水肥管理。在辣椒定植后 7d 左右浇水促进缓苗，以后保持土壤见干见湿，根据土壤墒情及时浇水，一般在温度较高的秋季和春夏季浇大水，深冬季浇小水。

在门椒开花至坐果期间不浇水蹲苗，直到门椒坐果后追 1 次膨果肥，同时浇膨果水，以后在每层辣椒坐果后或每采收 2 次追 1 次肥，门椒和对椒膨果期随水追施氮磷钾平衡水溶肥（如 N∶P∶K=17∶17∶17），用量为每亩 5～8kg，以后随水追施高钾、中氮、低磷水溶肥（如 N∶P∶K=12∶8∶32），用量为每亩 8～10kg，大量元素肥每追 2 次随水追施 1 次钙镁等中量元素肥，用量为每亩 5～10kg，每 30d 左右叶面喷施 1 次硼、锌等微量元素肥。

④植株管理。在株高 50cm 左右时吊蔓和绕蔓，以后进行四干整枝，及时打掉多余侧

枝，并随采收随打老叶，保持株间通风透光。

（4）病虫害防治

①物理防治。老温室应在7月温度最高时高温闷棚20～25d，杀灭病原、虫卵；温室风口和入口覆盖40～60目防虫网隔离害虫；温室内悬挂40块黄、蓝粘虫板诱杀蚜虫、粉虱和蓟马。

②化学防治。定植初期9～10月气温高，病虫害容易发生，喷施1～2次百菌清或代森锰锌、溴氰虫酰胺或联苯菊酯、乙基多杀菌素，预防病害和粉虱、蓟马、茶黄螨等虫害，注意轮换用药。如秋季气温高，可同时喷施1～2次盐酸吗啉胍预防病毒病。

（5）采收　在果个不再增大，果面发亮，手握紧实时及时采摘青熟果；在果面完全转红后采摘红熟果。

5. 种植模式

7月中旬播种育苗，8月下旬至9月上旬定植，12月开始采收，翌年6月拉秧。

6. 适用区域

适合除了坝上地区以外的河北省其他地区应用。

7. 技术来源

河北农业大学园艺学院。

8. 注意事项

①在水果辣椒育苗期间和定植初期容易感染蓟马和茶黄螨等虫害，应及时发现防治。

②红熟果消耗营养较多，如果仅采收红熟果则亩产量较低，建议部分植株采收红熟果，部分植株采收青熟果。

③水果辣椒品种19-164果个大，消耗养分多，应在施足底肥的基础上及时追肥，必要时喷施叶面肥；结果期施用高钾肥有利于提高红熟果含糖量。

9. 技术指导单位

河北农业大学园艺学院。

10. 示范案例1

（1）地点　河北康城农产品开发有限公司定兴县石象村基地。

（2）规模和效果　生产温室水果辣椒1.3亩。采用厚土墙日光温室生产，温室覆盖PO膜，土壤栽培，膜下滴灌。采用越冬一大茬高效生产技术，集成示范了蚯蚓配方肥提质增效技术、高畦地膜提温降湿技术、水肥一体化节肥节水技术、病虫害绿色防控技术、微生物菌剂改良土壤技术。在9月上旬定植，12月开始采收青熟果，2月下旬开始采收红熟果，果实顺直光滑，以礼品菜和休闲采摘方式销售，2月下旬之前售价8～10元/kg，3～4月售价7元/kg左右，5～6月售价5元/kg左右。园区实现亩产值5.5万元。

11. 示范案例2

（1）地点　河北水润佳禾现代农业科技股份有限公司清苑基地。

（2）规模和效果　生产温室水果辣椒0.8亩。采用砖苯复合墙日光温室生产，温室覆盖PO膜，采用基质袋式栽培，滴箭式滴灌。采用越冬一大茬高效生产技术，集成示范了高钾肥提质增效技术、有机基质袋式栽培提质技术、水肥一体化节肥节水技术、病虫害绿色防控技术。水果辣椒在9月上旬定植，1月开始采收青熟果，3月开始采收红熟果，果实顺直光滑，以礼品菜和休闲采摘方式销售，3 月下旬之前售价 10 元/kg，4～6 月售价 8 元/kg。园区实现亩产值 4.5 万元左右。

十七、设施彩椒滴灌水肥高效灌溉施肥技术

1. 技术内容概述

本技术明确了设施彩椒膜下滴灌不同生育期根-水-肥同位同步节水灌溉适宜的灌水施肥时间、灌水施肥量，及技术适用区域。

2. 节本增效

该技术节水 40%以上，氮肥利用率提高 15%，肥料减施 20%以上。

3. 技术要点

（1）种植模式　选用高产、优质、抗性好、商品性好的品种，育苗采取穴盘基质育苗。种植宽行为 70cm，窄行 50cm，株距为 50cm，亩栽植密度为 2 200～2 400 株，选取根系发达，长势壮的植株定植。

（2）田间作业　起垄—铺管—试水—覆膜—打孔—定植。

（3）灌溉方式　将预定长度的微灌管铺设在起好的高畦上，平行放置于中间稍偏一侧的位置，预留出苗定植的中间位置。滴灌管全部铺设完成后，打开主管的控制阀，检查滴灌管运行及出水情况。若滴灌管滴水均匀，滴灌系统运行正常，进行畦上覆膜。覆膜时应注意将滴灌管的尾部覆在膜内，以防水流出，降低棚内的湿度，减少蒸发损失。

（4）“同位同步”灌溉技术　采用膜下滴灌，依据彩椒长势、需水规律、天气情况、棚内温度、实时水分状况及不同生育阶段对土壤含水量的要求确定灌水量和次数，每次范围在每亩 8～10m^3，灌溉量用水表控制。“同步”灌溉依据不同生育期日耗水量和土壤相对含水量确定灌水起始点，即苗期 65%～70%、结果前期 70%～75%、结果盛期 75%、结果末期 75%。

（5）同位同步施肥技术　施肥采用蔬菜专用（冲施型）水溶肥（其中氮素含量为 16%，N∶P∶K=1∶0.25∶1.2）。依据彩椒各生育阶段氮、磷、钾吸收总量及比例确定施肥方案。彩椒开花到结果期，每隔 7d 滴灌 1 次，每次每亩追肥量为 10～12kg，每次每亩灌水定额为 9～10m^3；初果期到盛果期间每隔 5～6d 滴灌 1 次，每次每亩追肥量为 13～16kg，每次每亩灌水定额为 10～12m^3。盛果期到结果末期间每隔 7～8d 滴灌 1 次，每次每亩追肥量为 9～12kg，每次每亩灌水定额为 10～12m^3。灌水施肥安排见下表。

灌溉与施肥安排

灌溉周期（d）	灌溉次数	每次每亩灌水定额（m^3）			
		苗期	开花到结果期	初果期到盛果期	盛果期到结果末期
5～8	11～15	8～10	9～10	10～12	10～12

施肥周期（d）	施肥次数	每次每亩施肥量（kg）			
		苗期	开花到结果期	初果期到盛果期	结果末期
5～8	11～15	2～3	10～12	13～16	9～12

4. 适用区域

华北地区设施彩椒种植区域。

5. 技术来源

河北省现代农业产业技术体系蔬菜产业创新团队水肥高效利用与产品质量监控岗。

6. 注意事项

采用滴灌水肥一体化，灌肥后再滴适量清水用以压肥；每次灌溉施肥前注意检查滴灌管堵头是否有脱落，确保不会漏水；注意选用水溶性冲施肥。

7. 技术指导单位

河北省农林科学院农业信息与经济研究所。

8. 示范案例 1

（1）地点 张家口崇礼万家乐蔬菜有限公司。

（2）规模和效果 示范面积 150 亩，设施彩椒长势良好，无明显病虫害，节水 20%以上，节肥 15%以上，提升品质，示范效果明显。

9. 示范案例 2

（1）地点 张家口崇河农业园区。

（2）规模和效果 示范面积 200 亩，节水 20%以上，节肥 15%以上，彩椒转色均匀度提高 10%，提升品质，示范效果明显。

十八、棚室彩椒双膜覆盖生产技术

1. 技术内容概述

冀北地区气候冷凉，彩椒产区无霜期短，导致彩椒采摘期短、上市迟、结束早，影响了市场占有率和农户收益。为解决这一现实问题，项目组在多年探索的基础上提出在不大量增加成本的前提下，在现有普通塑料大棚中加设一层厚 0.06～0.1mm 薄膜的双膜覆盖技术，增强保温效果，加上彩椒定植时的地膜覆盖技术，使大棚增温保暖薄膜达到三层。该技术在春天可提前 10～15d 定植，秋季延后 10～15d 收获，可以使大棚内最低温度提高 5℃左右，提高彩椒后期品质，达到增产、增收的目的。

2. 节本增效

采用该项技术种植彩椒，比普通大棚种植每亩可增产 500～700kg，亩增收 1 000～2 000 元。

3. 技术要点

（1）大棚双层膜覆盖的设施构建 建造大棚双层膜覆盖设施技术简单，仅是在原有单层大棚栽培设施基础上适当改造即可。主要抓好三个方面：

①结构设计。以原有棚架为标准，采取整体内缩 50cm 的方法建造新棚架，覆盖新棚膜。覆盖棚膜以 10m 为界，10m 以内跨度（即棚内一排顶柱）的大棚采用 2 块棚膜；10～12m 跨度（即棚内两排顶柱）的大棚采用 3 块棚膜。

②牢固建造棚架。内棚架建造要以外棚架为基础，在原有拱管内侧内缩 50cm 新加一层拱管。为了保持外棚膜的均匀一致和舒展，内棚架拱管一定要做均匀，保证美观和下滴

水顺畅流下。为减少投入，棚架拱管可隔一拱做一个，钢管选择4＃管，壁厚比外棚架钢管壁薄一些，但要和中间立柱焊接牢固，下埋深度不少于30cm，横拉杆可用直径5cm以上竹竿代替。

③扣好棚膜。为降低成本，棚膜选择厚度0.06mm薄膜即可，标准棚用量60kg；也可用完好的旧薄膜，但一定要清洗干净，以提高透光率，从而增强大棚双层覆盖增温、控湿、促早发的多重效果。无论新旧棚膜，一定要拉直绷展，减少内外空气交换点，达到保温目的。生产上，早春、晚秋早上要将内膜卷起，下午闭棚时放下封好，确保晚上保温效果。

（2）大棚双层膜覆盖配套技术　为了充分发挥大棚双层膜覆盖促早定植、晚收获延长收获期的增产效果，在配套技术上突出抓好以下4个环节：

①选用良种。要选用适合本地大棚栽培的植株长势强、耐低温、连续坐果能力好、高产、优质、中早熟品种做栽培品种。

②增施基肥。结合深耕，每亩施2 500kg左右的腐熟鸡粪或猪粪，加30～50kg三元复合肥，实行全层均匀深施，定植前提早一周以上搭棚盖膜增温，促进肥料分解，使土肥相融，养分源源不断地供应。

③积极防病。在注重轮作倒茬的前提下，采取综合防治措施，控制病害的发生与危害。生长过程中，注意落实各项预防措施。正常天气条件下，9：00～16：00及时通风调温降湿；在病害发生初期注重用药防治，根据天气和棚内湿度情况，选用烟熏剂或农药，熏、喷、灌结合控制病害，减轻损失。

④科学调温。在双层覆盖保温促长的情况下，通风调温显得尤为重要。一般通风调温以棚内植株生长点处的气温为依据，掌握在28～30℃，当温度偏高时，坚持先揭内膜后通外棚，先通下风，再通上风，在需要散湿降温时，可先关内棚通外棚，再封外棚通内棚，使空气交换对流，散湿降温。

4. 适用区域

张家口崇礼区、赤城县及同类型气候区。

5. 技术来源

张家口市农业技术推广站；河北省现代农业产业技术体系蔬菜产业创新团队张承坝上露地蔬菜试验站。

6. 注意事项

二层膜只能起到辅助保温效果，遇到极寒寡照天气应及时对棚室进行增温。

7. 技术指导单位

张家口市农业技术推广站。

8. 示范案例

（1）地点　崇礼区兄弟农牧园科技发展有限公司试验基地。

（2）对比效果　单、双膜覆盖大棚对比效果见下表。

单、双膜覆盖大棚成本及彩椒种植对比

比较内容	双膜	单膜
建大棚成本	13 370元/棚	11 106元/棚

（续）

比较内容	双膜	单膜
栽植时间	4 月 29 日	5 月 13 日
栽植密度	2 600～2 800 株/棚	2 200 株/棚
定植温度	最高 40℃，最低 0℃	最高 35℃，最低－7℃
最早转色时间	7 月 20 日	8 月 6 日
单株结果数	20 个左右	20 个左右，但有灼伤
单果重量	200～300g	200～300g
第一次采收时间	8 月 1 日	8 月 15 日
采收后期温度	最高 38℃，最低 2℃	最高 32℃，最低－5℃
最后采摘时间	10 月 23 日	10 月 4 日
最高产量	6 200kg	5 500kg
每棚经济效益	1.4 万元	1.0 万元

双膜覆盖大棚内部

十九、塑料大棚“四膜覆盖＋固体燃料智能点火增温炉”保温、增温技术

1. 技术内容概述

生产上，塑料大棚往往由于缺乏增温、保温措施，在初春及深秋、初冬生产季，突遇骤然降温而导致作物遭受低温冷害的现象频发，造成蔬菜减产、品质下降，尤其是特色作物（彩椒）因低温而无法由绿转彩，影响了彩椒的销售价格，造成农民经济效益严重受损。塑料大棚“四膜覆盖＋固体燃料智能点火增温炉”保温、增温技术是一种适用于海拔较低，低温冻害较轻区域的综合保温、增温技术。

2. 节本增效

以崇礼彩椒大棚为例，该技术可提高夜间棚温 3～4℃，延长采收期 15～20d；后期平均亩增收转色彩椒 460kg，绿椒 580kg，彩椒转色率 44.2%。

3. 技术要点

（1）技术构成　四膜：即大棚的双膜结构＋地膜覆盖，秋季冻害来临前，在夜间蔬菜顶部加盖一层膜，共四膜。

增温炉构成：炉体，点火器开关，点火器，控制箱。

增温炉燃料：大棚增温燃料块。

控制系统：应用三菱 PLC 系统作为中央控制器，控制点火炉内驱动装置的正转与反转完成打火动作。采用无线模块通讯口连接三菱 PLC 系统实现通信传输，然后通过拓普瑞科技有限公司的云平台进行编程设计，实行控制。一个控制系统最多可以控制 50 个棚，同时点火。

（2）控制系统操作说明　在手机微信公众号上就能控制点火开关。

4. 适用区域

适用于海拔较低，低温冻害较轻区域在初春、深秋、初冬季节育苗大棚、蔬菜生产大棚的综合保温、增温需求。

5. 技术来源

河北省现代农业产业技术体系蔬菜产业创新团队水肥高效利用与产品质量监控岗。

6. 注意事项

①100m^2 用一个炉子，每亩使用 5～6 个炉子。

②天气预报外界温度到－3～－2℃时，单膜冷棚使用，－7～－6℃双膜冷棚使用，根据棚室的保温情况适当调整，24：00 以后点燃。

③使用后第二天要通风。

7. 技术指导单位

河北省农林科学院农业信息与经济研究所。

8. 示范案例

（1）地点　崇礼万家乐蔬菜有限公司基地。

（2）规模　示范应用 30 个棚。

二十、麦套辣椒轻简化栽培技术

1. 技术内容概述

河北省粮食为主导产业，部分地区露地大田种植常年以冬小麦—夏玉米为主要模式，此种植模式亩年收益仅在 800～1 000 元。以经济作物天鹰椒与小麦套种，可提高效益，但辣椒生产过程中用工多、劳动环境差、劳动强度大，造成用工难，且用工成本高，成为制约小麦、辣椒套作模式发展的关键因素，本技术针对以上问题，研究形成了辣椒丸粒化直播麦套辣椒、辣椒育苗移栽麦套辣椒 2 种轻简化技术，利用关键节点机械化及农机农艺相结合措施，解决了以上问题，并提高了大田生产效益。

2. 节本增效

麦套辣椒轻简化技术在保证小麦基本不减产的基础上，以经济作物天鹰椒替代玉米，与传统大田小麦玉米模式相比较，亩效益增加 2 600 元以上，大大提高农民收益。

3. 技术要点

（1）茬口安排

小麦播种收获期：小麦每年的 10 月 20 日前播种，翌年 6 月初收获；育苗移栽技术，辣椒每年的5月初至5月中旬定植，9月底至10月初收获；辣椒丸粒化直播技术在4月10日左右播种，9月底至10月初收获。

（2）套种方式

①辣椒育苗移栽方式。为适应全程机械化操作，依据目前生产上应用的小麦播种机、收割机型号及辣椒定植机的大小，确定小麦、辣椒套作方式为小麦行30cm，播种3～4行小麦，小麦行距10～15cm或匀播；留辣椒行60cm，定植2行，行距22cm。

②辣椒丸粒化直播方式。依据小麦播种、收割及辣椒直播机型号，确定小麦幅宽20～30cm，预留辣椒播种行宽70～80cm，播2行辣椒。

（3）品种选择　小麦选用优质麦品种，以藁优2018、石新828、济麦22、石农086等品种为主。辣椒选用新一代、高辣三鹰、朝天王、腾飞58、满天红2号等簇生品种，或贵族818、天仙2号等散生品种。

（4）栽培管理　小麦按常规管理，辣椒管理技术如下：

①育苗。

育苗时间：3月上旬，以定植时间向前推55～60d。

育苗方式：可采用拱棚种绳播种育苗、设施集约化穴盘育苗。

育苗地选择背风向阳、地势高燥、排水良好、肥力适当、2～3年未种植茄果类蔬菜、无病虫源的沙壤土地块，亩施入腐熟有机肥2～3m^3，N：P_2O_5：K_2O含量为15：15：15的复合肥40kg深翻，整平，并铺设滴灌或微喷带。

播种前先将辣椒种子按2cm等距离编于种绳中，根据种子发芽率，每个种子节点编2～3粒种子，3月初，将编好的种绳按行距8～10cm，用种绳播种机播于建好的苗床上，并浇透水，用50%敌草胺按1g/m^2喷施地面，然后立即覆地膜，并搭建小拱棚，拱棚跨度1.5～2.0m，高40～50cm。

穴盘集约化育苗：需在大棚或日光温室内进行，用128孔穴盘装满育苗基质，压实，浇透水，以穴盘下方小孔有水渗出为准，播催芽后的种子，新一代、高辣三鹰每穴2～3粒种子，朝天王、贵族818等每穴1～2粒种子，播后盖0.8～1.0cm厚蛭石，用72.2%霜霉威或68%精甲霜灵·锰锌封闭苗盘，防苗期病害，然后盖膜保湿。

播后管理：播后到出齐苗白天温度控制在25～30℃，夜间20～22℃，苗齐后白天控制在23～28℃，夜间18～20℃。新一代、高辣三鹰等品种穴盘育苗保证每穴2株苗，朝天王等单生品种每穴1株，便于辣椒移栽机移栽，多余的辣椒苗去掉。

②定植或播种。

定植或播种前准备：定植前预留行内施肥，每亩预留行施入腐熟有机肥2～3m^3，N：P_2O_5：K_2O含量为15：15：15的复合肥40～50kg，硫酸锌500g、硫酸锰400g、硼砂500～1 000g，施肥后用小型旋耕机旋耕，使土壤保持疏松，便于移栽机移栽。

定植时期：5月20日前完成定植。

定植密度：利用辣椒移栽机，天鹰椒每预留行定植2行，行距22cm，新一代、高辣三鹰等品种株距28～30cm，1穴2株，亩定植10 000株左右；朝天王株距30cm左右，每穴单株，亩定植5 000株；贵族818每穴单株，亩定植2 500株，株距及亩密度根据品种特性选择。选壮苗、大苗、根系发达的苗，带土移栽，保护好根部，定植深度6～8cm，穴盘苗以基质表面与土壤表面平齐。条件允许的可在定植后亩施用必腾根冲施肥 1L 灌根，促进根系发育。小麦与天鹰椒共生期为 20～30d。

播种时期：4 月 5～10 日播种，播后 15d 左右出苗，根据河北气候条件，出苗后正好错过晚霜期，保证幼苗安全，并最大限度提早播种时间。

播种密度：利用辣椒丸粒化直播机，根据不同品种亩定植密度要求，调整辣椒播种机播种株距，播种前首先将种子丸粒化，以保证辣椒播种精确度，同时保证辣椒及时出苗，且出苗整齐。播种后及时浇水，出苗后检查出苗情况，及时间苗或补苗。

③水肥管理。全生育期追肥 3 次，麦收后重施提苗肥 1 次，提苗肥用复合肥，每亩 10～15kg；坐果初期追施高氮肥（N：P_2O_5：K_2O 为 25：5：20）15kg，坐果中期追施高氮高钾复合肥（N：K_2O 为 25：20）15～20kg，9 月中旬以后辣椒不再追肥。并在定植 7～10d 缓苗后、花期、坐果前期分别喷施必腾叶冲施肥 500 倍液或其他氨基酸及腐殖酸肥料。

④适时摘心。新一代、天鹰椒一般在 18～19 片真叶时现蕾，现蕾前后及时摘心，限制主茎生长，摘心后留 17～18 片真叶，以增加有效分枝数，提高单株结果率。保证植株能在 6 月下旬至 7 月初封垄。

⑤辣椒病虫害防治。天鹰椒 5 月定植，9 月底收获，整个生育期处于高温高湿季节，需及时防治各种病虫害，其主要病害有疫病、炭疽病、日灼病、病毒病，虫害主要有蓟马、茶黄螨、蚜虫、烟粉虱、菜青虫等。防治方法如下：

按照“预防为主，综合防治”的植保方针，坚持以农业防治、生物防治为主，以化学防治为辅。

农业防治：选用抗病品种，合理轮作，培育壮苗，加强田间管理，及时去除杂草、老病叶等。

生物防治：选用天敌、生物制剂进行病虫害防治。利用乙基多杀菌素 1 000 倍液喷施防治蓟马；利用 10 亿个多角体/g 棉铃虫核型多角体病毒可湿性粉剂每亩 80～150g 防治棉铃虫；利用斯氏钝绥螨（每亩 5～6 万只）＋剑毛帕厉螨（每亩 2～3 万只）防治蓟马等。

化学防治：详见下表。

主要病害防治方法

序号	病害种类	药剂及防治方法
1	猝倒病、立枯病	68%精甲霜灵·锰锌 600 倍液喷淋苗盘；72.2%霜霉威 800 倍液喷施
2	病毒病	防治蚜虫、烟粉虱，切断传染源；喷施 15%吗胍·乙酸铜＋硫酸锌 500 倍液，或 8%宁南霉素（胞嘧啶核苷肽型抗生素）1 000 倍液
3	日灼病	合理密植；合理水肥，尽早封垄；增施磷钾肥，促进果实发育
4	疫病	50%烯酰吗啉喷施，或 68%精甲霜灵·锰锌 600 倍液喷淋苗盘
5	炭疽病	75%百菌清 600 倍液或 10%苯醚甲环唑 1 000 倍液喷施防治

主要虫害防治方法

序号	虫害种类	药剂及防治方法
1	茶黄螨	20%丁氟螨酯 1 500～2 500 倍液，或 22.4%螺虫乙酯 1 000～1 500 倍液喷施防治
2	蓟马	乙基多杀菌素亩用 20～40mL 或 22.4%螺虫乙酯 1 000～1 500 倍液喷施防治
3	蚜虫、烟粉虱	22.4%螺虫乙酯 1 000～1 500 倍液或噻虫嗪水分散粒剂、吡虫啉水分散粒剂及高效氯氟氰菊酯交替喷施防治

整体方案：

a. 定植前用必腾根冲施肥 50mL＋精甲・咯菌腈 20mL 兑 15～25kg 水蘸根。

b. 7～10d 缓苗后根施嘧菌酯 10mL＋精甲・咯菌腈 10mL＋必腾根冲施肥 50mL＋30%噻虫嗪 10mL＋枯草芽孢杆菌 100g 兑 15kg 水灌根，亩用水不低于 75kg。

c. 1.8%阿维菌素水剂＋47%春雷・王铜可湿性粉剂 30g＋必腾叶冲施肥 25mL 兑水 15kg 喷施。

d. 唑醚・代森联 20g＋必腾叶冲施肥 25mL 兑 15kg 水喷施。

e. 25%苯醚甲环唑乳油 5mL 或苯甲嘧菌酯 10mL＋30%氯虫・噻虫嗪 10mL＋必腾叶冲施肥 25mL 兑 15kg 水喷施。

f. 若遇雨天，改用 68.75%氟菌・霜霉威 30g＋47%春雷・王铜可湿性粉剂 30g＋钙镁肥 25mL 兑 15kg 水喷施。

g. 唑醚・氟酰胺 8mL＋钙镁肥 25mL 兑 15kg 水喷施。以后根据田间实际情况灵活施药。

4. 适用区域

河北省适合机械化种植的区域。

5. 技术来源

河北省农林科学院经济作物研究所、石家庄市农业技术推广中心。

6. 注意事项

①6 月上旬，辣椒已定植在麦田中，收获时尽量避免小麦收割机损伤辣椒苗。

②辣椒丸粒化直播麦套辣椒栽培技术，辣椒应选择早熟性品种。

7. 技术指导单位

河北省农林科学院经济作物研究所；石家庄市农业技术推广中心。

8. 示范案例 1

（1）地点　藁城金硕果家庭农场。

（2）规模与效果　示范面积 50 亩。示范辣椒丸粒化直播麦套辣椒轻简化栽培技术。小麦品种为济麦 22，辣椒品种为新一代，此模式小麦亩产量在 450kg 左右，干辣椒亩产量平均在 285～350kg，亩效益平均 3 660 元。该模式通过关键节点机械化，包括小麦播种、灌水、收割，辣椒种子丸粒化、播种、移栽、摘心、除草、膜下滴灌、喷雾、病虫害绿色防控整体方案、收割等环节，实现了管理轻简化，解放了劳动力，减少了用工成本，解决了劳动环境恶劣的问题，提高了效益，较传统管理模式，仅使用辣椒移栽机 1 项就可亩节工 70%，使用机械喷药或飞防效率是人工喷药的 30 倍，大大减少了劳动力的投入，且亩收入较原来大田的小麦玉米模式增加 2 600 元以上。

9. 示范案例 2

（1）地点　石家庄市藁城区便民种植专业合作社。

（2）规模与效果　示范面积 200 亩。示范育苗移栽麦套辣椒轻简化栽培技术。小麦品种选用藁优 201，辣椒品种包括新一代、高辣三鹰、朝天王、贵族 818，此模式小麦产量 500kg 左右，辣椒产量平均 300～350kg，结合出口订单销售，平均亩效益 3 900 元以上，较传统模式增收 2 900 元以上。

二十一、小麦辣椒套作水肥高效管理技术

1. 技术内容概述

小麦辣椒套作模式，即在小麦播种时合理安排预留行，在小麦生长后期适时移栽定植辣椒。采用“全田局部分区灌溉，小麦单作期依墒灌溉，麦辣共生期一水两用，辣椒单作期根层节水灌溉”和“小麦前储后用，辣椒前降后供”灌溉、施肥策略进行小麦辣椒套作水肥高效管理。

2. 节本增效

小麦辣椒套作模式亩产量比小麦玉米田增产 13%，水效益是小麦玉米田的 4 倍。

3. 技术要点

（1）合理安排茬口　小麦播种日期为每年 10 月 10 日前，翌年 6 月初收获；辣椒每年 5 月初至 5 月中旬定植，9 月底至 10 月初收获。小麦辣椒共生期 20～30d。

（2）选用当地特色优势品种　小麦选用当地强筋小麦品种，辣椒选用新一代、高辣三鹰。

（3）育苗　育苗采用集约化育苗技术，包括穴盘育苗、创新种绳育苗及苗床育苗。

（4）小麦定植密度及辣椒定植行间距　小麦播种量为每亩 12.5～15kg；利用辣椒移栽机移栽，每预留行定植 2 行天鹰椒，小行距 40cm，大行距 50cm，株距 28～30cm，一穴双株，亩定植 10 000 株左右。

（5）水肥管理

小麦：种前施入基肥，氮、磷、钾总量分别为每亩 6～7kg、0.2～0.3kg、6～8kg，冬前每亩灌水 30m^3，灌水 1 次；拔节至扬花期灌水施肥 2 次，每亩灌水 20m^3，施入的氮、磷、钾总量分别为每亩 2～3kg、0.3～0.4kg、2～3kg；灌浆期灌水施肥 1 次，每亩灌水 20～30m^3，施入的氮、磷、钾总量分别为每亩 3～4kg、0.1～0.2kg、2～4kg。

辣椒：浇定植水 1 次，每亩 15m^3；苗期水肥一体化灌水施肥 1 次，灌水每亩 15m^3，冲施氮、磷、钾的总量分别为每亩 2～4kg、0.1～0.3kg、3～5kg；花果期灌水 1 次，每亩 20～30m^3，冲施氮、磷、钾的总量分别为每亩 6～9kg、0.5～0.7kg、8～10kg；成熟收获期灌水 2 次，每次每亩 15～20m^3，冲施的氮、磷、钾总量分别为每亩 3～4kg、0.1～0.4kg、3～5kg。

4. 适用区域

华北区小麦辣椒套作种植田。

5. 技术来源

河北省现代农业产业技术体系蔬菜产业创新团队水肥高效利用与产品质量监控岗。

6. 注意事项

小麦辣椒共生期约30d，其间一水两用，即小麦灌浆水的同时用于辣椒定植后的缓苗水，此时期的灌水要确保辣椒得到充分均匀的灌溉。

7. 技术指导单位

河北省农林科学院农业信息与经济研究所。

8. 示范案例

（1）地点 藁城。

（2）规模 示范面积200亩。

二十二、甜（辣）椒病虫害绿色防控技术

1. 技术内容概述

针对甜（辣）椒病毒病、疫病、炭疽病、蚜虫、烟粉虱、蓟马、茶黄螨等主要病虫害，以农业措施为基础，综合运用诱杀避虫和科学用药集成全程绿色防控技术，通过病虫害源头控制，提升防治效果的同时减轻对化学农药的依赖。

2. 节本增效

该技术解决了制约甜（辣）椒生产发展的突出问题，既能保障甜（辣）椒高产稳产，又能满足人们现代生活对绿色食品的需求，通过3年的试验示范，农药使用量比传统的化学防治减少40%以上，增产18%以上。

3. 技术要点

（1）栽培管理 合理密植，适当增施磷钾肥，以促进根系及茎秆的生长，提高植株的抗病免疫能力。

（2）生态防治 塑料大棚及时放风排湿，尤其要防止夜间棚内湿度迅速升高或结露时间太长。注意控制浇水量，浇水时间改在上午，以降低棚内湿度；尤其是在气温较低时，如春季寒流侵袭前，要及时覆膜，或在棚室四周盖草帘，防止植株受冻。

（3）土壤处理 移栽时撒药土。随定植沟每亩撒施10亿个/g枯草芽孢杆菌可湿性粉剂1 000g拌药土于沟畦中，刺激根系活性，促进缓苗；定植时用68%精甲霜灵·锰锌水分散粒剂500倍液喷施穴坑或垄沟，对土壤表面进行药剂封闭处理，防控辣椒茎基腐病和立枯病。

（4）种苗处理 定植前1～2d，用10g 70%噻虫嗪种子处理可分散剂和10mL 25%嘧菌酯悬浮剂加水15kg，淋洗苗盘或用药液浸盘，防控定植后蚜虫、蓟马、烟粉虱等病毒传播介体及根腐病等。

（5）化学防治 定植15d后，喷43%联苯肼酯悬浮剂2 000～3 000倍液+10%溴氰虫酰胺悬乳剂或22%螺虫·噻虫啉悬浮剂2 500～3 000倍液+15%百菌清可湿性粉剂500倍液和爱沃富1 500倍液一次，防治茶黄螨、蓟马、烟粉虱，预防真菌病害，保苗壮秧，促进花芽分化。

开花期，喷施25%嘧菌酯悬浮剂和腐殖酸，补充生物菌肥，预防褐斑病等真菌性病害。

结果期，用42.4%唑醚·氟酰胺悬浮剂或30%苯甲·嘧菌酯悬浮剂1 000～2 000倍液喷雾1～2次，防治炭疽病；喷施50%啶酰菌胺可湿性粉剂800倍液和绿得钙（螯合氨基酸钙）500倍液2～3次，防控灰霉病、菌核病；用32.5%吡唑萘菌胺·嘧菌酯1 500倍液和47%春雷·王铜可湿性粉剂800倍液，防控白粉病、细菌性叶斑病、疮痂病、青枯病。

4. 适用区域

该技术适合在河北省设施甜（辣）椒种植区域应用。

5. 技术来源

河北省农林科学院植物保护研究所、河北省现代农业产业技术体系蔬菜产业创新团队。

6. 注意事项

在病害发生前或者发病初期叶面喷雾，尽量使雾滴均匀分布到叶片正反两面。为延缓抗性的产生，每季同一成分药剂单剂或混剂不要使用超过2次。

7. 技术指导单位

河北省农林科学院植物保护研究所。

8. 示范案例

（1）地点　崇礼区红旗营乡老牙茬村。

（2）规模和效果　示范面积20亩。塑料大棚栽培的彩椒，5月中旬定植，更换散射棚膜、架设遮阳网，减少强光日灼，降低棚室温度，使彩椒植株生长健壮。穴盘蘸根后定植，缓苗后施药1次，直至开花结果后再喷雾防治2次。6月未发生病毒病危害，收获期炭疽病、疫病等发病率2%～3%，取得了理想防效；烟粉虱、蓟马防效在85%以上。

二十三、设施黄瓜轻简化栽培技术

1. 技术内容概述

黄瓜是我国设施蔬菜的主要作物，在河北省蔬菜产品结构中仅次于大白菜。近年来，设施黄瓜土壤盐渍化严重、病虫害猖獗、劳动用工成本逐年提高等问题，大大影响了生产者的收益，降低了种植效益，阻碍了河北省设施黄瓜产业的良性发展。轻简化栽培技术的综合应用可有效解决设施黄瓜土壤盐渍化严重、化肥农药使用超量及利用率低、病虫害防治效果差、劳动力成本高等问题，最终达到增产、节本、增效的目标，实现经济效益和社会效益最大化，推进河北省设施蔬菜产业的健康发展。

2. 节本增效

设施黄瓜轻简化技术应用于短季节栽培，可节约人工成本10%以上，化肥减施量达33.3%，短季节栽培化学农药减施4～5次，节药30%，平均亩增产11.94%。

3. 技术要点

（1）轻简化品种选择　目前黄瓜生产一般选用嫁接苗。黄瓜接穗品种可根据市场需求及种植茬口进行选择，选择原则为选用优质、抗病、抗逆、连续带瓜能力强、侧枝发达的适合省力化栽培的品种。春秋季可选择津早 199、绿岛 7 号等；秋冬季选择耐低温弱光、优质、抗病、连续坐果能力强的品种，如津早 199、科润 99、冬之光等。砧木一般选用抗逆、抗病性较好的黄籽南瓜，如火凤凰。

（2）棚室配套轻简化小型设备选择

①棚室覆膜机。棚室覆膜机采取了减速增力的齿轮结构，设计了可固定于棚室设施上的支架，转轴卷膜，锁死固定。随后工人可有序地进行卡簧、绑压膜绳等操作。冷棚与砖混结构温室均可应用。

传统人工覆膜条件下用工 8～10 人，按照每棚室标准面积 1 亩，每日可覆膜 2～3 个棚室；采用该设备后棚室覆膜工作 4～5 人每日可覆膜 6～8 个棚室，且 4 级风以下采用该设备仍可覆膜，有效降低了劳动强度。

②轻简化操作设备。自动卷帘机、自动卷膜机、水帘设备、鼓风机等轻简化设备都可大大减少人工操作，促使棚室设备操控更加自动化。

（3）棚室环境调控技术

①双转光膜调控棚室环境技术。栽培设施可选用日光温室、塑料大棚等设施。在进行栽培之前，这些设施的棚膜要根据棚室大小覆盖双转光膜，以此来调节棚室的温度和光照，通过环境调控促进植株叶片的光合作用。覆盖普通膜的棚室内黄绿光照度、红橙光照度分别为 75.7W/m^2、68.8W/m^2，覆盖双转光膜的棚室内黄绿光照度、红橙光照度分别为 76.9W/m^2、70.9W/m^2，分别增加 1.59%、3.05%。覆盖双转光膜的株高提高 9.9%，茎粗提高 5.0%，叶绿素含量提高 4.5%。

②智能化环境调控技术。应用温室物联网自动控制系统，智能监测温室中的气温、土温、湿度、光照、CO_2 实时信息，根据信息反馈，及时制订出适合的管理方案。

（4）穴盘育苗技术

①基质及穴盘准备。基质可选用资源节约型育苗基质或商品基质。

顶插接技术嫁接育苗砧木选用 50 孔或 72 孔穴盘，接穗播于平盘中。播前可用高锰酸钾 1 000 倍消毒液浸泡 1h 对苗盘进行杀菌处理。

②播种。

a. 播期：冬春季节育苗主要为日光温室冬春茬和塑料大棚早春茬栽培，播种期为 12 月至翌年 2 月上旬。日光温室或塑料大棚秋冬生产，育苗期在夏秋季节，夏季育苗苗期短，从 6 月中下旬至 7、8 月均可播种育苗，可根据栽培目的确定播种期。

b. 种子处理：黄瓜种子用 55℃的温水浸种 20min，并不断搅拌，用清水继续浸种 2～4h，冲净黏液，沥干后再催芽，夏季育苗建议用 10%磷酸钠处理 15～20min 后用清水清洗干净再催芽。南瓜种子在 70～80℃的热水中来回倾倒，使水温降至 30℃时，搓洗掉种皮上的黏液，30℃温水浸泡 10～12h，捞出沥净水分，在 25～30℃下催芽。

c. 播种：顶插接育苗先将南瓜砧木种子播于 50 孔穴盘中，等砧木子叶展平真叶露心时再将黄瓜接穗种子密播于平盘内，每盘 15g（约 500 粒种子）。

d. 顶插接技术：当砧木长到 6～7cm 高，第一片真叶展开，第二片真叶露心，接穗子叶展开，真叶刚刚显露时为嫁接适期。嫁接时先去除砧木第一片真叶，然后用钢签剔掉砧木的生长点，再用钢签的另一端从一侧子叶基部向另一侧子叶下方胚轴内穿刺，到另一侧表皮隐约可见钢签为止，扎孔深 0.7cm 左右。黄瓜接穗苗在子叶下 1cm 处向下斜切断，待接穗削好后再取出钢签，并迅速将接穗插入砧木扎孔中，使接穗胚轴楔面与砧木扎孔切面相吻合，使嫁接后接穗子叶方向与砧木子叶方向呈“十”字形。嫁接完成，迅速将嫁接苗放入已搭好的小拱棚内。

嫁接后管理：嫁接后 1～3d，拱棚内温度白天保持 25～28℃，夜间保持 17～20℃，湿度保持 95%以上，以拱棚棚膜布满雾滴为宜；并且全程用遮阳网遮阳，避免阳光直射；3d 以后，温度白天控制在 23～26℃，夜间 15～18℃，逐渐开风口放风降湿，湿度逐步降至 75%～80%时，早、晚去掉遮阳网，中午盖上，通风口大小及放风时间以拱棚内嫁接苗不萎蔫为标准，发现嫁接苗萎蔫及时关闭棚膜。

水肥管理：嫁接苗成活后（嫁接 1 周左右），接穗开始生长时，用 0.1%尿素和 0.1%磷酸二氢钾混合液进行 1～2 次叶面追肥，嫁接后 12～15d，嫁接苗 1～2 叶 1 心时开始定植。

成苗标准：实生苗成苗标准。冬春育苗，日历苗龄 45～60d，夏季 30d 左右。株高 10～12cm，茎粗大于 3.00mm，生理苗龄为 2 叶或 3 叶 1 心期，长势均匀一致，叶片深绿平展，节间短且紧凑，无病虫害，根系发达且将基质紧紧缠绕，形成根坨。嫁接苗成苗标准，9 月秋季育苗，日历苗龄 30d 左右，生理苗龄接穗为 1 叶 1 心，长势均匀一致，叶片深绿平展，节间短且紧凑，无病虫害，根系发达且将基质紧紧缠绕，形成根坨。

（5）生产管理

①定植。土壤温度稳定在 12℃以上，夜间气温稳定在 8℃以上就可定植。选择大小整齐一致、2～3 叶 1 心、无病虫害、健壮的黄瓜苗，定植于两条微喷带外侧，亩栽植密度 2 500～3 000株。

②轻简化植株调整技术。

吊蔓夹植株调整技术：黄瓜以主蔓结瓜为主，一般保留主蔓坐果，及早摘除侧蔓与卷须，节省养分。及时去除老病叶片，植株保持 20 片叶，可利用吊蔓夹吊蔓。一般在顶端生长点下或第二片完全展开叶下边，用吊蔓夹将吊绳与黄瓜固定，完成吊蔓，并及时落蔓。利用吊蔓夹较传统的落蔓节工 1/2～2/3，并减轻由于落蔓造成的生理损伤引起的黄瓜减收。

摘心免落秧技术：即主蔓 5～6 片叶出现卷须时，主蔓 4 节及其以下的雌花和侧枝全部去掉，植株主蔓生长点超过拉线 2 节时进行摘心，促进侧枝发生；侧枝留第一片叶和雌花后去掉生长点（摘心），使主蔓、侧蔓同时坐果。一般可同时带瓜 4～6 根，使黄瓜收获期集中，前期产量高，用工量减少，做到节本增效。

③水肥一体技术。

水肥一体化设备：单元式水肥一体机可实现水肥管理的定时定量自动化操控，适合我国小面积设施生产使用。可进行果菜基质栽培，通过自动控制水肥一体装置，打破土壤栽培大水大肥的水肥施用方式，改为少量多次、水水带肥的精量控制灌溉方案。

PPR 热熔管件供水吸肥器：①吸肥时间短，吸肥效率高。该施肥器相比目前市面上的普通施肥器，吸肥时间缩短，施肥效果均匀，效率提高 90%。②冲洗滴灌管时间相对延长，有效避免肥料结晶堵塞滴灌管，延长支管使用寿命。使用年限长可达8～10年，更换频率低，环保效果突出。

水肥一体化方案：依据不同茬口及目标产量，制定黄瓜施肥方案：短季节栽培全生育期氮素用量40～60kg，P_2O_5用量10kg，K_2O用量40～60kg，有机肥4～5m^3；长季节栽培氮素用量80～100kg，P_2O_5用量10～20kg，K_2O用量80～100kg，有机肥6～8m^3。底肥在定植前施入，均匀撒至土壤中；追肥根据施肥方案利用水肥一体化设备随水施入即可，具体见下表。具体肥料用量依据不同肥料氮磷钾含量及用量进行换算。

设施黄瓜不同茬口施肥时期与分配表

茬口	基肥（定植前）	初果期	盛果期
秋冬茬春茬	底施优质发酵有机肥每亩4～5m^3；氮肥20%、磷肥100%和钾肥35%	追肥1次，氮肥10%、钾肥15%	追肥6～8次，氮肥70%、钾肥50%
越冬长茬	底施优质发酵有机肥每亩6～8m^3；氮肥10%、磷肥100%和钾肥20%	追肥1次，氮肥10%、钾肥15%	追肥10～12次，氮肥80%、钾肥65%

水分管理提倡滴灌，尤其是膜下滴灌，可降低空气湿度，提高地温，降低病害发生。春季随温度升高，为降低棚内温度可进行沟灌。设施黄瓜不同茬口不同生育期浇水量见下表。

设施黄瓜不同茬口不同生育期浇水量

茬口	定植		缓苗—结果初期		结果前期		盛果期		结果末期	
	每次浇水量（m^3）	次数	每次浇水量（m^3）	次数	每次浇水量（m^3）	次数	每次浇水量（m^3）	次数	每次浇水量（m^3）	次数
冬春茬	20	1	12.5	2	12.5～15	5～6	15	10～12	15	5
秋冬茬	20	1	12.5	2	12.5～15	4～5	15	8～10	15	3
越冬茬	20	1	12.5	2	12.5～15	7	15	12～13	15	5

④绿色病虫害防治技术。黄瓜主要虫害包括烟粉虱、蚜虫、斑潜蝇、蓟马、茶黄螨等；病害主要有霜霉病、灰霉病、菌核病、炭疽病、细菌性泡斑病、细菌性角斑病及线虫病等。

以“预防为主，综合防治”为防治原则，以农业防治、物理防治、生物防治等生态防治为主，化学防治为辅。

农业防治：选用抗病优质轻简化品种，培育壮苗，如津早199抗白粉病、霜霉病、枯萎病等主要病害；满田月脂、满田700特色黄瓜抗线虫病等。嫁接育苗，利用黄籽南瓜为砧木嫁接，可有效防治土传病害枯萎病；提高地温及抗逆性；提高黄瓜品质，黄瓜无白霜、果色亮、商品性提高。高温闷棚，利用7、8月自然高温天气进行高温闷棚土壤消毒处理。清除上茬作物后，将腐熟有机肥每亩4～5m^3、作物秸秆每亩1 000～3 000kg、尿素每亩15kg、有机物料速腐剂每亩8kg撒在土壤表面，深翻土层25～40cm，整平作畦；浇水使土壤相对湿度达85%～100%；地膜覆盖，封闭棚膜25～30d。灌溉采用滴灌、微喷、膜下灌溉，连阴天控制浇水，有效降低空气湿度。晴天温度33℃左右时放风，降至

20℃时闭棚。阴天，建议温度达到15℃时放风降湿，尽量控制湿度<85%。

物理防治：多功能植保机，可以实时监测环境的温度、湿度、光照，同时可以定时控制设备的风机、臭氧、诱虫灯，实现自动消毒、灭菌、杀虫的功效。使用植保机增温降湿，棚室内湿度降低33.11%，发病率降低44.47%。

生物防治：剑毛帕厉螨+斯氏钝绥螨联合释放防治蓟马，定植前土壤表面撒施剑毛帕厉螨每亩2万~3万只，定植缓苗后叶片撒施斯氏钝绥螨每亩5万~6万只，每30d撒施1次，蓟马虫口密度减退率达86.67%，短季节栽培化学农药减施3~4次，节药30%；绿僵菌每亩80mL+胡瓜钝绥螨每亩5万只，防治蚜虫、粉虱、红蜘蛛，害虫虫口密度减退率达46.62%。

化学防治：利用高效低毒低残留化学农药进行病虫害防治，具体防治方法见下表。

黄瓜主要病害及化学防治方法

病害	防治方法
猝倒病	68%精甲霜灵·锰锌500~600倍液，72.2%霜霉威盐酸盐800倍液喷淋
霜霉病	68.75%氟吡菌胺悬浮剂800倍液，68.8%精甲霜灵·锰锌500~600倍液，72%霜脲·锰锌600倍液，50%烯酰吗啉每亩30~40g
灰霉病	2~3kg蘸花液中加入10mL 2.5%咯菌腈；50%啶酰菌胺500~700倍液（每亩33~46g），50%多·福·乙霉威800倍液喷施
靶斑病	32.5%苯醚甲环唑+嘧菌酯1 500倍液，10%苯醚甲环唑800倍液喷施
黑星病	25%吡唑醚菌酯悬浮剂，70%戴森锌干悬浮剂600倍液喷雾
细菌性角斑病	47%春雷·王铜可湿性粉剂800倍液，30%噻唑锌可湿性粉剂每亩83~100mL喷雾防治，每季3次
炭疽病	25%嘧菌酯1 500倍液，10%苯醚甲环唑1 000倍液，22.5%啶氧菌酯每亩35~45mL，25%吡唑醚菌酯悬浮剂1 500倍液等
白粉病	42.8%氟吡菌酰胺+肟菌酯1 500倍液，10%苯醚甲环唑2 500倍液、32.5%苯醚甲环唑+嘧菌酯1 500倍液喷施
病毒病	20%盐酸吗啉胍悬浮剂200~300mL兑水45~60kg均匀喷雾，或1%香菇多糖水剂80~120mL兑水30~60kg均匀喷雾，重点喷洒幼嫩组织，10d喷1次，连续防治2次
茶黄螨、红蜘蛛	20%丁氟螨酯1 500~2 500倍液，22.4%螺虫乙酯1 000~1 500倍液喷施
蓟马	22.4%螺虫乙酯1 000~1 500倍，乙基多杀菌素2 000倍液喷雾
烟粉虱、蚜虫	10%吡虫啉可湿性粉剂1 500倍液，30%噻虫嗪每亩10mL兑水15kg，定植前蘸盘，定植缓苗后灌根防治蚜虫、烟粉虱

（6）基质栽培提质增效技术　基质栽培能避免连作障碍，从根本上解决土传病害问题，且可实现蔬菜对水分、养分的高效利用及精量调控，达到节水、节肥、省药且确保食品安全洁净的目的，实现高产、优质、轻简化生产。

4. 适用区域

河北省冀中南适合设施栽培的地区。

5. 技术来源

河北省农林科学院经济作物研究所。

6. 注意事项

①摘心免落秧技术：植株主蔓生长点超过拉线 2 节时及时进行摘心，有利于侧枝的增加与生长。

②在释放捕食螨后 30d 内禁止喷施化学农药，之后可在必要时轻微喷洒对捕食螨杀伤力小的药剂。

7. 技术指导单位

河北省农林科学院经济作物研究所。

8. 示范案例

（1）地点 河北省农林科学院大河园区。

（2）规模效果 示范技术为设施黄瓜轻简化栽培技术。黄瓜品种为津早 199，其品种特性：一是强雌、瓜柄易脱落，可节省采摘的用工成本；二是长势壮、连续结瓜能力强，每亩产量可达7 500kg 以上；三是抗病性强，高抗白粉病、霜霉病和枯萎病等多种病害，可减少用药和人工成本；四是商品性极佳（刺密、瓜柄短、瓜色油亮、瓜条顺直、无黄线，肉质翠绿、口感清香脆甜）。结合精准水肥管理、病虫害绿色防控等技术，黄瓜亩收益在 20 000 元以上。

二十四、设施黄瓜滴灌节水省肥优质高效绿色种植技术

1. 技术概述

本技术明确了设施黄瓜采用根—水—肥“同位同步”膜下滴灌水肥一体化技术不同生育期适宜的灌水施肥时间、灌水施肥量、灌水上下限及技术适用区域。

2. 节本增效

以亩产 10 000kg、每千克 3 元计算，每亩目标产量收益为 30 000 元，亩均成本投入 2 000 元，亩均纯收益 28 000 元。设施黄瓜根—水—肥“同位同步”膜下滴灌水肥一体化技术水分利用效率提高，水生产效率提高 39.20%，产量提高 37.47%，肥料生产效率提高 164%，比常规畦灌减少灌溉用水量 25.46%，省肥 50%。

3. 技术要点

（1）种植模式 选用高产、优质、抗性好、商品性好的品种，育苗采取穴盘基质育苗。种植宽行为 60～80cm，窄行 40cm，株距为 30～33cm，亩栽植密度为 3 000～3 200 株，选取根系发达，长势壮的植株定植。

（2）田间作业 起垄—铺管—试水—覆膜—打孔—定植。

（3）灌溉方式 将预定长度的微灌管铺设在起好的高畦上，预留出苗子定植的中间位置。微灌管平行铺设于中间稍偏侧位置。滴灌管全部铺设完成后，打开主管的控制阀，检查滴灌管运行及出水情况。若滴灌管滴水均匀，滴灌系统运行正常，进行畦上覆膜。覆膜时应注意将滴灌管的尾部覆在膜内，防止水流出，降低棚内的湿度，减少蒸发损失。

（4）“同位同步”灌溉模式 采用膜下微灌，依据黄瓜不同生育期灌溉湿润层

（30cm）确定灌水量，每次每亩在6.95～12.88m³，灌溉量用水表控制。“同步”灌溉依据不同生育期日耗水量和灌溉上、下限指标确定灌水频率，即灌溉下限苗期70%、初瓜期80%、盛瓜期85%、末期85%；灌溉上限苗期95%、初瓜期95%、盛瓜期100%、末期100%。

（5）“同位同步”施肥模式　施肥采用蔬菜专用（冲施型）水溶肥（其中氮素含量为16%，N、P、K比例为1：0.25：1.2）。依据黄瓜各生育阶段N、P、K吸收总量及比例确定施肥方案。春茬黄瓜初瓜期共追肥3～4次，每次追肥量为每亩15～20kg；盛瓜期共追肥6～9次，每次追肥量为每亩10～12kg；末瓜期共追肥灌水3～6次，每次追肥量为每亩8～10kg。灌溉施肥安排详见下表。

灌溉、施肥安排

灌溉周期（d）	灌溉次数	每次每亩灌溉量（m³）			
		苗期	初瓜期	盛瓜期	末瓜期
5～7	12～15	10～11	12～13	12～14	11～12
施肥周期（d）	施肥次数	每次每亩施肥量（kg）			
		苗期	初瓜期	盛瓜期	末瓜期
5～7	12～15	0	15～20	10～12	8～10

4. 适用区域

华北地区。

5. 技术指导单位

河北省农林科学院农业信息与经济研究所。

二十五、设施旱黄瓜轻简生产技术

1. 技术内容概述

该技术针对设施黄瓜传统栽培方式连续落秧用工成本高和从业人员老龄化的产业关键共性问题，基于黄瓜岗选育优质多抗侧蔓结果绿岛7号品种及配套技术，岗、站、企联合制定的秦皇岛市地方标准《设施旱黄瓜轻简生产技术规程》（DB 1303/T 285），规范了设施旱黄瓜绿色轻简生产的育苗、整地作畦、定植、定植后的田间管理、病虫害防治、采收等环节标准化技术，可指导设施黄瓜绿色轻简化生产，助力特优区建设。

2. 节本增效

减少了生产用工，提高了劳动效率，促进了黄瓜生产技术标准化，推动了当地黄瓜产业绿色生产。

3. 技术要点

（1）环境条件　环境条件应符合《温室蔬菜产地环境质量评价标准》（HJ/T 333）的要求。

（2）肥料、农药使用　肥料使用应符合《肥料合理使用准则通则》（NY/T 496）的要求，农药使用应符合《农药合理使用准则（十）》（GB/T 8321.10）的要求。

（3）设施类型选择 日光温室、塑料大棚应满足黄瓜不同茬口安全生产所要求的条件。夏季采用塑料大棚生产，春秋季可采用塑料大棚或日光温室生产。

（4）定植前设施清理与消毒 拉秧后及时清理植株、地膜等残体，然后进行设施消毒。日光温室利用夏季休闲期进行高温闷棚，高温闷棚方式参照《高温闷棚土壤消毒技术规程》（DB13/T 1418）进行；其他茬次定植前，每亩用15％异丙威300～500g、45％百菌清200～250g烟剂进行熏棚，熏棚12～24h，之后打开风口，气味散尽后即可定植。

（5）品种选择 选择优质、多抗、多分枝且侧枝第一节为雌花结果的雌雄同株旱黄瓜品种。

（6）育苗 选择无病虫的设施环境育苗，选用50孔穴盘和无病源、虫源基质，进行集约化嫁接育苗。成苗标准：株高10～15cm，1叶1心，根系健壮发达，长满根坨，茎粗壮，无病虫。

（7）整地作畦

①整地。定植前15～20d，每亩将充分腐熟有机肥1 500～2 000kg或商品有机肥500～1 000kg、氮磷钾复合肥20～50kg、过磷酸钙25～50kg和生物有机肥200～240kg或微生物菌肥2～3kg，作为基肥，撒施土壤表层后，深翻30cm。

②作畦。春季、秋季采用单高垄地膜覆盖栽培，行距1.2～1.3m；夏季采用低畦栽培；铺设滴灌带。

（8）定植

①定植时间。日光温室定植时间春茬2月上旬、秋茬8月上旬；塑料大棚定植时间春提前3月下旬，越夏茬6月上旬，秋延后7月中旬。

②定植密度。单行定植，株距25～30cm，定植密度每亩1 800～2 000株。

③定植方法。定植前用总有效成分62.5g/L的精甲·咯菌腈1 500倍液蘸根；按株距定位，基质坨上覆土1～1.5cm厚，浇定植水，滴灌灌溉量每亩12～14m^3。

（9）定植后的田间管理

①定植后至初花期管理。

温度管理：定植后5～7d为缓苗期，采取高温管理，晴天上午温室内气温30～32℃，不超过35℃，下午20～25℃，夜间前半夜18～20℃，后半夜12～14℃。

缓苗后至第一个果坐住，气温白天控制在25～28℃，夜间控制在10～12℃。

水肥管理：定植后5～7d浇缓苗水，滴灌灌溉量每亩12～14m^3，追促进生根的微生物菌剂每亩5L左右；第一个果坐住时浇催瓜水，滴灌灌溉量每亩8～10m^3，追施氮磷钾平衡水溶肥每亩5～10kg，辅以生根剂。

植株调整：植株达到5～6片叶时采用吊蔓夹进行吊蔓，及时去掉主蔓卷须、4节及其以下的雌花和侧枝。

②结果期管理。

温度管理：结果期高温管理，晴天上午最适温度30～32℃，不低于28℃，不高于35℃；下午最适温度20～22℃；前半夜最适温度15～18℃，后半夜最适温度11～13℃，最低不低于10℃。

光照管理：夏季生产棚室内温度达到35℃时，采用遮光率45％左右的银灰色遮阳网覆盖棚膜上部1/2，晴天中午遮阳2～3h。

水肥管理：结果期水分管理保持土壤见干见湿状态，根据植株生长状态和天气情况进行浇水，每次滴灌灌溉量每亩8～12m³。每次浇水同时追施氮磷钾平衡水溶肥或高钾水溶肥每亩5～10kg，辅以氨基酸肥、微量元素肥、微生物菌肥。每次追肥量要少，水水追肥、少量多次、持续供应。

植株调整：采用摘心免落秧技术，对主蔓5节及以上的各级侧枝进行整枝，即侧枝留第一片叶和雌花后去掉生长点，植株主蔓生长点超过拉线2节时去掉生长点。生长过程中，晴天上午及时清理主蔓卷须、老叶、黄叶、病叶、虫叶以及发育不良雌花或畸形幼果。

蜜蜂授粉：非单性结实旱黄瓜品种，需采用蜜蜂授粉，每亩1箱，放置在设施中部，对箱顶进行遮阳防水。

（10）病虫害防治

①农业防治。种子消毒，清洁设施，合理轮作，畦面覆盖地膜、垄间覆盖地布，严格水肥管理，科学调控设施内温度、湿度和光照，结果期高温管理，及时清理老叶、黄叶、病叶、虫叶、病果。可与茄果类等蔬菜作物进行轮作。

②物理防治。在设施出入口和通风口处设置防虫网，应符合《温室防虫网设计安装规范》（GB/T 19791）的要求。悬挂20cm×30cm的黄板、蓝板于植株生长点上部10～20cm处，诱杀蚜虫和蓟马，用量均为每亩40～50块。

③化学防治。农药使用应符合《农药合理使用准则（十）》（GB/T 8321.10）的要求。

（11）采收　雌花开花后8～10d，达到商品瓜大小，应适时采收。

4. 适用区域

冀东北旱黄瓜产区。

5. 技术来源

河北科技师范学院。

6. 注意事项

①苗期不用激素处理。

②生长期的水肥管理要及时、充足。

③主蔓4节及以下侧枝及时去掉。

7. 技术指导单位

河北科技师范学院。

8. 示范案例1

（1）地点　廊坊市香河县安平镇等。

（2）规模和效果　黄瓜品种绿岛7号，设施旱黄瓜轻简生产技术示范面积533亩，平均售价比同类型品种高0.2元/kg，比密刺黄瓜高0.6元/kg。

9. 示范案例2

（1）地点　馆陶县寿山寺乡翟庄村黄瓜产业科技扶贫园。

（2）规模和效果　黄瓜品种绿岛7号，设施旱黄瓜轻简生产技术示范面积50亩，春秋两茬分别比密刺类黄瓜亩增效29.6%和33.3%。

二十六、日光温室越冬茬黄瓜穴盘嫁接育苗技术

1. 技术内容概述

该技术针对冀北黄瓜优势产区，黄瓜岗与张承坝下设施蔬菜综合试验推广站，根据平泉市益农科技育苗有限公司企业需求，岗、站、企联合制定了《日光温室越冬茬黄瓜穴盘嫁接育苗技术规程》(Q/YN 0001)，规范了平泉黄瓜日光温室越冬茬穴盘嫁接育苗设施设备、育苗时期、嫁接方式、嫁接前砧木和接穗管理、嫁接后管理、成苗标准、包装运输等各环节。指导平泉黄瓜日光温室越冬茬穴盘嫁接育苗标准化，助力平泉黄瓜特优区建设。

2. 节本增效

规范了育苗的各个环节，指导企业进行了标准化的育苗，提高了秧苗的质量和成苗率，为企业节约了生产成本。

3. 技术要点

(1) 设施设备　选用日光温室，配备防虫网、保温棉被、遮阳网、加湿设备，育苗可在日光温室地面铺设地布等；选用热镀锌防腐、防锈材料的可移动苗床；自动化播种设备。

(2) 设施设备的消毒　清理育苗设施内外杂草及透明覆盖物的污物；多菌灵 300～500 倍液喷洒室内地面及苗床，百菌清、异丙威烟剂点燃，产生烟雾，封闭温室 8～10h，烟雾散尽后方可使用。基质用多菌灵或百菌清 500 倍液进行杀菌处理。

(3) 育苗时期　日光温室越冬茬黄瓜育苗时期为 9 月初至 11 月初。

(4) 品种选择　砧木可选用青岛金妈妈等公司的黄籽南瓜，籽粒大小均匀，饱满度好，发芽率要求在 95%以上，发芽势强。接穗选用适合日光温室越冬茬的黄瓜品种，与砧木亲和力高、抗病、优质、高产、连续结果能力强、抗逆性强、适合市场需求。砧木、接穗种子质量应符合《瓜菜作物种子 第 1 部分：瓜类》(GB 16715.1) 要求。

(5) 播种

砧木采用自动播种设备进行播种，播后浇透水。砧木播种后 7～8d 进行接穗播种，采用平盘播种，每盘播种 800～1 000 粒，覆盖经咯菌腈 800～1 000 倍液消毒的大粒珍珠岩，厚度为 1.5～2.0cm，覆盖薄膜保湿，播后 2～3d 去掉覆膜。

(6) 苗期管理

砧木管理：温度为白天 28～32℃，夜间 15～20℃。光照要充足。播种后第二天开始每天上午浇透水，一般不施肥，可酌情在嫁接前 2～3d 叶面喷施 1 次 0.3%的平衡水溶肥。

接穗管理：温度为白天 28～32℃，夜间 15～20℃。出苗后可适当降低夜温，浇足底水后，嫁接前不浇水。

(7) 嫁接

嫁接时期：砧木播后 13～15d，子叶完整，第一片真叶展开；接穗播种后 7～8d，子叶展平，无破损，颜色正常。

嫁接前准备：嫁接前2d拼盘，保证穴盘内苗大小基本一致，嫁接前1d摘除砧木第一片真叶。对砧木和接穗补一次透水，喷中生菌素800～1 000倍液和霜霉威盐酸盐1 000倍液防止伤口感染。

嫁接方法：采用顶插接法。

（8）嫁接后管理

温度：嫁接后3d内，覆盖透明薄膜，膜下温度保持在27～28℃，5d后去掉薄膜。

光照：嫁接后6d内在温室前屋面覆盖遮阳网，可在早晚撤掉，嫁接后7～8d撤掉遮阳网。

湿度：嫁接后3d，保持膜内相对湿度90%以上，撤膜后湿度在50%～65%。

养分管理：可在成苗前适当叶面喷施1次0.3%的平衡水溶肥。

去砧木生长点：嫁接后7～8d及时去掉砧木的第二片真叶及生长点。

炼苗：出苗前3～5d，适当降低夜温，控制浇水量、延长光照时间、拉开穴盘等措施炼苗。

（9）成苗标准　嫁接后14～15d，砧木子叶完整，接穗第一片真叶展开，根系嫩白、密集，根毛浓密，形成完整根坨。

（10）包装运输　出苗前再进行一次拼盘，剔除小苗、弱苗、嫁接未成活苗；用专用纸箱包装，一箱一盘，平放。装车后可用塑料膜或棉被覆盖，注意保水保温。

（11）生产档案　建立嫁接育苗生产过程管理档案，妥善保存。

4. 适用区域

冀北日光温室越冬茬。

5. 技术来源

河北科技师范学院。

6. 注意事项

①嫁接前设施设备消毒处理完善。

②嫁接后严格湿度、光照管理。

7. 技术指导单位

河北科技师范学院。

8. 示范案例

（1）地点　平泉市益农科技育苗有限公司。

（2）规模和效果　年育苗能力达1.4亿株，年可供2.5万个蔬菜温室大棚用苗，以平泉市为主，辐射周边地区，提高了黄瓜秧苗质量，为设施黄瓜提质增效奠定基础。

二十七、温室黄瓜越冬栽培绿色生产技术

1. 技术内容概述

针对越冬茬黄瓜生育周期长、生产难度大等产业发展瓶颈问题，基于前期筛选出的适合越冬茬生产的18Y24、博美170等密刺黄瓜品种，集成温室黄瓜越冬栽培绿色生产技术，规范了日光温室越冬茬黄瓜栽培产地环境、栽培模式、设施类型、高温闷棚、品种选

择、集约化育苗技术、整地作畦与定植、定植后的田间管理、病虫害防治、采收、产品标准、产品检测、包装、贮藏与运输等各环节，助力特优区建设。

2. 节本增效

基于全产业链集成了技术规范，提高了馆陶黄瓜产业的标准化，促进了产业提质升级和绿色可持续发展。

3. 技术要点

（1）产地环境 馆陶县是典型的暖温带半湿润大陆性季风气候，冬季寒冷干燥，最冷月份（1月）平均气温－2.5℃，极端最低气温－20℃，全年无霜期200d，年日照2 557h。

（2）栽培模式 日光温室越冬茬栽培，一般9月中下旬播种，采用嫁接育苗，10月中下旬定植，12月上旬开始采瓜，翌年6月底拉秧。

（3）设施类型 馆陶黄瓜一般采用下挖式日光温室。温室基本参数：长度80～200m（根据地势确定），跨度12m，脊高5.7m（室内），后墙地宽5.5～6m，顶宽2.5～3m，高度3.2～3.5m（室外），下挖深度0.8～1.0m，土后墙、钢骨架。

（4）高温闷棚 一般在7～8月进行。主要方法参照《高温闷棚土壤消毒技术规程》（DB13/T 1418）。

（5）品种选择 选择耐低温弱光、优质抗病丰产的越冬专用密刺类型品种，如天津科润黄瓜研究所的18Y25、18Y10，中国农业科学院蔬菜花卉研究所黄瓜组选育的口感型品种中农56等。一般品种标准：瓜长30～40cm，瓜粗3.0～3.5cm，瓜色墨绿色或翠绿色，有光泽，密刺，中小瘤。

（6）集约化育苗技术 采用嫁接育苗，应符合《黄瓜育苗嫁接技术规程》（DB13/T 2844）的要求。成苗标准：砧木与接穗子叶完整，1叶1心，叶片肥厚，无病虫，茎粗壮，株高10～15cm，根坨形成，根系粗壮发达。

（7）整地作畦与定植

①秸秆生物反应堆技术。日光温室越冬茬黄瓜生产建议采用秸秆生物反应堆技术，应符合《秸秆物反应堆技术 第5部分：设施黄瓜生产技术规程》（DB37/T 2498.5）的要求。

②整地作畦。定植前15～20d，每亩施用充分腐熟的有机肥5 000～7 500kg，硫酸钾型氮磷钾复合肥60～70kg、微肥20kg和过磷酸钙40～50kg。基肥撒施后，深翻30cm。采用双高垄地膜覆盖栽培，畦高10～15cm，畦面宽80cm，小行距40cm，铺设滴灌带。

③定植。10月中下旬定植。一般每亩3 500～3 700株。定植时浇足定植水，灌溉量每亩12～14m^3。

（8）定植后的田间管理

①定植后至初花期。这一阶段从定植到根瓜坐住，一般需要40～45d，管理目标是控上促下，蹲苗促根。

温度管理：定植后5～7d为缓苗期，应高温管理，晴天上午温室内气温30～32℃，不超过35℃，下午20～25℃，前半夜18～20℃，后半夜12～14℃。

缓苗后至第一个果坐住，白天气温控制在25～28℃，夜温12～10℃。

水肥管理：这一时期管理目标是以控水肥促根壮秧为主。一般浇水1～2次，随水追肥。定植后5～7d浇缓苗水，灌溉量每亩12～14m³；第一个果坐住时浇催瓜水，灌溉量每亩8～10m³，追施氮磷钾水溶肥每亩5～10kg，辅以生根剂。

植株管理：及时吊蔓，整理植株，卷须一般比雌花出现早，容易与雌花争夺养分，尤其是黄瓜龙头部位的卷须，应及时去掉。

②结果期。开始进入采瓜期，天气逐渐变冷，这一时期管理目标以促根壮秧为主，为安全越冬奠定基础。

温度管理：晴天上午温室内气温28～32℃，不超过35℃，下午室温降至18℃时关闭风口，前半夜保持在15～18℃，后半夜保持在10～12℃，最低气温不低于8℃。

水肥管理：深冬季节15～20d浇水1次，每亩每次灌溉量7～8m³，同时追施氮磷钾水溶肥每亩5～10kg，辅以生根剂、氨基酸肥、微量元素、微生物菌肥。

2月10～15d浇水1次，每亩每次灌溉量10m³，同时追施氮磷钾水溶肥每亩5～10kg，辅以生根剂、氨基酸肥、微量元素、微生物菌肥。

3月7～10d浇水1次，4月以后随着气温继续升高，5～7d浇水1次，每次灌溉量每亩10～12m³，同时追施氮磷钾水溶肥每亩5～10kg，辅以生根剂、氨基酸肥、微量元素、微生物菌肥。

植株管理：参照《平泉黄瓜日光温室越冬茬全程绿色提质增效技术规范》。

深冬季节，要保证植株的旺盛长势，为下一阶段的高产打下基础。根据植株长势，每株留2～3个瓜，最小瓜距离生长点不少于30cm；否则会因留瓜过多造成坠秧、花打顶甚至歇秧。为提高商品瓜率，可采用黄瓜套袋技术，即黄瓜长至10cm左右时，对黄瓜进行套袋处理，商品瓜大小采摘上市。

2月以后随着气温升高，加大水肥，每个植株上选择瓜胎正常的瓜留3个，两个瓜间隔2～3节。此后温度升高，生长速度快，要注意及时采收以防坠秧。

（9）病虫害防治

①农业防治。种子消毒，清洁室内，合理轮作，覆盖地膜或地布，合理密植，严格水肥管理，科学调控温室内温度、湿度。结果期高温管理，及时清理老叶、黄叶、病叶、虫叶和病果。

黄瓜普遍发病后，摘掉近地面20cm的重病叶，选择晴天上午关闭棚室进行高温闷棚，45℃持续2h，可有效控制病害蔓延。注意闷棚前1d必须浇透水，温度计必须挂在黄瓜龙头相同高度的位置，闷棚结束后应缓慢降温到正常的温度。

②物理防治。悬挂20cm×30cm的黄板、蓝板于植株生长点上方10～20cm处，诱杀蚜虫和蓟马，用量为每亩各40～50块。按照《温室防虫网设计安装规范》（GB/T 19791）温室防虫网设计安装规范的要求，在温室出入口和通风口处设置防虫网。

③化学防治。参照孙茜研究员的越冬一大茬黄瓜保健性绿色防控大处方。

（10）采收　雌花开花后8～10d，达到商品瓜大小，应适时、及时采收。

（11）产品标准　应符合《黄瓜流通规范》（SB/T 10572）的要求。

（12）产品检测　取样方法应符合《新鲜水果和蔬菜的取样方法》（GB/T 8855）的要求。污染物应符合《食品安全国家标准 食品中污染物限量》（GB 2762）的要求。农药残留应符合《食品安全国家标准食品中农药最大残留限量》（GB 2763）的要求。

（13）包装 包装材料应无毒、清洁、干燥、牢固、无污染、无异味、内部无尖物、外部无钉或尖刺、重量轻、成本低、易于回收及处理，还应具有足够的机械强度、一定的通透性和防潮性；包装材料可选用瓦楞纸箱、聚苯乙烯泡沫箱进行包装。瓦楞纸箱应符合《运输包装用单瓦楞纸箱和双瓦楞纸箱》（GB/T 6543）的要求，聚苯乙烯泡沫箱应符合《食品包装用聚乙烯、聚苯乙烯、聚丙烯成型卫生标准的分析方法》（GB 9689）（部分有效）要求。

（14）标志 包装箱外观应标明产品名称、等级、规格、净重、产地和采收、包装日期、贮存要求和运销商的名称、地址和联系电话。标注内容应字迹清晰、牢固、完整、准确。包装箱外应注明防晒、防雨、防摔和避免长时间滞留的标识，标志的使用应符合《包装储运图示标志》（GB/T 191）包装储运图示标志的要求。取得相应认证资质的品种，应按照认证机构要求标注。

（15）贮藏与运输 应符合《黄瓜贮藏和冷藏运输》（GB/T 18518）黄瓜贮存和冷藏运输的要求。

4. 适用区域

冀中南黄瓜产区。

5. 技术来源

河北科技师范学院。

6. 注意事项

①留瓜节位不宜过低，尽早疏掉下部雌花。

②根据植株长势适当确定坐果数。

7. 技术指导单位

河北科技师范学院。

8. 示范案例

（1）地点 馆陶黄瓜小镇科技扶贫园等。

（2）规模和效果 在馆陶黄瓜小镇扶贫园区等地示范推广，累计示范面积 2 000 亩，亩节本增效 13%，选用生物菌肥、生物菌剂、黄色粘虫板、防虫网、水肥药一体化等集成技术，辐射推广带动馆陶、曲周、肥乡等周边县（市、区）。

二十八、日光温室越冬茬黄瓜病虫害防治技术

1. 技术内容概述

霜霉病、白粉病、细菌性角斑病、灰霉病、炭疽病、菌核病、靶斑病、枯萎病及蚜虫等是日光温室越冬茬黄瓜栽培过程中发生严重的病虫害。该技术以“预防为主，综合防治”为植保理念，以节本减药、提质增效为目标，根据栽培模式集成应用生态调控、物理防治、科学用药等措施，保障了黄瓜生产安全、产品安全和生态环境安全。

2. 节本增效

该项技术综合运用生态、物理、生物等多种措施，降低病虫害发生风险，保障黄瓜健壮生长、稳产增产；减少化学农药投入及施药人工成本，提高黄瓜产品质量。

3. 技术要点

(1) 选种抗病品种　选用适合当地栽培条件的抗病品种。

(2) 生态防治　通过通风换气合理控制湿度和温度，减轻病害流行，白天温度控制在25～30℃，夜间温度控制在12～15℃，最低不低于10℃，否则易产生冷害。操作行内铺稻草或者秸秆降低棚内湿度。深冬时节天气寒冷时每亩施用腐殖酸肥250mL，尽量减少冲施化肥，最大限度地保持土壤温度，促进根系发育，提高植株抗病性。

黄瓜普遍发病后，摘掉近地面20cm内的重病叶，选择晴天上午关闭棚室高温闷棚，45℃持续2h控制病害蔓延。注意闷棚前1d必须浇透水，温度计必须挂在黄瓜龙头相同高度的位置，闷棚结束后应缓慢降温到正常的温度。

(3) 物理防治　黄瓜幼苗期，在幼苗上方10～15cm处悬挂黄板、蓝板诱杀蚜虫等小型害虫，随着黄瓜秧的生长适当提高诱虫板的高度，以更好地捕杀害虫。通风口加装防虫网，阻断害虫迁入。

(4) 化学防治　定植前沟施药土。每亩用10亿个/g枯草芽孢杆菌可湿性粉剂1kg拌成药土，随定植沟撒施于沟畦中。

定植后，地面喷淋68%精甲霜灵·锰锌可湿性粉剂500倍液或6.25%精甲霜灵·咯菌腈悬浮剂800倍液进行土壤消毒，防控茎基腐病和立枯病。7～10d后，用25%嘧菌酯悬浮剂10mL和氨基酸50mL兑15L水灌根1次，防控根腐病、霜霉病和白粉病，促进根系生长，提高抗病性。

黄瓜结瓜期，每亩随水滴灌根施100mL 42.4%唑醚·氟酰胺悬浮剂和300g 7%春雷·王铜可湿性粉剂1次，防控黄瓜秋冬季初果期细菌性溃疡病、灰霉病和炭疽病。

黄瓜盛瓜期，每亩灌根或冲施200～250mL 25%嘧菌酯悬浮剂和氨基酸500mL。30～50d后喷施50%的烯酰吗啉可湿性粉剂600倍液和50%啶酰菌胺可湿性粉剂1 200倍液、氨基酸叶面肥1 500倍液。深冬季节灰霉病、菌核病发生时，每亩随水根施100mL 42.4%唑醚·氟酰胺悬浮剂，可增加叶肉含糖量及硬度，提高植株抗寒性，缓解冻害程度。

春季升温时期，每亩灌根或冲施300～350mL 25%嘧菌酯悬浮剂和700mL氨基酸一次，预防真菌性病害发生。

4. 适用区域

该技术适合日光温室黄瓜栽培。

5. 技术来源

河北省农林科学院植物保护研究所、河北省现代农业产业技术体系蔬菜产业创新团队。

6. 注意事项

按照合法、合规、合理的原则科学使用农药，严格执行农药安全间隔期制度；禁止违法使用禁限用农药，保障黄瓜生产安全、产品质量安全和生产环境安全。

7. 技术指导单位

河北省农林科学院植物保护研究所。

8. 示范案例

（1）地点 平泉市付家店村。

（2）规模和效果 示范面积 5 亩。黄瓜全程用药减少了 6 次，霜霉病、棒孢叶斑病、流胶病等重要病害防治效果 90.5%～95.3%。农药使用减少不仅节约了生产成本，而且提高了产品的外观品质，平均亩节本增效 1 300 元，提高了种植效益。

二十九、高端免用药旱黄瓜集约化育苗技术

1. 技术内容概述

该技术规范了高端免用药旱黄瓜集约化育苗的播种前准备、育苗档案的建立、基质的配制、播种及播后管理、出苗前管理及成苗标准等各环节，具有较强的实用性和可操作性，有利于推进高端精品黄瓜生产。

2. 节本增效

高端免用药旱黄瓜集约化育苗技术体系的建立，实现自根苗集约化育苗全程免用药，成苗率 98.0%。

3. 技术要点

（1）播种前准备

①育苗设施、设备。日光温室或连栋温室、恒温箱、补光灯、加热线、苗床、穴盘、平盘、防虫网、黄板、喷淋系统、加温、降温及遮阳设备等。

②设施消毒处理。育苗前，应对棚室和苗床进行消毒处理。利用 20%辣根素水乳剂每亩 3～5L 进行设施内地面消毒及育苗设备、设施内空气消毒，喷施设后密闭设施 3～5d，之后通风 3d 左右，待棚室内刺激性气味消失后即可育苗。

③穴盘的选择与消毒。选用 50 孔新穴盘，规格为：长×宽×高为 540mm×280mm×50mm。根据用苗数量计算所需育苗盘数量。

④基质的准备。育苗基质主要有进口草炭、珍珠岩，育苗前用粉碎机将草炭打碎。

（2）基质的配制 育苗基质采用进口草炭：珍珠岩＝2：1 的比例进行配制。配制好的基质按 60%～65%的含水量加水，搅拌至基质均匀无粗块。

（3）播种及播后管理

①品种选择。一般选择优质、多抗、多分枝、适合短季节生产的黄瓜优良品种，种子质量符合《瓜菜作物种子 第 1 部分：瓜类》（GB 16715.1）要求。

②温汤浸种。将种子放入体积为种子体积的 3～5 倍的 55℃左右的温水中浸种，浸种时要不断搅拌，续加热水保持水温，处理 10min 左右，自然冷却至室温后，再浸种 3～4h。

③催芽。浸种结束后，将种子捞出，清水冲洗 2～3 次，用三层医用纱布覆盖后置于催芽箱中，温度调节至 30～32℃，每 3h 翻动 1 次，11～13h 后，种子 70%露白即可进行播种。

④播种。用搅拌均匀的基质进行装盘、压孔后，播种黄瓜。播种时，将黄瓜种子平放在穴孔中间，并使其朝向一致，播种深度 2cm。播种后覆盖基质，将穴盘整齐码放在苗床上，浇透水，以穴盘的透水孔滴水为宜，覆盖薄膜。

⑤播种后的管理。出苗前，光照强时应及时遮阳，温度白天控制在 28～32℃，夜间

控制在15～20℃，约4d幼苗即可出齐。出苗后注意每天补水，白天给予充足光照，夜间适当降低温度。

（4）出苗前管理

①温湿度管理。温度白天控制在25～32℃，夜间控制在15～20℃；湿度控制在50%～65%。

②拼盘。根据幼苗大小进行分盘，再拼盘，使同一穴盘幼苗大小一致。

③炼苗。第一片真叶展开后，逐渐降低棚室温度，白天控制在20～25℃，夜间控制在12～15℃。

（5）成苗标准　播种后15～18d，苗龄1叶1心，子叶完整，叶片肥厚，无病虫，茎粗壮，株高10～15cm，根坨形成，根系粗壮发达。

4. 适用区域

高端精品黄瓜生产基地。

5. 技术来源

河北科技师范学院。

6. 注意事项

设施、设备消毒后，育苗全程免用药。

7. 技术指导单位

河北科技师范学院。

8. 示范案例

（1）地点　乐亭万事达生态农业发展有限公司相关基地。

（2）规模和效果　示范高端免用药旱黄瓜集约化育苗技术，筛选出适合的育苗基质配比，成苗率98.0%，实现苗期免用药。

三十、日光温室旱黄瓜越冬茬生产技术

1. 技术内容概述

该技术针对越冬茬旱黄瓜生育周期长，生产难度大等产业发展瓶颈问题，基于前期筛选出的适合越冬茬生产的田骄八号、未来103、绿宝珠8号等全雌旱黄瓜品种，规范了日光温室越冬茬旱黄瓜栽培的生产技术设施类型、品种选择、育苗、整地作畦、定植、定植后的田间管理、病虫害防治及采收标准等环节，助力特优区建设。

2. 节本增效

针对越冬茬黄瓜生育期长，生产难度大等产业发展瓶颈问题，制定标准化生产技术，促进了越冬茬黄瓜生产标准化，推动黄瓜产业绿色生产。

3. 技术要点

（1）设施类型　日光温室应满足黄瓜安全越冬生产条件，应符合《农大Ⅲ型、农大Ⅳ型日光温室建造技术规程》（DB13/T 1723）的要求。

（2）品种选择　选择耐低温弱光性强、优质、抗病、适合越冬栽培的全雌旱黄瓜品种，如田骄八号、未来103、绿宝珠8号等。

（3）育苗　采用嫁接育苗，应符合《黄瓜育苗嫁接技术规程》（DB13/T 2844）的要求。成苗标准：砧木与接穗子叶完整，1 叶 1 心，叶片肥厚，无病虫，茎粗壮，株高 10～15cm，根坨形成，根系粗壮发达。

（4）整地作畦　日光温室旱黄瓜越冬茬生产建议采用秸秆生物反应堆技术，应符合《秸秆生物反应堆技术 第 5 部分：设施黄瓜生产技术规程》（DB37/T 2498.5）的要求。定植前 15～20d，每亩施用充分腐熟的有机肥 5 000～7 500kg，磷酸氢二铵 20～30kg 或氮磷钾复合肥 60～70kg。基肥撒施后，深翻 30cm。

采用双高垄地膜覆盖栽培，大行距 80～90cm，小行距 50cm，垄高 15～20cm，铺设滴灌带。

（5）定植：10 月下旬定植。株距 25～30cm，每亩 3 000～3 500 株。按株距定位定植，覆土 1～1.5cm 厚，浇定植水，灌溉量每亩 12～14m^3。

（6）定植后的田间管理

①定植后至初花期。

温度管理：定植后 5～7d 为缓苗期，应高温管理，晴天上午温室内气温维持在 30～32℃，不超过 35℃，下午 20～25℃，夜间前半夜 18～20℃，后半夜 12～14℃。缓苗后至第一个果坐住，白天气温控制在 25～28℃，夜间控制在 10～12℃。

水肥管理：定植后 5～7d 浇缓苗水，灌溉量每亩 12～14m^3；第一个果坐住时浇催瓜水，灌溉量每亩 8～10m^3，追施氮磷钾水溶肥每亩 5～10kg，辅以生根剂。

植株调整：植株达到 5～6 片叶时进行吊蔓，及时去掉卷须；单株主蔓从 10～11 片叶开始坐果，每隔一节留 1 个果，坐果 3 个，以后根据不同季节和植株生长势强弱选择坐果节位和数量，及时疏除多余雌花。

②结果期。

温度管理：温室内气温保持在晴天上午 28～32℃，不超过 35℃，下午室温降至 18℃时关闭风口，夜间前半夜保持在 15～18℃，后半夜保持在 10～12℃，最低气温不低于 8℃。

水肥管理：深冬季节 15～20d 浇水 1 次，每次灌溉量每亩 7～8m^3，同时追施氮磷钾水溶肥每亩 5～10kg，辅以生根剂、氨基酸肥、微量元素、微生物菌肥。2 月 10～15d 浇水一次，每亩每次灌溉量 10m^3，同时追施氮磷钾水溶肥每亩 5～10kg，辅以生根剂、氨基酸肥、微量元素、微生物菌肥。3 月 7～10d 浇水 1 次，4 月以后随着气温继续升高，5～7d 浇水 1 次，每次每亩灌溉量 10～12m^3，同时追施氮磷钾水溶肥每亩 5～10kg，辅以生根剂、氨基酸肥、微量元素、微生物菌肥。

植株调整：根据植株生长势确定单株坐果数，冬季单株每隔 5～7 节坐果 1～2 个，以防坠秧；早春单株每隔 3～5 节坐果 1～2 个；3 月以后，单株每隔 1～2 节坐果 2～3 个，及时疏除多余雌花。晴天上午及时清理卷须、老叶、黄叶、病叶、畸形瓜，及时落秧，保持植株成龄叶片 12～15 片。

（7）病虫害防治

①农业防治。种子消毒，清洁田园，合理轮作，地膜或地布覆盖，合理密植，严格水肥管理，科学调控温室内温度、湿度，结果期高温管理，及时清理老叶、黄叶、病叶、虫叶、病果。

②物理防治。悬挂20cm×30cm的黄板、蓝板于植株生长点上部10～20cm处，诱杀蚜虫和蓟马，用量为每亩各40～50块。根据《温室防虫网设计安装规范》(GB/T 19791)的要求，在温室出入口和通风口处设置防虫网，。

③化学防治。农药使用应符合《农药合理使用准则（十）》(GB/T 8321.10）的要求。

(8) 采收　雌花开花后8～10d，达到商品瓜大小，应适时采收。

4. 适用区域

冀东北旱黄瓜产区。

5. 技术来源

河北科技师范学院。

6. 注意事项

①深冬季节留瓜不宜过多。

②适时采收，防止坠秧。

7. 技术指导单位

河北科技师范学院。

8. 示范案例1

(1) 地点　昌黎县恒丰果蔬种植专业合作社等相关基地。

(2) 规模　累计示范面积71亩。

9. 示范案例2

(1) 地点　乐亭万事达农业发展有限公司等。

(2) 规模　累计示范面积236亩。

三十一、塑料大棚春茬黄瓜免用农药生产技术

1. 技术内容概述

基于河北科技师范学院专家选育的优质、多抗侧蔓结果的绿岛7号旱黄瓜品种及棚室高端免用药口感型黄瓜短季节生产十大核心技术，廊坊设施精特蔬菜综合试验推广站牵头集成了塑料大棚春茬黄瓜免用农药生产技术，规范了塑料大棚春茬黄瓜免用农药栽培的生产环境条件、肥料使用要求、生育期、品种选择、集约化育苗、塑料大棚处理与消毒、施基肥与整地起垄、定植、定植后的田间管理、病虫害防治及采收标准；具有较强的先进性、实用性和可操作性，可有效指导春大棚高端精品黄瓜生产。

2. 节本增效

高端免用药口感型黄瓜在廊坊市永清县成功实现产业化示范，生育期2.5个月、采瓜期30d，亩产量2 665.5kg，亩收入32 625元，商品瓜率达到98.2%，实现了节本、省工、优质、高效。

3. 技术要点

(1) 肥料使用要求　按《肥料合理使用准则　通则》(NY/T 496)、《肥料合理使用准则　有机肥料》(NY/T 1868)、《肥料合理使用准则　微生物肥料》(NY/T 1535) 的规定执行。

(2) 生育期　短季节生产，生育期70～75d，其中幼苗期20d，初花期25d，结果期

25～30d，亩产量 2 500～3 000kg，商品瓜率 94%～96%。

(3) 品种选择 选择侧蔓结瓜为主的多分枝、优质、抗病黄瓜品种。

(4) 集约化育苗 委托专业集约化育苗厂进行自根育苗。适宜定植幼苗标准：苗龄 20d，1 叶 1 心，无病虫，根系健壮发达，根洁白，根量多，长成根坨；茎粗壮，节间短，子叶完整平展，真叶肥厚、叶色深绿。

(5) 塑料大棚处理与消毒 大棚采用冬季土壤冻融晒垡，在 10 月底至 11 月初拉秧后，揭去棚膜，清洁地块，然后用旋耕机翻耕晒垡，翻耕深度 30cm。1 月底至 2 月初，选无风的晴天扣棚膜，于通风口处和出入口处设置防虫网。定植前 2～3d，用辣根素进行塑料大棚密闭消毒。

(6) 施基肥与整地起垄 2 月中旬进行施肥整地，撒施商品有机肥每亩 1 500～2 000kg，用旋耕机翻耕土壤，翻耕深度 25～30cm，使有机肥和土壤充分混匀。整平土壤，起高垄单行栽培，垄高 10～15cm，垄宽 30cm，行距 1.2m，铺设滴灌带，垄上覆盖地膜，行间铺设地布。

(7) 定植

定植时间：3 月 15～20 日，若棚内加盖二层幕，可提早 5～7d 定植。

定植密度：株距 25～30cm，每亩 1 800～2 200 株。

定植方法：按照株距在高垄上进行定位，单行定植，基质坨上覆土厚 1.0～1.5cm，浇足定植水，亩用水量为 8～10m^3。

(8) 定植后的田间管理

①初花期管理。

温度管理：定植后 5～7d 为缓苗期，进行高温管理，棚内气温上午保持在 30～32℃，下午保持在 25～22℃，前半夜保持在 14～16℃，后半夜保持在 12～14℃。缓苗后至结瓜前，棚温白天保持在 28～32℃，夜间保持在 10～12℃。

水肥管理：定植后 5～7d，浇透缓苗水，以后根据天气情况及植株状态适当浇水 1～2 次，促进侧枝生长。根瓜坐住后，开始浇催瓜水和追施催瓜肥，随水追施微生物菌肥或氨基酸肥，每亩 1L。每次灌水量掌握在每亩 10～12m^3。

植株调整：当植株 5～6 片真叶时采用吊蔓夹进行吊蔓，吊蔓夹置于生长点以下 2 个展开节位处，使生长点高度一致；去掉第四节位及以下节位的所有雌花和侧枝。

②结果期管理。

温度管理：采用高温管理，棚温晴天上午 30～32℃，不低于 28℃，不高于 35℃；下午 20～22℃；前半夜 15～18℃，后半夜 11～13℃，不低于 8℃。

水肥管理：初果期 5～7d 浇 1 次水，盛果期 4～5d 浇 1 次水，每次每亩浇水 10～12m^3。水水追肥，交替施肥、均衡供应。追施微生物菌肥或氨基酸肥或水溶肥，每次追施微生物菌肥或氨基酸肥每亩 1L，或平衡肥（$N:P_2O_5:K_2O=20:20:20$ 或 $18:18:18$）、高钾水溶肥（$N:P_2O_5:K_2O=15:6:32$）每亩 5kg。

植株调整：以侧蔓结瓜为主，实施摘心免落秧技术，侧枝留第一片叶和第一雌花后摘心。当植株生长至 23～25 节时去掉主蔓生长点；适时移夹子至生长点以下 2 个展开节处；及时摘除主蔓下部老叶、黄叶、病叶、虫叶，带出田间；及早去掉畸形瓜。

蜜蜂授粉：若为非单性结实黄瓜品种，需采用蜜蜂授粉，每亩用量1箱，放置在塑料大棚中部，箱顶遮光。

（9）病虫害防治

①农业防治。种子消毒，清洁田园，合理轮作，地膜或地布覆盖，合理密植，严格水肥管理，科学调控棚室内温度、湿度，结果期高温管理，及时清理老叶、黄叶、病叶、虫叶。

②物理防治。棚室内悬挂黄、蓝板，规格20cm×30cm，悬挂于植株生长点10～20cm处，每亩各40～50块。在通风口、门口处设置30～40目防虫网。

③生物防治。根据病虫害发生程度确定天敌释放密度。采用异色瓢虫控制蚜虫危害，于蚜虫发生初期开始释放异色瓢虫每亩500～600头；采用捕食螨防治螨类害虫，局部发现时每亩释放3万～5万头；采用丽蚜小蜂防治白粉虱、烟粉虱等害虫，于粉虱发生初期每亩释放丽蚜小蜂1 500～2 000头。

（10）采收标准　雌花开花后6～8d达到商品瓜大小，应适时采收。

4. 适用区域

高端精品黄瓜生产基地。

5. 技术来源

河北科技师范学院。

6. 注意事项

①主蔓4节及以下侧枝及时去掉，有利于发生侧枝。

②及早疏去畸形瓜，精品瓜率95%以上，提高极品瓜率。

③采用高端肥料，均衡供应水肥，保证口感。

7. 技术指导单位

河北科技师范学院。

8. 示范案例

（1）地点　河北宣科农业科技有限公司相关基地。

（2）规模和效果　2019年春季，高端免用药口感型黄瓜在廊坊市永清县成功实现产业化示范，生育期2.5个月，采瓜期30d，亩产量2 665.5kg，亩收入32 625元，商品瓜率达到98.2%，实现了节本、省工、优质、高效。

2020年春季，高端免用药口感型黄瓜在廊坊市永清县亩产2 532kg，实施品牌销售，“凝萃”牌无药黄瓜绿岛7号通过采摘、实体配送、微店销售等渠道销售，高端免用药生产与绿色生产相比单茬次增收37.9%。

三十二、棚室鲜食型高端黄瓜免用药生产技术

1. 技术概述

针对开发高端黄瓜产品，破解黄瓜鲜食口感发涩、农药污染、硝酸盐超标等难题，以免用药、防污染、鲜食型为目标，选用鲜食口感佳、优质抗病、免落秧、免嫁接、省力化黄瓜新品种绿岛7号，结合高温闷棚克服土传病害，施用微生物肥料等绿色投入品，利用短季茬高抗逆性等生育特性，创建了棚室鲜食型高端黄瓜免用药生产技术，实现了生育期

75d、有效采瓜期25～30d，商品瓜率达95%以上，亩产商品瓜2 500～3 000kg，推进黄瓜产业提质增效。

2. 节本增效

该技术经多地试验示范，其黄瓜产品符合《绿色食品瓜类蔬菜》（NY/T 747）标准要求。黄瓜口感佳，瓜味浓郁、清脆爽口，而且外观品质优良，果皮嫩绿、色泽鲜艳，果形周正、畸形果率≤3.5%，商品性状精良，深受消费者欢迎，售价高达40元/kg以上；75d短茬季生产，每年生产2茬，每茬亩产3 000～3 500kg，亩年总产6 000～7 000kg，亩年总产值20万元以上，实现经济收益成倍增长。

3. 技术要点

（1）品种选择　一般选择鲜食口感佳、优质抗病、多分枝、免落秧、免嫁接、省力化黄瓜新品种，如绿岛7号。

（2）集约育苗

温汤浸种：水温52～55℃，浸种时种子需不断搅动使水温均匀，并陆续加温水使水温保持52～55℃，15～20min；随后使水温自然下降至30℃左右；按要求继续浸种，浸种3h后，30℃催芽。

洁净基质：采用进口草炭与珍珠岩3∶1配比自行配制作育苗基质，每吨基质用拮抗640微生物菌剂2L的50～100倍液浸透基质，再经高温灭菌后播种，以防控土传病毒病。

自根苗育苗：育苗室提前进行消毒处理，待芽与种子等长时播种于50孔穴盘中，常规管理。苗期无须采用乙烯利处理。

（3）高温闷棚　在6～8月高温季节，清除植株残体、杂草、废地膜等，将羊粪生物肥每亩1 000kg均匀撒于地表，同时均匀撒施石灰氮每亩50kg，旋耕混合均匀，耕深20cm以上。选用地膜或塑料薄膜进行地面覆盖，搭接严密无漏缝，膜下灌水，至地表见明水，但不得积水。密闭棚室保持地表高温70℃以上，持续25d以上，可有效杀灭虫卵或病原。然后，揭膜晾棚。

（4）整地定植　高温闷棚后2～3d，撒施以菜粕为载体的生物有机肥每亩200kg和颗粒微生物菌剂每亩30kg；采用单垄宽行稀植，垄高10～15cm，垄宽30cm，行距1.2～1.3m，结合起垄沟施花生饼肥每亩100kg。然后，铺设滴灌带、覆地膜，准备定植。定植前用根真多微生物菌剂每亩200mL+活力18菌剂每亩100mL兑水15kg蘸根。亩定植密度1 800～2 000株，株距25～30cm。

（5）温度调控　定植到缓苗，上午28～32℃，下午22～25℃，前半夜14～16℃，后半夜12～14℃；缓苗后至结瓜前，白天25～28℃，夜间12～15℃；结瓜期采用高温管理，上午30～32℃，不低于28℃，不高于35℃，下午20～22℃，前半夜15～18℃，后半夜11～13℃，不低于10℃。

（6）水肥管理　黄瓜追肥以微生物菌肥、氨基酸肥为主、高钾水溶肥为辅。

定植后5～7d，及时浇缓苗水，滴灌4h。结合缓苗水，水肥一体化施入微生物菌剂每亩5L、腐殖酸水溶肥每亩2L，促根壮苗。之后蹲苗不追肥，根据长势适当滴灌1～2次，每次1～1.5h，控秧促根。

根瓜坐住后，开始浇催瓜水、追催瓜肥，滴灌4～6h，随滴灌追施水溶肥（20∶10∶20）

2.5kg，5～7d后再随滴灌追施水溶肥（20∶10∶20）每亩2.5kg、腐殖酸水溶肥每亩5L。

初果期5～7d浇一水，盛果期4～5d浇一水。初果期，随滴灌追施水溶肥（20∶10∶20）每亩5kg和腐殖酸水溶肥每亩5L，连追2次，每次滴灌2～3h；盛果期，随滴灌追施水溶肥（15∶5∶30）每亩5kg和腐殖酸水溶肥每亩5L；末果期，随滴灌追施水溶肥每亩（15∶5∶30）5kg。

（7）植株调整　当秧苗长到4～5片叶时，用落蔓夹吊蔓。植株生长点超过横线1～2节时摘心，早晨用竹竿打群尖，侧枝留1～2片叶和1个雌花；及时清理主蔓下部老黄病叶，以通风透光，使瓜色亮绿，确保25～30d采瓜期内免用药。

（8）蜜蜂授粉　非单性结实品种，采用蜜蜂授粉坐果，每亩用量1箱，放置棚室中部，达到绿色生产的要求。

（9）病虫害绿色防控

高温生态防病：结果期，晴天上午最适温度30～32℃，不低于28℃，不高于35℃；下午最适20～22℃；前半夜最适温度15～18℃，后半夜最适温度11～13℃，不低于10℃。

物理防虫：棚室内悬挂黄、蓝板，用20cm×30cm的黄、蓝板悬挂于植株生长点10～20cm处，每亩40～50块。在通风口、门口处设置30～40目防虫网；棚室内悬挂集虫袋。

天敌防虫：以丽蚜小蜂控制白粉虱危害，定植后每隔5～8d在生产棚中放丽蚜小蜂；以异色瓢虫控制蚜虫危害，短季节生产放置一次异色瓢虫即可，每亩用量为1 000只左右。利用捕食螨防治螨类害虫，每亩用量为30万只。

（10）适时采瓜　商品瓜标准为120～130g，每天早、晚各一次。

（11）分级包装　商品瓜塑料纸单独包装，包装盒内以玻璃纸作为隔离，每盒4条，每提2盒。外包装规格：23cm×19cm×12cm。

4. 适用区域

适合我国北方石灰性土壤蔬菜种植区。

5. 技术来源

河北省现代农业产业技术体系蔬菜产业创新团队。

6. 注意事项

禁止微生物肥料与杀菌剂等农药混施或高温闷棚前基施。

7. 技术指导单位

河北科技师范学院、河北农业大学、廊坊市农业局经济作物站、河北省微生物肥料产业技术研究院。

8. 示范案例

创建精品高端黄瓜产业技术示范样板2个：秦皇岛市昌黎县嘉城现代农业园区100亩、廊坊市永清县大青堡国家现代农业园区50亩，全生育期免用化学农药，其黄瓜产品符合《绿色食品 瓜类蔬菜》（NY/T 747）标准要求；以侧蔓结果为主，第一雌花节位4～5节，20节内雌花节数6个以上，植株分枝性较强，20节内平均单株分枝数为13.2个左右，其中有效分枝数为12.7个左右，有效分枝率为96.2%，棚室早春茬一般亩产7 000kg左右。抗病性好，主蔓20节和侧枝留1叶1瓜摘心，比常规落秧亩节省用工费用640元以上。商品瓜色泽嫩绿有光泽，果瘤较大、稀疏、白刺；商品瓜短圆柱形，平均瓜长 13cm 左右，平均单瓜重 178.9g；中心腔较小，果肉厚且为浅绿色，口感甜脆、清香味浓，可溶性固形物含量 4.2%。而且，商品性状好，果形周正、果皮嫩绿、色泽鲜艳，深受消费者青睐；每千克售价高达 40 元以上，75d 短季节生产亩产 2 500～3 000kg，年产两茬，实现经济效益成倍增长。

高端黄瓜绿岛 7 号

棚室黄瓜绿色高效生产技术示范

高端黄瓜产品

三十三、塑料大棚胡萝卜垄作生产技术

1. 技术内容概述

普通平畦种植胡萝卜畸形果率较高，有20%左右的胡萝卜无法作为商品销售而被遗弃。通过多年的试验示范，发现相对于露地种植，塑料大棚种植能提早至5月中旬上市，相对于平畦种植，本技术生产耕层积温高，土壤通气性好，昼夜温差大，有利于干物质积累和增粗生长，畸形果率较低，可有效提高胡萝卜商品率，提高经济效益。采用垄作双行、一播全苗等科学栽培方式，垄作种植配合水肥一体化技术可以节省水肥及人工成本，对引领胡萝卜标准化、规模化生产，品牌化建设与保障产品质量安全具有重要意义。

2. 技术要点

（1）茬次安排及品种选择

①茬次安排。采用塑料大棚栽培，播期2月上中旬，收获期5月中下旬。

②品种选择。选用耐抽薹、品质好、产量高、中早熟的品种。

（2）播种前准备

①土壤选择。选择土层深厚，土质疏松，富含有机质的沙质壤土或壤土，pH 6～8较为适合。一般选择生茬地，最好选择前茬作物是禾本科粮食作物、豆类的地块。

②整地、施肥。早春栽培，冬前深翻土壤进行晒垡，促进养分分解，消灭部分地下害虫。秋季栽培，在前茬收获后立即深耕30cm，精细整地，泥土要耕耙细碎。结合深耕每亩施入腐熟优质有机肥（或腐熟秸秆堆肥）5m^3，加施尿素20kg，磷酸氢二铵20kg，或者每亩施三元复合肥50kg以上，另外再施入重茬剂8kg。施肥要均匀，防止伤根烧苗。施足基肥的同时使用辛硫磷颗粒剂防治地下害虫。

③种子处理及催芽。播前搓去种子上的刺毛。早春栽培时，可进行浸种，用55℃的温水浸种15min，然后在清水中浸泡4～6h。捞出沥干，用湿布包好（每包种子不超过250g），放在25～30℃的条件下进行催芽，每隔3～4h翻动一次种子，并用清水漂洗，等到70%种子露白时即可播种。夏秋生产一般可干籽直播。

④播种。播种主要采取起垄条播，起垄时做成鱼脊形的垄，垄高10～15cm，垄距20cm，垄上种植单行。播种要均匀，播种深度为1.5cm，播后镇压，灌一次透水。一般每亩用种量0.3～0.4kg。早春播种要提前浇水，覆膜升温，播后浇一小水。

（3）田间管理

①苗期管理。苗期还处于低温阶段，重点是提高温度，播种后盖膜，尽量提高小拱棚内的土壤温度，最好达到20～25℃。幼苗出土后，及时去掉地膜，白天气温超过25℃放风，低于18℃关闭风口，夜间气温维持在6℃以上。在第一至第二片真叶展开时，结合放风，去除病弱苗、拥挤苗，进行间苗。在4～5片真叶时进行定苗，株距一般中小型品种10cm，大型品种15cm。结合定苗进行中耕除草。当外界气温不低于10℃时，昼夜通风，并逐渐撤掉小拱棚。

②叶簇生长盛期。定苗后浇一水，并随水施腐熟鸡粪500kg或者尿素10kg、硫酸钾10kg。5～6叶后进入叶簇生长盛期，这一时期要适当控制水分供应，控制地上部生长，

进行中耕蹲苗，结合中耕除草。

③肉质根膨大期。蹲苗期一个月左右结束，进入肉质根膨大期，要保证水分供应，不能过干过湿，以免产生裂根、糠心。结合浇水施两次肥，第一次在肉质根开始膨大时追肥，使用充分腐熟的饼肥 150kg 或人粪尿 1 500kg。15d 后进行第二次追肥，肥量为饼肥 50kg 或人粪尿 500kg，硫酸钾 10kg。注意：胡萝卜对鲜厩肥和土壤溶液敏感，浓度过高易发生叉根，应避免施用鲜厩肥或过量施肥。

（4）收获　胡萝卜成熟时表现为叶片不再生长，不见新叶，下部叶片变黄。胡萝卜成熟时要及时收获，过早过晚收获影响胡萝卜的商品性状和产量。

（5）病虫害防治　胡萝卜病害主要是软腐病、黑斑病，虫害主要是蛴螬、蝼蛄、白粉虱、蚜虫等。

3. 适用区域

该技术适合在河北省中南部及相似类型气候条件下种植。

4. 技术来源

廊坊市经济作物站、河北省现代农业产业技术体系蔬菜产业创新团队廊坊设施精特蔬菜综合试验推广站、永清县农业农村局。

棚内胡萝卜生长情况

棚内胡萝卜收获

5. 技术指导单位

廊坊市经济作物站、永清县农业农村局。

6. 示范案例

永清县金阁农产品专业合作社育苗基地位于永清县大辛阁乡苏家务村，基地占地面积80亩。

三十四、冀西北坝上大棚芸豆绿色高效栽培技术

1. 技术内容概述

冀西北坝上地区，海拔1 600～1 800m，气候冷凉，干旱多风；年均气温2.6℃，无霜期90～100d，昼夜温差大；冬季降雪频繁，春夏冷凉多风，年均降水量仅420mm，利用土壤无污染、气候冷凉、昼夜温差大等独特资源，选用抗逆、优质、丰产芸豆品种，施用微生物肥料绿色投入品，研发出大棚芸豆节水、节肥、节药、省工“三节一省”的绿色高效栽培技术。芸豆商品率达98%以上，芸豆亩产达2 000kg，适合坝上冷凉地区发展绿色食品蔬菜产业。

2. 节本增效

经在冀西北坝上地区示范，以施用自主研发的微生物肥料为抓手，应用该项技术，芸豆叶片增大、肥厚浓绿，光合增强，分枝增多，挂果率提高，亩产增加明显，生产的豆角质量优良，通过了国家绿色食品认证。而且果形周正肥厚，色泽鲜艳，翠绿绒感，清脆适口，保鲜期长，商品性好，亩收益增加。同时节水、节肥、节药、省工明显，增产显著。在坝上冷凉地区，培植起大棚绿色芸豆富民产业。

3. 技术要点

（1）品种选择　选择耐低温、弱光、抗病、早熟、丰产、优质的品种，如永盛先锋、绿龙、架豆王等。

（2）大棚扣膜　一般大棚在4月下旬扣膜，提高地温。扣膜时留腰风口和顶风口，使风从腰风口进入，由顶风口排出，带走多余的温度和湿度。同时，冀西北坝上地区春秋季风大，要注意避免大风掀棚。顶风口、腰风口处覆盖防虫网，减少虫害的发生。

（3）整地作畦　采用小高畦栽培，做成宽60cm、高10cm的小高畦，畦间距70cm；一般结合耕翻每亩条施腐熟有机肥3 000～4 000kg，或商品有机肥、生物有机肥1～1.5袋/畦(40kg/袋)；用机械铺设滴灌管，每亩沟施三元复合肥颗粒25～35kg，同时覆膜。

（4）适时播种　一般选择耐低温、弱光、抗病、早熟、优质、丰产的芸豆品种，如永盛先锋、绿龙等。在5月初待小高畦10cm地温稳定在10℃时破膜播种，每畦定植2行，穴距60cm，大行距80cm，小行距50cm，每穴点播2～3粒。为降低用工、销售风险，应间隔30d分两期播种。

（5）温度、湿度调控　播种后保持20～25℃的温度，2～3d即可出苗；4～6d子叶即可展开。此时应降温炼苗，白天保持15～20℃，夜间10～15℃。

幼苗甩蔓期，团棵至现蕾为甩蔓期。此期植株生长迅速，节间极易伸长，应特别注意棚温不宜过高。应通风降温防止徒长，白天温度控制在20～23℃，夜间15～18℃。

开花结荚期，棚温应控制在22～25℃为宜，促进开花结荚。高温、高湿影响授粉，

易发生落花落荚；温度、湿度过高时，应及时通风调控。

（6）吊蔓控势　抽蔓后用尼龙绳吊蔓，待蔓高160～170cm摘心，控制顶端优势、促分侧枝。同时，随滴灌施液体微生物菌剂5L，以促根壮秧、发枝健荚、防控病虫。

（7）水肥调控　苗期对水分敏感，过早浇水易导致徒长，早期花序发育不良，结荚少甚至不结荚。开花结荚前，以营养生长为主，应严格控制水肥，防止茎蔓徒长引起落花落荚。如不干旱，原则上视苗情不浇水追肥。

开花结荚后，植株进入旺盛生长期，既生长茎叶，又开花结荚，水肥需求量加大，开始浇水追肥，每隔3～4d灌溉施肥1次，每亩随滴灌追施高钾水溶肥2～3kg，不走空水；在8月上中旬，随滴灌再施液体微生物菌剂5L，防止早衰。

（8）促进二次生长　结荚盛期过后为防早衰，延长结荚期，河北省一般在8月底进行摘心，去掉顶端优势，促使主茎顶端潜伏花芽开花结荚，并抽生新的侧枝，恢复正常生长。这一时期的产量可达到总产量的20%～30%，摘心后应摘除近地面40～50cm范围的黄叶老叶，改善通风透光条件，减少营养消耗，同时加强水肥管理。

（9）病虫害防治　大棚芸豆病虫害以炭疽病、叶锈病、螨虫和美洲斑潜蝇为主。随种植年限延长，可发生根腐病、灰霉病、白粉虱、豆荚螟等病虫害。

炭疽病：在多雨多雾或低洼积水地栽培受害最重。可侵染刚出土的子叶、叶、茎、荚、种子。病斑为暗褐色或黄褐色斑点，干燥时易龟裂，潮湿时病斑边缘有深粉红色的晕圈。药剂防治可用10%的苯醚甲环唑水分散颗粒剂1 500倍液，70%甲基硫菌灵可湿性粉剂500倍液，75%的百菌清1 000倍液进行喷雾防治。

叶锈病：喷施20%三唑酮可湿粉剂2 000～3 000倍液，或50%多菌灵可湿粉剂500倍液，或20%苯醚甲环唑微乳剂2 000倍液。

根腐病：在高温、高湿条件下有利于发病。受害植株主根茎的连接处变为黑褐色，维管束变褐色，侧根少或腐烂，到开花后病症加重，主根全部腐烂，病株枯萎死亡。对菜豆根腐病的防治，生产上应采用深沟高畦栽培，禁止大水漫灌，雨季注意排除积水。发病初期可用70%甲基硫菌灵800～1 000倍液喷淋茎基部，隔7～10d喷1次。

灰霉病：茎、叶、花均可染病。病原从茎蔓分枝处侵入后，病部形成凹陷病斑，后萎蔫；叶片染病形成较大的轮纹斑，后期容易破裂。荚果染病先浸染败落的花，后到荚果。病斑呈淡褐色至褐色软腐，表面生灰霉。药剂防治可用40%双胍辛烷苯基磺酸盐可湿性粉剂1 500倍液、40%嘧霉胺悬浮剂1 000倍液进行防治，防治时注意不同药剂间应交替使用。

螨虫：喷施15%哒螨灵乳油2 000～3 000倍液，或5%阿维菌素乳油2 000～3 000倍液，隔10d再喷1次。

美洲斑潜蝇：可用40%仲丁威·稻丰散乳油600～800倍液，或90%杀螟丹可溶性粉剂2 000倍液，或50%辛硫磷乳油1 000倍液防治，一般于发生高峰期每5～7d施药1次，连续施3次。

白粉虱：可用20%噻嗪酮可湿性粉剂1 000倍液或73%炔螨特可湿性粉剂1 000～1 500倍液喷雾，可兼治蚜虫。

豆荚螟：架设黑光灯，利用成虫趋光习性，进行诱杀，还可用复方荚虫菌粉剂500倍液，或氰啶脲乳油1 500倍液，或40%氰戊菊酯6 000倍液，每隔5～7d喷花蕾1次。当棚内刚发现有1～2只豆荚螟成虫后5～7d立即喷药，将豆荚螟幼虫控制在三龄前。

（10）及时采收　开花后10～15d，豆荚即可达到食用采收度，应及时采摘。结荚前期和后期每2～3d采收一次，盛期1～2d采收一次。若采摘过晚，豆荚由翠绿变浅绿，豆粒凸显，影响销售。

4. 适用区域

适合冀西北坝上冷凉地区。

5. 技术来源

河北省现代农业产业技术体系蔬菜产业创新团队菜田污染防控与障碍修复岗位。

6. 注意事项

禁止微生物肥料与杀菌剂等农药混施。

7. 技术指导单位

河北农业大学、河北省微生物肥料产业技术研究院。

8. 示范案例1

2016年张北县战海乡许家营村示范面积250亩。

结合驻村扶贫，以施用自主研发的微生物肥料为抓手，示范大棚芸豆节水、节肥、节药、省工“三节一省”绿色高效栽培技术。同当地应用技术相比，该技术种植的芸豆叶片增大、肥厚浓绿，光合增强，分枝增多，挂果率提高20%以上。而且，果形周正肥厚，色泽鲜艳，翠绿绒感，清脆适口，保鲜期长，豆角质量达到了绿色食品标准，每千克豆角增收2元以上，芸豆商品率达98%以上，亩产芸豆达1 500kg，亩收益达到10 000元。同时，节水48.6%、节肥22.3%、节药30.2%、省工10.8%；切实保障食品安全和生态环境安全。

9. 示范案例2

2017年张北县战海乡许家营村300亩。

以施用自主研发的微生物肥料为抓手，示范大棚芸豆节水、节肥、节药、省工“三节一省”绿色高效栽培技术。芸豆商品率达98%以上，亩产芸豆达2 000kg，亩收益达15 000元。豆角质量优良，通过了国家绿色食品认证。果形周正肥厚，色泽鲜艳，翠绿绒感，清脆适口，保鲜期长，商品性好，同时，节水50.8%、节肥25.7%、节药30.4%、省工12.1%，增产13.9%。稳固了大棚芸豆脱贫致富产业。

坝上大棚芸豆绿色高效栽培技术试验

三十五、富硒蔬菜生产技术

1. 技术内容概述

硒是人体必需的微量元素，通过发展富硒农业可满足人们对有机硒摄入量的需求。以应用富硒生物功能肥、叶面喷施剂两种方式为主，在蔬菜作物的生长过程中，通过将硒植物营养剂根施至土壤中，实现植株根际富硒环境的构建，从而使植株在后续的生长过程中，不断地吸收、转化、积累硒元素，并最终以植物有机硒的形态富集起来，实现富硒产品的培育；将硒溶液喷施到蔬菜作物叶面上，再转化到食用部分，提高蔬菜产品的硒含量，实现富硒产品的培育。

2. 节本增效

利用该技术生产富硒蔬菜，进一步推动了功能农业产业的发展。综合应用富硒蔬菜生产技术，在富硒黄瓜、富硒番茄、富硒胡萝卜产量稳定的基础上，品质得到有效提高，平均销售价格增长了1～2.5倍，以富硒黄瓜为例，亩增收1万元以上。

3. 技术要点

（1）富硒番茄生产技术

①产地环境。产地环境条件应符合《无公害农产品 种植业产地环境条件》（NY 5010）的规定。选择排灌方便、土层深厚、土壤结构疏松、中性或微酸性的沙壤土或壤土。周围无化工生产厂和其他污染源。

②育苗方式。根据栽培季节和栽培方式可在塑料拱棚、温室加设电热温床进行穴盘育苗。有条件的可用工厂化育苗。

③品种选择。选用优质、抗病、高产的品种，如合作918、蕙妃863等。

④种子处理。种子质量应符合《蔬菜种子标准》（GB 8079）的要求。用种量每亩8～10g。种子处理有三种方法，可任选其一：a. 先用清水浸泡种子3～4h，再放入10%磷酸钠溶液中浸20～30min，捞出洗净后催芽（防病毒病）；b. 将种子在55℃温水中浸泡10～15min，并不断搅拌使水温下降到30℃时，继续浸泡6～8h，再用清水洗净黏液（防叶霉病、溃疡病、早疫病）；c. 用甲醛300倍液浸种1.5h，用清水洗净后催芽播种（防枯萎病、早疫病）。将处理好的种子用湿布包好，放在25～30℃处催芽。每天用清水冲洗1次，每隔4～6h翻动1次，2～3d后60%种子萌芽时，即可播种。如不能及时播种，放在10℃处保湿存放。

⑤育苗基质配制及消毒。选用草炭、蛭石按2∶1比例混匀，装入128或72孔穴盘中。基质消毒方法：a. 72.2%霜霉威600倍液喷洒装好的基质盘；b. 用50%多菌灵可湿性粉剂或50%福美双可湿性粉剂2 000倍液喷洒装好的基质盘。用甲醛300倍液或0.1%高锰酸钾溶液喷淋或浸泡消毒育苗器具。

⑥播种。日光温室越冬茬8月中下旬，越夏茬3月上旬。浇足底水，水渗入土壤后进行压穴，压穴0.5cm左右，每穴播1粒种子，覆土（蛭石）1cm，然后喷水，放入预先搭建的小拱棚内。苗期温度管理见下表。

越冬茬苗期温度管理

时期	适宜日温（℃）	适宜夜温（℃）
播种至齐苗	25～30	15～18
齐苗至分苗前1周	20～25	14～16
分苗至缓苗	25～28	15～18
缓苗后至定植前1周	18～22	14～16
定植前1周至定植	16～18	8～10

⑦间苗。及时间掉病苗、弱苗、小苗及杂苗。水肥管理：播种至出苗，注意观察基质含水量，保持盘面潮湿，但不涝；出苗后根据基质含水情况进行补水，不旱不浇水；定植前1d浇1次足水，定植当天盘内苗不浇水。

⑧定植前准备。前茬为非茄科蔬菜，整地施肥。日光温室栽培作宽1.2m、长5～8m的畦，每畦栽两行；棚室栽培按大行距70cm，小行距50cm，起20cm的高垄，覆好地膜。基肥品种以优质有机肥、常用化肥、复混肥等为主；在中等肥力条件下，结合整地每亩施优质有机肥（以优质腐熟猪厩肥为例）5 000～6 000kg，氮肥（N）5kg（折尿素10.9kg），磷肥（P_2O_5）6kg（折过磷酸钙50kg），钾肥（K_2O）5kg（折硫酸钾10kg）。硒肥用量：定植前进行土壤硒含量测定，根据检测数据确定硒肥施用量。在棚室通风口用20～30目尼龙网纱密封，阻止蚜虫迁入。地面铺银灰色地膜、空中悬挂黄色粘虫板，对害虫进行诱杀。每亩棚室用百菌清烟剂6枚和异丙威烟剂6枚同时点燃消毒，点然后密闭棚室一昼夜，经放风无味后再定植。或定植前利用太阳能高温闷棚。

⑨定植及定植后管理。日光温室越冬茬10月中下旬定植，越夏茬5月上旬定植。每亩为2 200～2 500株，株行距（45～50）cm×60cm。按株行距挖穴，坐水栽苗，覆土不超过子叶。

定植后管理：喷花保果，当花序的第一朵花开放时，用番茄丰产剂2号5mL兑水0.75kg喷花。溶液中可加0.1%的50%多菌灵可湿性粉剂防灰霉病。水肥管理，定植时浇透水，缓苗后及时浇缓苗水，生长前期土壤见干见湿，进入果实采收期保持土壤湿润结合浇缓苗水每亩追施氮肥（N）3kg（折尿素6.5kg），第一穗果核桃大时结合浇水每亩追施氮肥（N）3kg（折尿素6.5kg），钾肥（K_2O）5kg（折硫酸钾10kg）。第二、三穗果迅速膨大期开始，追肥3次，每次追施氮肥（N）2kg（折尿素4.3kg）。进入结果期，可于晴天傍晚叶面喷施0.3%～0.5%的尿素溶液或0.2%～0.5%磷酸二氢钾。采用有机无土栽培，生长前期可随滴灌施入电导率为1.96mS沼液，生长中后期追施电导率为2.52mS沼液（兑水20倍），每立方米沼液加入0.5kg三元复合肥。各时期适宜的地温为18～22℃。定植后温度管理见下表。

定植后温度管理

缓苗期		生长前期		生长中后期（结果采收）	
白天	夜间	白天	夜间	白天	夜间
0～25℃	14～16℃	20～25℃	12～14℃	25～28℃	14～16℃

湿度管理：生长前期空气相对湿度维持在60%～65%，生长中后期维持在45%～55%。

其他管理：采用无滴棚膜、高垄地膜覆盖、膜下滴灌浇水，通过控制水量、及时放风、遮阳、补光等措施调节温度、湿度、光照，防止叶片结露。当外界最低气温稳定在12℃时，可昼夜放风。

植株调整：采用单干整枝，及时打掉侧枝，摘除下部老叶、黄叶。无限生长型根据栽培需要，留足果穗后，抹去顶芽。操作前要消毒净手。

⑩病虫害防治：各农药品种的使用要严格遵守安全间隔期。

a. 物理防治：覆盖银灰色地膜避蚜，或用10cm宽的银灰色地膜条，间距10～15cm纵横拉成网状避蚜。黄板诱杀白粉虱，用10cm×20cm长方形纸板涂上黄色油漆，同时涂一层机油，挂在高出植株顶部的行间，每亩挂30～40块。当黄板粘满白粉虱时，再涂一遍机油，一般7～10d重涂1次。

b. 化学防治：

晚疫病和早疫病：出现中心病株后施药。用5%百菌清15kg/hm^2（每亩1kg）喷粉，7d喷1次；用45%百菌清烟雾剂，每亩110～180g，分放5～6处，傍晚点燃闭棚过夜，7d熏1次，连熏3～4次；用72%霜脲·锰锌可湿性粉剂400～600倍液，或72.2%霜霉威水剂800倍液喷雾，药后短时间闷棚升温抑菌，效果更好。

灰霉病：浇催果水前或初发病后施药。用6.5%乙霉威喷粉，每次每亩用1kg，7d喷1次，连喷3～4次；用65%甲霉灵可湿性粉剂800～1 500倍液，或50%乙烯菌核利可湿性粉剂1 000倍液，或2%武夷菌素水剂100倍液喷雾，5～7d喷1次，视病情连喷2～3次。

叶霉病：用5%百菌清15kg/hm^{2}喷粉，7d喷1次；用45%百菌清烟雾剂，每亩110～180g，分放5～6处，傍晚点燃闭棚过夜，7d熏1次，连熏3～4次；采用47%春雷·王铜可湿性粉剂800倍液，或1∶1∶(200～250)的波尔多液，或2%武夷菌素水剂200倍液喷雾，7d喷1次药，连续喷2～3次。

青枯病：病穴浇灌20%石灰水，每穴250mL，或于发病初期用50%琥胶肥酸铜可湿性粉剂（DT杀菌剂）500倍液，或77%氢氧化铜可湿性粉剂400倍液，或72%农用硫酸链霉素可溶性粉剂4 000倍液灌根，每株300mL，10d灌1次，连灌2～3次。

病毒病：防治传毒媒介蚜虫，采用3%啶虫脒乳油1 000～1 250倍液，或10%吡虫啉可湿性粉剂1500倍液喷雾。定植后14d、初花期、盛花期喷100倍83增抗剂，或于发病初期用5%菌毒清可湿性粉剂400倍液，或0.5%抗毒剂水剂300倍液，或20%吗呱·乙酸铜可湿性粉剂500倍液喷雾，1.5%烷醇硫酸铜乳剂1 000倍液喷雾，7～10d喷1次，连喷3～5次。

溃疡病：喷洒14%络氨铜水剂300倍液，或77%氢氧化铜可湿性粉剂500倍液，或1∶1∶200的波尔多液，或72%农用硫酸链霉素可溶性粉剂4 000倍液，7d喷1次。

棉铃虫：卵孵化盛期用苏云金杆菌制剂200倍液喷雾防治棉铃虫低龄幼虫，或用1.8%阿维菌素乳油3 000倍液，或5%氟啶脲2 000倍喷雾。当百株卵量达20～30粒时，并有50%卵变黑时为最好，开始用50%辛硫磷乳油1 000倍液，或用50%辛·氰乳油1 000倍液喷雾，7d用药1次。

温室白粉虱：用1.8%阿维菌素乳油3 000倍液，或用10%吡虫啉可湿性粉剂1 500倍液喷雾。

采收。果实进入转色期后可根据市场需求及时采收。

（2）富硒黄瓜生产技术

①气候及土壤条件。温室内黄瓜生长期适宜温度白天25～30℃，夜间13～15℃。喜欢土层深厚、排水良好、富含有机质、pH 5.5～7.2的土壤。

②选用良种。温室栽培多选择南瓜嫁接技术以提高秧苗的抗病抗寒能力。南瓜砧木应选择根系发达，抗寒、抗病能力强的品种，如博强2号、京欣砧1号等；黄瓜品种宜选择适应性强、优质、高产、抗病一代杂交种。如津优35、津优315、津优301、博美80-5等。

③育苗。采用黄瓜顶插接技术嫁接育苗。以黄瓜作为接穗，平盘育苗；白籽南瓜作为砧木，穴盘育苗。黄瓜较砧木提前10～12d进行种子处理。种子选择：选择籽粒饱满，发芽率高，发芽势强的种子，浸种催芽。温汤浸种：将消毒处理后的黄瓜种子放进55～60℃的水中浸种，并不断搅拌至水温降到25℃，水温降到30℃的温水浸种6～8h后放在25～30℃条件下催芽。70%种子露白后播种。砧木：种子处理方法与接穗相同，但黑籽南瓜种子发芽要求较高的温度，浸种水温可提高到70～80℃，通常将种子浸泡8～12h，然后放在30～33℃的条件下催芽。24h即可发芽，36h出齐，当芽长0.5～1cm时即可播种。

④播种嫁接。黄瓜嫁接有顶插接、靠接等方法。嫁接方法不同，要求的苗龄也不同。要依据所采用的嫁接方法，来确定黄瓜和南瓜的播种时间。黄瓜出苗后生长速度慢，黑籽南瓜苗生长速度快，要使两种苗在同一时间达到适宜嫁接条件，就要合理错开播种期。插接法：一般南瓜提前2～3d或同期播种，黄瓜播种7～8d后，就可以进行嫁接。嫁接适宜形态为黄瓜苗子叶展平、南瓜苗第一片真叶长1cm左右。靠接法：一般黄瓜播种5～7d后，再播种南瓜，在黄瓜播后10～12d，就可以进行嫁接。嫁接适宜形态为黄瓜的第一片真叶开始展开，南瓜子叶完全展开。

⑤嫁接后管理。嫁接后3d内苗床不放风、不见光。苗床气温白天保持在25～28℃，夜间18～20℃；空气湿度保持90%～95%。3d后视苗情，以不萎蔫为度进行短时间少量放风，以后逐渐加大放风量。一周后接口愈合，即可逐渐揭去保温被，并开始大放风，到时床温白天保持22～26℃，夜间保持13～16℃。若床温低于13℃应加盖保温被。幼苗定植标准：嫁接后10～12d，幼苗1叶1心、生长健壮、子叶完好、叶色浓绿、根系发达、无病虫害。

⑥整地施肥。选择土层深厚、土质疏松、排水良好的地块，深耕细作。深耕25cm，细耙2～3次，伴随整地，施入基肥，每亩基肥用量为有机肥6 000～8 000kg、复合肥50kg。每亩施用20kg富硒微量元素调理剂，随整地作畦施入。

⑦定植方法及密度。定植前翻耕作畦，畦宽1.2m，高15cm以上，并地膜覆盖。采用大小行栽培，大行行距80cm，小行行距40cm。根据品种特性、气候条件及栽培习惯确定株距，一般每亩定植2 600～3 000株。

⑧田间管理。

a. 温度。缓苗后至结瓜前，以炼苗为主。白天温度保持在25～28℃，夜间在12～15℃，中午前后不要超过30℃。进入结瓜期，注意保温控湿。白天温度保持在25～30℃，超过30℃注意放风，夜间在12～18℃。结瓜盛期，要重视放风，调节室内温度、湿度，白天温度保持在28～30℃，夜间在13～18℃，温度过高时可适当放风。当夜间室外最低温度在15℃以上时，不再盖草毡，可昼夜放风。

b. 光照。采用透光性好的无滴膜，保持膜面清洁。揭、盖保温被的适宜时间，晴天以阳光照到采光棚面为准，阴天以揭开保温被后室内气温无明显下降为准，也可以在棚里设补光灯，夜间增加光照时间。深冬季节，保温被可适当晚揭。日光温室后部设置反光膜，尽量增加光照度和时间。

c. 空气湿度。黄瓜不同生育阶段对湿度的要求和控制病害的需求不同，定植期适合的空气湿度为80%～90%，开花结瓜期为70%～85%。

d. 整枝。用尼龙绳吊蔓，根据长势及时落蔓；主蔓结瓜，侧枝留1瓜1叶摘心；及时打掉病叶、老叶、畸形瓜。

e. 水肥管理。及时浇水与中耕，浇水量及次数依天气、生育期而定。缓苗水在定植后5～7d浇；坐果前控水、中耕、蹲苗；根瓜长10～12cm时浇催瓜水；结果期每5～7d浇1次。追肥的原则是前轻后重、少量多次，催瓜肥在根瓜坐住后追施，盛瓜肥在根瓜采收后进行。提倡使用有机肥追肥，结瓜盛期建议用腐殖酸肥壮根壮秧。

f. 病虫害防治。

霜霉病：药剂防治可选用烯酰吗啉、霜霉威、霜脲·锰锌、噁酮·霜脲氰、精甲霜灵·锰锌、甲霜灵和嘧菌酯。另外，在防治霜霉病时，要注意细菌性角斑病的同时发生，可以在防治霜霉病的药剂中，加入防治细菌性角斑病的药剂。

灰霉病：保护地内发病初期可选用10%腐霉利烟剂或45%百菌清烟剂，每次每亩250g，熏3～4h。也可用50%异菌脲可湿性粉1 500倍液，或25g/L咯菌腈可湿性粉剂600倍液，或50%多·福·乙霉威500倍液，或25%嘧菌酯悬浮剂1 500倍液。每6～7d用药1次，连续防治3～4次，要求药要喷到花及幼瓜上。在始花期蘸花时加入0.1%用量的50%腐霉利可湿性粉剂或25g/L咯菌腈可湿性粉剂200～300倍液蘸花或喷花效果明显。

白粉病：白粉菌对硫特别敏感，在定植前按每亩用硫黄粉1.8kg加锯末或其他助燃剂点燃熏蒸，密闭熏闷一昼夜，可杀死白粉菌，隔3d再熏闷1次，然后播种或定植。在黄瓜生长期间，硫黄粉可减量一半，时间减为一夜即可，隔5～7d再熏闷1次，效果良好。当田间发生中心病株时，要及时喷药防治，可选用20%三唑酮可湿性粉剂1 000倍液或75%百菌清可湿性粉剂500～600倍液，或10%苯醚甲环唑2 500倍液，或2%春雷霉素400倍液等，每隔5～7d喷1次，各农药交替使用。在喷药时，不要忽略对地面的喷撒。

病毒病：育苗时用遮阳网降温、遮光，远离带病作物。移栽后立即用天达2116植物细胞膜稳态剂1 000倍液＋天达裕丰1 000倍液喷雾和灌根，促苗防病。发病初期可用20%吗胍·乙酸铜500倍液喷雾，每7d用1次。

细菌性角斑病：发病初期喷30%琥胶肥酸铜（DT杀菌刑）可湿性粉剂500倍液，或77%氢氧化铜可湿性粉剂400倍液，或47%春雷·王铜可湿性粉剂600～800倍液，以上药剂可交替使用，每隔7～10d喷1次，连续喷3～4次。铜制剂使用过多易引起药害，一般施用不超过3次。喷药须仔细周到地喷到叶片正面和背面，以提高防治效果。

根结线虫：土壤消毒，种植前结合深翻每亩施用石灰氮80kg，土壤用1.8%阿维菌素乳油1～1.5mL/m^{2}兑水6L消毒；生长期再用1.8%阿维菌素乳油1 000～1 500倍液灌根1～2次，间隔10～15d。收获后田间彻底清除病残株，集中烧毁或深埋可用以沤肥。另外亩施用2t沼渣可有效地防治根结线虫。有条件的地方在蔬菜采收结束后可种一茬水稻，效果更好。

白粉虱：尽量避免混栽，特别是黄瓜、番茄、菜豆不能混栽。调整生产茬口也是有效的方法，即头茬安排芹菜、甜椒等白粉虱危害轻的蔬菜，下茬再种黄瓜、番茄。老龄若虫多分布于下部叶片，应摘除老叶并烧毁。在温室设置黄板可有效地防治白粉虱。可用25%噻嗪酮可湿性粉剂或用2.5%溴氰菊酯或20%氰戊菊酯乳油2 000倍液喷雾，隔6～7d喷1次，连续防治3次。还可用烟雾剂进行熏蒸，连续熏2～3次。

⑨采收及贮藏保鲜。及时分批采收，确保商品瓜品质，促进后期果实膨大。贮藏保鲜适宜温度0～1℃，空气相对湿度90%～95%，氧气8%～12%，二氧化碳2%～4%，贮藏期4～6个月，用细沙层积或扣帐篷贮藏。富硒黄瓜贮藏、包装、运输全过程建立良好作业制度，防止二次污染。

⑩硒含量检测。每期收获检测黄瓜硒含量，以干重硒含量0.15～1.00mg/kg、硒代氨基酸含量占硒含量＞65%，符合富硒黄瓜采收标准。

（3）富硒胡萝卜栽培技术

①产地环境条件。产地无霜期在100d以上，年活动积温在2 100℃以上，年降水量在440mm以上。要求土层深厚、土质疏松、排水良好的沙壤土或轻壤土，土壤pH在6.5～8.0，土壤中硒含量大于0.125μg/g。产地周边无大型工厂，无“三废”排放和空气污染，无重金属污染历史。

②选用良种。选择适应性强、抗病力强、耐抽薹、耐储运、（皮、肉、芯）三红、收尾好、商品率高的优良品种。如红誉6号、红与7号、孟德尔、暮田天下、红映二号、映山红、旭光五寸、黑田五寸、改良新黑田五寸、红秀、红参王、红玉等。

③种子处理。尽量选用新种子，播前搓掉种子上的刺毛，清除杂质，提高种子质量，并进行发芽试验。

④选地及整地。要求产地近三年未种植过伞形科蔬菜，整地前检测土壤中的硒含量，检测方法按照《土壤中全硒的测定》（NY/T 1104）中的规定。整地施肥：深耕25cm，细耙2～3次，整平晒垡，播前复耕1次灭草。施肥种类以优质有机肥、复合肥、复混肥等为主。在中等肥力条件下，结合整地每亩施入充分腐熟、细碎优质农家肥3～5t，磷肥（P_2O_5）4～6kg，钾肥（K_2O）6～8kg，结合深耕全面铺施。

⑤先期补硒。结合整地施基肥，施入硒土壤调理剂每亩10～20kg（硒含量≥1 000mg/kg）。

⑥播种。当10cm地温稳定在4℃，气温稳定在7～8℃时即可播种。播种时间，春胡萝卜3月中旬至4月下旬，秋胡萝卜7月中旬至8月上旬，早春塑料小拱棚胡萝卜比露地播种提前15～20d。

a. 机械化播种。胡萝卜播种机调试行距15cm（每穴2～3粒种子），沟深10～12cm，用拖拉机作动力，每床种 4 行，（开沟、施肥、播种、镇压、覆膜）一次性完成。

b. 种绳精量机械化播种。种绳机编织种距 8～10cm 的种绳，使用旋地、除草、滴灌、开沟、施肥、铺绳、覆土、镇压、覆膜系列一体机械操作，行距 15cm，沟深 10～12cm，每床 4 行。

c. 人力先播种后覆膜。带距 90cm，床面宽 60～65cm，床面平整，床高 10～15cm，每床种 4 行，小行距 15cm，大行距 45cm，沟深 10～12cm，株距 10～12cm，每穴点 2～3 粒种子，覆 0.3cm 厚潮土略压，立即覆膜。春风大的地块，可作平床或4～5cm高的半高床。

d. 人力先覆膜后播种。按上述要求作床并覆膜，之后按小行距 15cm，沟深 10～12cm，株距 10～12cm，坐水点播，每穴 2～3 粒种子，覆 0.3cm 厚潮土略压，保证松紧深浅适度，确保苗全、苗齐、苗壮。

⑦保苗与定苗。及时视膜内温度放苗（膜内温度达到 27～28℃），现第二片真叶时及时开孔放风（苗距膜 2～3cm），每 10m 左右开 2～3 个孔，过 1～2d 后再次开孔，分 2 次完成，孔间距 30cm 左右（开孔应注意在苗的侧方，防止风大闪苗）。2～3 片叶时疏苗，3～4 片叶时放苗、引苗，去掉弱苗、小苗、病苗，一般株距 10cm，单株定苗，膜内温度以 10～25℃为宜，不高于 30℃，定苗后周围要培土。出苗前保持土壤湿润，齐苗后土壤见干见湿。春播苗期控制浇水，以保地温不降。叶部生长旺盛期，加强中耕松土，视生长情况，如长势过旺，可蹲苗 10～15d；肉质根膨大期保持土壤湿润，保证水分供应，适时适量浇水，雨后排除田间积水，防止因水量不匀而引起的裂根和烂根。

⑧后期补硒。未进行先期补硒的，可在胡萝卜长到 7～8 片叶时进行第一次补硒，间隔 15～20d 进行第二次补硒，每次每亩使用富硒营养液（纳米硒含量≥0.5%）500mL 稀释至 30～60 倍，叶面喷施。

⑨病虫害防治。主要病害有黑斑病、黑腐病、软腐病。黑斑病发病初期用 75%的百菌清可湿性粉剂每亩 100～130g 喷雾防治。黑腐病发病初期用 75%的百菌清可湿性粉剂每亩 100～130g 或 50%异菌脲可湿性粉剂每亩 50～100g 喷雾防治。软腐病发病初期用 46%氢氧化铜水分散粒剂每亩 25～30g 或 20%噻菌铜悬浮剂每亩 75～100g 灌根防治。地上害虫主要有蒙古灰象甲和胡萝卜微管蚜，发生时期主要在幼苗出土后至定苗前。防治蒙古灰象甲可用 50%辛硫磷乳油 1 000 倍液或 4.5%高效氯氰菊酯乳油 1 500 倍液喷雾防治；防治蚜虫可用 50%抗蚜威可湿性粉剂 1 500～2 000 倍液或 90%灭多威可溶性粉剂 1 500～2 000 倍液喷雾防治。

⑩收获。当大部分功能叶片颜色变暗，外叶开始发黄且不见新叶产生，肉质根已充分膨大时，适时收获。

（4）富硒胡萝卜生产技术

①种子及其处理。

a. 选用良种。选择适应性强、抗病力强、耐抽薹、耐储运、商品率高、品质优良品种。如红映二号、映山红、旭光五寸、黑田五寸、改良新黑田五寸、红瑾、红秀、红参王、红玉、长城红玥等。

b. 种子处理。播前搓掉种子上的刺毛，清除杂质，尽量选用新种子，提高种子质量，并进行发芽试验，以确定适宜播量。

②播种。

a. 播前整地施肥及硒微量元素。选择土层深厚、土质疏松、排水良好的地块，深耕细作。深耕25cm，细耙2～3次，整平晒垡，播前复耕1次灭草。施入充分腐熟、细碎优质农家肥75t/hm^2，结合深耕，全面铺施。也可选择前茬已施过大量有机肥地块种植。施用150～450kg/hm^2富硒微量元素调理剂。

b. 适时播种。当10cm地温稳定在4℃，气温稳定在7～8℃时即可播种。春胡萝卜3月中旬至4月上旬，秋胡萝卜7月中旬至8月上旬，早春塑料小拱棚胡萝卜比露地播种提前15～20d。

c. 播种方法。采用机械播种，胡萝卜播种机调试行距15cm（每穴2～3粒种子），沟深10～12cm，用拖拉机作为动力，每床种4行，一次性完成。为防地下害虫及杂草，每亩用48%氟乐灵乳油150mL加水50～60kg，稀释后喷施地面及床面。播种完成后，每隔15m加固地膜，防止大风揭膜。

先播种后覆膜形式：带距90cm，床高10～15cm（春风大的地块，可作平床或4～5cm高的半高床），床面宽60～65cm，床面平整。每床种4行，小行距15cm，大行距30cm，沟深10～12cm。穴距10～12cm，每穴点2～3粒种子。覆土0.3cm潮土略压，保证松紧深浅适度。选用0.006mm或0.007mm薄膜，每亩用量2.5～4kg，随播种、喷除草剂随覆膜拉紧压实，为防止风刮也可用石块或食品袋装土，间隔1～2m压一袋即可。

先覆膜后播种形式：作床覆膜后按以上株行距扎眼坐水点播2～3粒种子，覆土0.3cm潮土略压，保证松紧深浅适度，确保苗全、苗齐、苗壮。

③田间管理。

a. 保苗与间定苗。机械化播种和先播种后覆膜形式的，要及时视膜内温度放苗（膜内温度达到27～28℃），现第二片真叶时及时扎眼放风（苗距膜2～3cm），每10m左右扎2～3个眼，过1～2d后再扎眼，分2次完成，眼间距30cm左右一个（扎眼应注意通风口应在苗的侧方，防止风大闪苗）。2～3片叶时疏苗，3～4片叶时放苗，去掉弱苗、小苗、病苗，一般株距10cm，尽量保证苗齐苗匀，防止出现大头胡萝卜。单株定苗，膜内温度以10～25℃为宜，不能高于30℃，防止烫苗、烤苗、闪苗。间定苗后周围要培土压实，防止肉质根顶端露出地面形成青肩。先覆膜后播种形式的，要及时引苗，一般播后7～10d出苗，间定苗方法同上。

b. 合理水肥。春胡萝卜在发芽期、幼苗期正值早春季节，气温、地温较低，在播种水、出苗水浇足的前提下，直到破肚前不再浇水，开始破肚时，应浇一次透水，以促进叶部生长，引根深扎。露肩前，要适当控制浇水，继续引根部伸长，抑制侧根生长。进入肉质根膨大期，气温升高，应及时供给充足的水分，浇水有降低地温的效果（浇水不足则肉质根瘦小而粗糙，供应不匀易引起肉质根开裂）。胡萝卜底肥一步到位可不追肥。根外追肥，在10～12叶时可用0.3%的磷酸二氢钾喷施叶面1～2次。

④病虫害防治。黑斑病，发病初期用75%百菌清可湿性粉剂600倍液防治，每亩用量0.1kg。黑腐病，发病初期用75%百菌清可湿性粉剂每亩0.1kg或50%异菌脲可湿性粉剂0.05～0.1kg。软腐病，发病初期用77%氢氧化铜可湿性粉剂2 000倍液灌根，隔

7～10d灌根1次，共防治2～3次。地上害虫主要有蒙古灰象甲和胡萝卜微管蚜，发生时期主要在幼苗出土后至定苗前，防治蒙古灰象甲可用50%辛硫磷乳油1 000倍液，或4.5%高效氯氰菊酯乳油1 500倍液喷雾；防治蚜虫可用10%吡虫啉乳油1 500倍液，或50%抗蚜威可湿性粉剂1 500～2 000倍液喷雾防治。

⑤收获贮运。

a. 硒含量检测。收获前7～10d检测胡萝卜硒含量，干重硒含量0.15～1.00mg/kg、硒代氨基酸含量占硒含量>65%，符合富硒胡萝卜采收标准。

b. 收获时期。当肉质根充分膨大，达到商品标准，适时收获。收获过早、过晚都会影响肉质根的商品性，从而影响产量。一般映山红、红映二号胡萝卜生育期达到85d左右，千红100d，新黑田五寸人参90～95d，肉质根达到18～20cm，根重20～50g，肉质根尖变得钝圆时应及时收获，以获得品质佳的成品。收获时选用无污染的工具，注意避免伤根。

c. 贮藏保鲜。适宜温度0～1℃，空气相对湿度90%～95%，氧气8%～12%，二氧化碳2%～4%，贮藏期4～6个月，用细沙层积或扣帐篷贮藏。

d. 储运。富硒胡萝卜贮藏、包装、运输全过程建立良好作业制度，防止二次污染。

（5）富硒马铃薯生产技术

①种子及其处理。

a. 选育良种。种薯质量应符合《马铃薯种薯》（GB 18133）中二级以上的要求。选用生长期短、结薯集中、抗病、丰产、脱毒、优质马铃薯品种。河北北部一季作区：选用大西洋、夏坡蒂、冀张薯8号、冀张薯12号、荷兰十五、荷兰十四、康尼贝克等品种。河北中南部二季作区：选用石薯1号、费乌瑞它、中薯3号或早大白等品种。

b. 催芽。河北北部一季作区：将种薯放置于有散射光条件下的库房，温度在5～10℃和经常湿润的状态下，种薯经7d左右即可萌芽，芽长不超过0.3cm。河北中南部二季作区：播前15～30d进行种薯催芽晒种。先置于15～20℃黑暗处平铺2～3层进行催芽。在催芽过程中淘汰病、烂薯和纤细芽薯，避免阳光直射、雨淋和霜冻等。一般芽长不超过1cm，采用机械播种时，芽长不超过0.2cm。发好芽后单层摆放见光炼芽7d左右，带芽薯块使用竹筐或纸箱装运，严防碰伤发好的芽尖。

c. 种薯切块。播种前12～24h切块。切块前和切到病烂薯时，切刀应浸在0.5%高锰酸钾溶液擦拭或浸泡1.5min消毒。先切掉脐部，淘汰维管束变色的薯块，然后切块。多用顶芽和侧芽，如用尾芽将其单切单种。每块留1～2个健康芽眼，将芽眼留于切块中间。

河北北部一季作区：切块时要纵切，切块重40～50g。河北中南部二季作区：切块重25～30g，25g左右的种薯整薯播种；50g左右的种薯自顶部纵切为二；100g以上的种薯，应自底部顺螺旋状芽眼向顶部切块，到顶部时纵切为3～4块，芽块要切成立体三角形或四方形，不能切成长条形或薄片形。切块过程中随时淘汰带病种薯。

d. 药剂拌种。切种后及时用药剂拌种，使伤口尽快愈合。河北北部一季作区：3kg甲基硫菌灵+4kg多菌灵+100kg滑石粉混匀，再用1kg混合粉与1 000kg薯块混匀后尽快播种。河北中南部二季作区：薯芽长度小于0.2cm的，用上述药剂拌种，阴干后播种。薯芽大于0.2cm的不宜拌种。

e. 切块存放。切好的薯块不宜装袋或放在塑料薄膜上，应放于竹帘或草苫上，在温度不低于10℃的阴凉通风处摊晾7～8h，待伤口愈合后进行播种。切忌堆积过厚，以减少侵染，预防烂种。

②整地施肥。深秋翻地25～30cm，整平、耙细、无根茬、无坷垃。根据当地土壤肥力和测土配方施肥推荐的施肥方案，确定相应的施肥量和施肥方法。施肥种类以优质有机肥、复合肥、复混肥等为主，结合耕翻整地施农家肥，与耕层充分混匀。一般中等肥力水平施充分腐熟的农家肥，河北一季作区每亩2t以上，河北二季作区每亩3～5t。

③播种。

a. 播期。河北北部一季作区：10cm地温稳定在5℃以上时播种，播期在4月25日至5月10日；河北中南部二季作区；10cm地温稳定在7～8℃进行播种，播期在2月25日至3月10日，不能晚于3月15日，否则结薯期容易遇到高温，造成窜箭和串薯现象发生，严重影响产量。

b. 用种量和种植密度。河北北部一季作区：种薯用量每亩140～220kg，亩种植密度3 300～4 500株，中晚熟品种3 300～3 500株，中早熟品种3 800～4 500株。单垄单行种植，垄台70cm，垄沟20cm，不覆膜，行距90cm，依据不同品种株距保持16～22cm；单垄双行种植，垄台80cm，垄沟40cm，大行距120cm，依据不同品种株距保持24～33cm。河北中南部二季作区：种薯用量每亩100～135kg。单垄单行种植，亩种植密度4 100～4 200株，行距70～80cm，株距20～23cm，垄上肩宽40cm；单垄双行种植，亩种植密度4 000～4 500株，大行距90～100cm，沟内小行距10～15cm，株距30～33cm，垄上肩宽60cm。

c. 播种方法。河北北部一季作区：开沟、播种、撒肥、覆土、覆膜一次性完成（单垄单行种植也可不覆膜）。按行距开沟，沟深10～15cm。将硫酸钾型三元复合肥（12∶18∶15或者10∶15∶20）每亩40～50kg施入播种沟内，与土均匀混合。将发芽一致的薯块播种在同一地块，按株距放入沟内，保持芽眼朝上。整平垄台后，再用50%辛硫磷乳油每亩150mL和48%氟乐灵乳油每亩150mL，加水50～60kg稀释后均匀喷施垄沟及垄台，喷后立即覆盖地膜，地膜选用0.005mm厚的薄膜。铺膜时要将膜拉紧，铺直盖严、压实，使地膜紧贴土壤表面，为防大风揭膜，每间隔3～5m压土固定，每亩薄膜用量4～6kg。河北中南部二季作区：开沟、播种、撒肥、覆土、覆膜、铺滴灌带一次性作业。要求地膜、滴灌带不破损，滴灌带迷宫面朝上。按行距开沟，沟深12～15cm；将5%辛硫磷颗粒剂每亩3.0～4.0kg、硫酸钾型三元复合肥（15∶15∶15）每亩50～75kg施入播种沟内，均匀混土。将发芽一致的薯块播种在同一地块，按株距放入沟内，保持芽眼朝上。再用70%甲基硫菌灵可湿性粉剂每亩100g加水30kg对播种沟均匀喷雾。用马铃薯播种机或人工进行覆土起垄，黏土地覆土厚8～10cm，沙土地覆土厚12～15cm，垄高10～15cm。整平垄面后，每亩用33%二甲戊灵乳油每亩100～125mL加水30kg均匀喷雾，喷后立即覆盖地膜。地膜选用厚0.005mm的生物降解膜或光降解膜。铺膜时要将膜拉紧、铺直盖严、压实，使地膜紧贴土壤表面，为防大风揭膜，每隔5m压适量土。在杂草2～4叶期，每亩用25%的砜嘧磺隆5～7kg兑水30kg进行田间喷雾，防治杂草。

④田间管理。

a. 河北北部一季作区。

中耕起垄：即将出苗时培土，同时增施每亩15kg硫酸钾型三元复合肥，滴灌地需埋设滴灌带。

水分管理：马铃薯较耐旱，仅靠天然降雨即可正常生长，如有浇水条件，视土壤墒情可在播种前造底墒；在整个生长期土壤含水量保持在62%～82%；出苗前不宜灌溉，块茎形成期及时适量浇水，膨大期不能缺水；浇水时忌大水漫灌；播种后15～25d视墒情可补水保苗，但浇水后要中耕；开花前一般不浇水仅靠中耕保墒。重点保证花期的水分供应充足，在收获前10d停止浇水。雨后要及时排水，田间积水超过24h。收获前视天气情况，停止灌水7～11d。

施肥：施肥时间，出苗后3周、5周、7周和9周追施氮肥；7周、9周可适量混追磷钾肥及微肥；9周后以叶面追肥为主，也要结合灌溉进行地面追肥，所需氮钾肥的1/2分4次追施，前1次追施尿素每亩2kg，后3次追硫酸钾每次每亩3kg。马铃薯生长中后期分3次追施磷酸二氢钾，每次每亩1.5～2kg。

b. 河北中南部二季作区。

放苗培土：人工播种在出苗处将地膜破一小口引出幼苗，用湿土封住膜孔；机械播种可在播种后25d左右，在膜上直接培土2～3cm，幼苗能自行拱破地膜和土层。

追肥：出齐苗后，追施尿素每亩5kg随水浇施；初花期块茎开始膨大追施硫酸钾每亩15kg；生长中后期用0.2%～0.3%磷酸二氢钾液每亩60kg进行叶面追肥，每隔7～10d喷1次，共喷2～3次。

培土：出齐苗后株高20cm左右第一次培土，厚度5～8cm；田间50%以上现蕾时第二次培土，掌握2次培土后垄高达25cm左右，防治薯块青头。

浇水：应足墒播种，出齐苗追肥培土后浇第一次水，现蕾期结合追肥培土浇第二次水，进入盛花期浇第三次水，收获前7～10d停止浇水。每次浇水要顺垄沟浇，浇水深度达到垄沟深度的70%～90%，不能漫过垄背，不应大水漫灌。

揭膜：种薯上覆土小于10cm的地块，4月20日左右晚霜过后揭掉地膜，进行培土。种薯上覆土大于10cm的地块，可以不揭地膜，采用膜上覆土，一膜到底的管理方法。

⑤病虫害防治。主要病害有早疫病、晚疫病、黑胫病等；主要虫害，地下有蛴螬、地老虎、金针虫等，地上有蚜虫等。贯彻"预防为主，综合防治"植保原则，优先采用农业防治、物理防治，科学使用化学防治。掌握最佳的预防时期，注意收获前一周内不再用药。

农业防治：实行轮作倒茬，深耕改土，减轻病虫害。可与玉米、豆类、棉花等作物轮作或套种。前茬作物收获后及时翻耕晒垡，清除残株、落叶。

物理防治：利用黄板诱杀蚜虫或银灰色地膜避蚜，用黑光灯、频振式杀虫灯或性诱剂诱杀害虫。

化学防治：有选择地使用高效、低毒、低残留的化学农药，尽可能减少农药使用次数及使用量。晚疫病，前期用58%甲霜灵·锰锌可湿性粉剂500倍液预防，连续2～3次；发病初期用72%霜脲·锰锌可湿性粉剂600倍液或68.75%氟菌·霜霉威盐酸盐悬浮剂

600 倍液，每隔 7d 喷 1 次，连续 2～3 次。早疫病，用 80%代森锰锌可湿性粉剂 800 倍液预防，连续防治 2～3 次；发病初期用 10%苯醚甲环唑水分散粒剂 1 500 倍液，每隔 7d 喷 1 次，连续 2～3 次。黑胫病，用 2%春雷霉素液剂 600 倍液或 80%乙蒜素乳油 800～1 000 倍液喷施。虫害防治，蚜虫选用 10%吡虫啉可湿性粉剂 1 000～1 500 倍液或 2.5%高效氯氟氰菊酯 800～1 000 倍液等农药进行防治。二十八星瓢虫，选用 2.5%氯氟氰菊酯乳油等拟菊酯类制剂，每公顷 750mL 加水 750kg。

⑥硒营养强化措施。

a. 马铃薯类别判定。在未采取任何硒营养强化措施条件下，对马铃薯种植基地所种植得到的马铃薯进行硒含量检测。根据下述标准判定马铃薯类别。

马铃薯类别判定

马铃薯类别	马铃薯硒含量（mg/kg）
富硒马铃薯（鲜基）	0.015～0.15
非富硒马铃薯（鲜基）	<0.015

b. 强化措施。根际硒营养强化：通过根际施用含硒肥料、含硒土壤调理剂或其他含硒植物营养剂等农业投入品，增加马铃薯植株根际环境中的硒营养供给，从而提高马铃薯植株对硒的累积量，使得最终的马铃薯达到富硒马铃薯要求。

叶面硒营养强化：通过叶面施用含硒肥料或其他含硒植物营养剂等农业投入品，增加马铃薯植株的硒营养供给，从而提高马铃薯对硒的累积量，使得最终的马铃薯达到富硒马铃薯要求。

c. 操作方法。根际硒营养强化操作方法：每年在马铃薯播种时以基肥施入或在开花期以追肥施入，根际施用含硒投入品（如含硒肥料、含硒土壤调理剂或其他含硒植物营养剂等），以富硒有机肥硒含量是 0.1g/kg 计，根际施用硒肥每亩 100～200kg，结合旋耕和农家肥共同施用。

叶面硒营养强化操作方法：采用含硒肥料或其他含硒植物营养剂，在马铃薯开花期，进行 1～2 次喷施作业，每亩喷施的生物有效硒总量以硒 2～5g 计。施用时机为晴朗无风天气上午 10：00 之前或下午 4：00 以后，两次喷施时间间隔 1～2 周，若喷施 4h 之内遇雨水冲洗或大风天气，应及时补喷。

⑦收获。根据生长情况与市场需求及时采收，富硒马铃薯硒含量 15～150μg/kg。采收前若植株未自然干枯，可提前 7～10d 杀秧。收获后，块茎避免暴晒、雨淋、霜冻和长时间暴露在阳光下。收获时间：当下部叶片开始发黄时进行收获，具体说河北北部一季作区早熟品种 8 月下旬，中熟品种 9 月初，中晚熟品一般在 9 月中下旬；河北中南部二季作区 6 月上中旬。

4. 适用区域

冀北设施蔬菜及露地蔬菜产区及同气候类型区蔬菜种植区。

5. 技术来源

河北省现代农业产业技术体系蔬菜产业创新团队张承坝下设施蔬菜综合试验推广站、

承德市蔬菜技术推广站。

6. 注意事项

富硒蔬菜生产中，对富硒肥的使用要严格按照省内标准实行，并严格对产后蔬菜进行硒含量检测，确保产品的质量安全。

7. 技术指导单位

承德市蔬菜技术推广站。

8. 示范案例

（1）地点 河北省承德市平泉市榆树林子镇。

（2）规模和效果 10亩富硒黄瓜生产设施棚室，主要示范科润99富硒黄瓜，经过越冬一大茬生产，按照富硒黄瓜栽培管理技术，商品瓜硒含量经苏州硒谷科技有限公司检测，达标，黄瓜亩产达到22 500kg，黄瓜品质优良，富硒黄瓜价格较常规黄瓜品种增值50%～150%，2019年5月价格达到4元/kg，较其他黄瓜2.6元/kg增值53.8%，亩新增纯收益1.2万元。

三十六、塑料大棚迷你型南瓜高效生产技术

1. 技术内容概述

迷你型南瓜品种的种植为河北省设施蔬菜生产效益的提高起到了很好的推动作用，迷你型南瓜作为特色蔬菜种类，其产品质量导致市场价格浮动较大。塑料大棚迷你型南瓜高效生产技术是本岗位团队根据最新研究成果，经技术集成、示范验证总结而成，包括茬口安排、品种选择、壮苗培育、定植前准备、定植、定植后管理、适时采收和采后商品化处理等关键技术，可为塑料大棚迷你型南瓜高效生产提供技术参考。

2. 节本增效

应用塑料大棚迷你型南瓜高效生产技术获得的迷你型南瓜产量高，品质佳，外形精致美观，口感粉糯香甜，商品果率达90%以上，效益好，品牌化销售，亩产值可达3.5万～7万元。

3. 技术要点

（1）茬口安排 日光温室早春茬于1月下旬至2月上旬育苗，2月中下旬定植，5月中旬开始采收。塑料大棚早春茬于2月上中旬育苗，2月下旬至3月中旬定植，6月上旬开始采收。秋延后栽培于7月中旬育苗，8月中旬定植，10月中旬至10月下旬收获。

（2）品种选择 应选用早熟优质、抗性好、雌花率高，耐储运、丰产迷你型南瓜品种，如贝贝、金星、桔瓜、迷你白、银星（彩图36至彩图40）等。

（3）壮苗培育

①育苗基质制备。草炭、蛭石、珍珠岩按1∶1∶1配制育苗基质，均匀撒施复合微生物菌剂（含枯草芽孢杆菌等有效成分），用水浇淋，基质含水量达60%后覆盖塑料膜待用。

②种子处理。选择晴天上午，将种子在阳光下晾晒2～3d，杀除表皮病原菌，促进后熟和增加种皮透性，随后进行温汤浸种，将种子置于55℃温水浸泡并搅拌10～15min，待水温降低到28～30℃，再浸泡4～5h，将种子捞出洗净，用纱布或毛巾包裹放置在25～

30℃温度条件下进行催芽，待有80%种子露白后即可播种。

③播种及播后管理。选用50孔或72孔穴盘，装入育苗基质，每穴点播1粒种子。发芽种子平放在基质中，覆蛭石5mm。点播后补水，在穴盘上覆盖一层透明薄膜，用于保温保湿。苗期白天气温保持20～25℃，夜晚气温保持在15～20℃。若白天气温低于18℃，需搭建塑料薄膜小拱棚，把穴盘放入保温。苗齐后揭去小拱棚膜。种子出苗后尽可能增加光照，若连遇阴雨天气，及时打开植物补光灯进行补光。幼苗长出真叶后，根据墒情，适时补水，每6～7d喷水一次，还可搭配生根壮苗剂600～800倍稀释液施用。迷你型南瓜苗期易发生猝倒病、立枯病，可喷施800倍噁霉灵稀释液进行防治。定植前一周要进行低温炼苗，控制浇水，白天气温保持在15～20℃，夜气温保持8℃即可。

④壮苗标准。3叶1心，茎秆粗壮、子叶完好、叶色深绿，根系发达，根坨成形，无病虫害。

（4）定植前准备

①棚室消毒。定植前3d可采用75%百菌清可溶性粉剂600倍液或20%辣根素1 500倍稀释液喷雾杀菌，日光温室秋延后茬可采用高温闷棚方法消毒。

②整地施肥。选用前两三茬未种植葫芦科作物的土地，每亩施优质腐熟有机肥2 500kg，均匀撒施硫基三元复合肥每亩（N：P：K＝18：18：18）40kg，微生物菌肥（有效活菌数≥2亿个）25kg。造足底墒，基肥撒施后，深翻土壤30～40cm，混匀整细，按行距100cm作平畦，畦宽60cm。

③覆膜与防虫网。大棚早春定植（2月下旬至3月上旬）需多膜覆盖，定植前20d扣大棚膜，提高地温，定植前5～7d挂天幕两层。

（5）定植　棚内土壤10～15cm地温稳定在10℃以上，即可定植。在晴天下午选用苗期达20～25d的幼苗进行定植。每亩种植1 000～1 200株，行距1m，株距40～45cm。从穴盘里带土一起取出定植，切勿伤根。定植深度3～5cm，定植后浇小水，保证水分充足后覆盖白色地膜保持高温高湿，有利于缓苗。

（6）定植后管理

①温度管理。植株定植后7d，要密闭大棚，提高地温，促进缓苗，气温白天保持在25～30℃，夜间保持在18～20℃，缓苗后大棚气温白天要保持在20～25℃，夜间要稳定在12～15℃。一旦棚内温度超过28℃，打开风口及时通风，若连遇高温天气，应及时打开棚膜。4月中旬，白天温度逐渐升高，棚内温度超过30℃时，卷起顶部棚膜，更换防虫网，撤去白色地膜，5月中旬，视气温可悬挂遮阳网，覆盖黑色地膜。

②水肥管理。定植后7～8d选择晴天上午，浇一次缓苗水，随水冲施氨基酸水溶肥每亩25kg，伸蔓期根据土壤墒情适当补充水肥，开花坐果前迷你型南瓜对肥料要求较少，氮肥施用较多易产生植株徒长，但若植株长势较弱，可补充三元复合肥每亩20kg，开花坐果期间，不可浇水，待第一瓜胎长至鸡蛋大时，第二瓜坐住后，随水冲施三元平衡复合肥，每亩15～20kg，氨基酸水溶肥每亩15kg，迷你型南瓜果实膨大期结束前期对钾元素需求更多，此时可随水冲施高钾型冲施肥（N：P：K＝10：20：30）每亩20kg，一般追施2次，6～7d追施1次，此后不再补施肥料。水分供给要少，成熟前15～20d停止供

水，有利于提高果实口感。

③整枝留果。采用单蔓整枝，植株长至5～6片真叶时，进行吊蔓，每2～3d将瓜蔓绕在塑料绳上，保持植株直立生长，植株长至80cm前，及时抹芽，去侧蔓、孙蔓，防止竞争果实营养。若植株生长过旺，可喷施200mg/kg的乙烯利控旺促雌花形成。

贝贝在7～9节开始连续留果5～6个，20节以上再留果2～3个，在25～26片叶上处摘心，单株结果数7～9个。桔瓜、迷你白、银星在10～11节留第一果，单株留果在5～6个，在最上果4～5片叶处摘心。金星在12～13节留果，每3节留1果，在23～24节摘心，单株留果一般在4～5个。植株产生的畸形果、病害果要及时清除。

④授粉或激素处理。为促进迷你型南瓜坐果，需人工辅助授粉或激素喷花处理，选择晴天上午拨开雄花花冠，从雄蕊中提取花粉，将雄花花粉均匀抹在雌花柱头上。授粉一般在上午7：30～9：00进行，之后温度升高，花粉活性降低。若花朵下垂，子房膨大即可证明授粉成功。也可对准雌花柱头喷施400～600倍氯吡脲（有效含量0.1%）稀释液，促进坐果。

⑤病虫害防治。迷你型南瓜抗性较强，病虫害较少。采取预防为主、综合治理的方针。对常见白粉病和霜霉病分别用30%氟菌唑可湿性粉剂2 000倍液喷雾治理和45%百菌清烟剂进行防治，百菌清烟剂每亩用量150～250g，于傍晚密闭熏烟，7～10d使用1次。在棚内通风口设置防虫网，防治害虫进入，棚内悬挂黄板、蓝板诱杀害虫。防控白粉虱、蚜虫用70%吡虫啉水分散粒剂1 500倍液喷雾，或用10%氯噻啉可湿性粉剂1 500倍液喷雾，7～10d喷施1次，不同药剂交替使用。

（7）适时采收　迷你型南瓜成熟特征为果实膨大，硬度加强，颜色变深，果柄木质化。一般贝贝南瓜在授粉后40～45d成熟，金星、银星在授粉后35～40d成熟，迷你白、桔瓜在授粉后30～35d成熟。采收时要将果实和果柄一同剪下，一般留柄长0.5cm，防止感染病原体。

（8）采后商品化处理　采收后使用包装纸包装放入密封转运箱供售，也可放置于阴凉通风处进行贮存，一般可贮存2个月以上。

4. 适用区域

该技术适合在河北省及相似类型气候条件下应用。

5. 技术来源

河北农业大学、河北省现代农业产业技术体系蔬菜产业创新团队甜瓜岗位团队。

6. 注意事项

迷你型南瓜为特色蔬菜种类，种植前应提前考虑市场和销路，最好是订单种植，以保证效益。

7. 技术指导单位

河北农业大学园艺学院。

8. 示范案例

（1）地点　河北省沧州市青县大司马现代农业园区。

（2）规模和效果　2019—2020年共示范种植迷你型南瓜五种：贝贝（果实墨绿色）、银星（果实灰绿色）、金星（果实橘红色）、迷你白（果实乳白色）和桔瓜（果实淡橙色），均取得较高经济效益，其中贝贝亩产值最高，效益5.3万～6.8万元，金星亩产值相对较低，效益在3.4万～4.5万元，迷你白、桔瓜、银星亩产值分别为4.8万～6.2万元、4.5万～6万元和3.7万～5万元。

三十七、棚室甜瓜安全高效施肥用药及连作障碍修复技术

1. 技术内容概述

甜瓜是经济价值高且营养丰富的世界十大水果之一。随着我国经济的迅猛发展，人们生活水平的提高，对水果的要求越来越高，另外由于甜瓜的市场需求量也不断扩大，为了追求高产，菜农在甜瓜栽培管理过程中，长期大量使用化学肥料，使肥料的利用率大大降低，土壤养分比例失衡，土传病害发生严重，加剧了甜瓜连作障碍的发生。

根据棚室甜瓜病虫害发生规律和养分需求特点，从减施化肥农药增效、土壤障碍修复入手，把握技术关键，力推微生物菌剂、生物新药剂等，针对有效防控温室甜瓜病虫害，为推进绿色食品棚室甜瓜生产，制定了棚室甜瓜安全高效施肥用药技术方案，可操作性强，简便易行，科学实用。

2. 节本增效

该技术针对解决棚室甜瓜种植土壤板结、死苗、烂根、早衰等难题，采用微生物菌剂和生物新药剂，促进甜瓜增产15%以上，甜瓜枯萎病发病率降低50%，对枯萎病的防治效果达51%，且促进甜瓜早开花，果实维生素C含量显著提高12%以上，亩均收益3万元，亩增纯收益2 150元，辐射带动周边甜瓜种植近万亩，促进了当地建档立卡贫困户稳定脱贫。

3. 技术要点

第一步：定植前，每亩撒施320kg生物有机肥，且沟施微生物颗粒菌剂10kg，主要防治土壤板结、次生盐渍化和病原侵染；用10mL 35%噻虫嗪悬浮剂+10mL 62.5g/L精甲·咯菌腈悬浮剂+10mL噻唑锌粉剂，先取少量水与药剂混匀后，再兑水25L，药浸甜瓜苗穴盘，主要防控根腐病、蚜虫、烟粉虱和蓟马。

第二步：浇定植水时，随滴灌每亩施巨大芽孢杆菌或枯草芽孢杆菌有效活菌2亿个/mL微生物菌剂5L，主要刺激根系活性、缓苗。

第三步：定植3d后，喷施68%精甲·霜锰锌水分散粒剂（如精甲霜灵·锰锌，高温慎用）500倍液，10mL噻唑锌粉剂，对土壤表面进行药剂封闭处理，即每亩用40～60mL药剂兑水60L喷穴坑和垄沟，主要防控立枯病、茎基腐病。

第四步：缓苗后，每亩用25%嘧菌酯悬浮剂和35%噻虫嗪悬浮剂各200mL，10mL噻唑锌粉剂，二次稀释后兑水30L灌根，主要防控烟粉虱、潜叶蝇、蓟马等害虫。

第五步：开花前期，缓苗后25d每亩用15mL 5.7%乙基多杀菌素悬浮剂、30mL 2%春雷霉素水剂和10mL氨基酸二次稀释后，兑水15L喷施1次，主要防控立枯病、溃疡病、蓟马。然后，每隔7d每亩须用10mL氨基酸兑水15L喷1次。如有病害发生，每隔10d左右每亩用15mL乙基多杀菌素悬浮剂和30mL 2%春雷霉素水剂兑水15L再喷

施 1 次。

第六步：膨果初期，每隔 5～7d 随滴灌每亩施水溶冲施肥（20：20：20）8～10kg，培育壮秧保证正常生殖生长。

第七步：膨果后期，每亩用 8mL 42%苯菌酮悬浮剂和 10mL 含氨基酸微量元素叶面肥兑水 15L 喷施 1 次，主要防控白粉病。

第八步：采收前 15～20d，随滴灌每亩施水溶冲施肥（13：7：40）8～10kg，壮秧促瓜发育，防止早衰。

4. 适用区域

春提前茬地区。

5. 技术来源

河北省现代农业产业技术体系蔬菜产业创新团队。

6. 注意事项

避免微生物菌剂与杀菌剂混合使用。

7. 技术指导单位

河北农业大学、廊坊市农业局经济作物站、青县农业农村局、河北省微生物肥料产业技术研究院。

8. 示范案例 1

（1）地点　河北省沧州市青县根枝叶蔬菜种植专业合作社。

（2）规模和效果　示范面积 80 亩。青县根枝叶蔬菜种植专业合作社位于河北省沧州市青县曹寺镇齐营村。在轻度盐渍化区，示范品种为羊角脆。于 1 月上旬定植，4 月初收第一茬瓜，6 月中旬收第二茬瓜。该技术可显著增加苗期甜瓜株高 10%以上、茎粗 7%以上，促进苗期甜瓜生长，增加甜瓜单果重 12.5%，改善甜瓜果形指数，提高甜瓜产量 36%以上，降低甜瓜枯萎病发病率，防治效果高达 25%以上；另外，该技术还能降低甜瓜种植区土壤电导率，对轻度盐渍化土壤具有一定的修复作用。

在非盐渍化土壤区，示范品种为博洋 9 号。该模式于 2 月中旬定植，4 月底收第一茬瓜，6 月初收第二茬瓜。该技术可显著提高甜瓜产量 20%左右，降低甜瓜枯萎病发病率和病情指数，防治效果高达 40%以上；另外，该技术还可以不同程度的提高甜瓜生长期内土壤中速效磷钾养分含量。

因此，在青县甜瓜种植区，该技术有效缓解了在盐渍化和非盐渍化土壤的盐渍程度，提高了农民经济效益。

9. 示范案例 2

（1）地点　河北省廊坊市安次区孟村。

（2）规模和效果　示范面积 50 亩。示范品种为西洲密二十五号。应用该技术于 4 月初定植，6 月中下旬收获。应用该技术可显著增加苗期甜瓜株高 9%以上、茎粗 16%以上，促进苗期甜瓜生长，促进甜瓜提早开花，增加甜瓜单果重 22%以上，改善甜瓜果形指数，提高甜瓜产量 15%以上，降低甜瓜枯萎病发病率，防治效果高达 44%以上；另外，该技术还可以不同程度的提高甜瓜生长期内土壤中速效磷钾养分含量。

孟村甜瓜示范区——苗期

孟村甜瓜示范区——收获期

三十八、甜瓜集约化嫁接育苗技术

1. 技术内容概述

甜瓜集约化嫁接育苗技术是甜瓜岗位团队在原有成果“蔬菜日光温室周年高效集约化育苗关键技术”和地方标准《瓜类蔬菜集约化嫁接育苗技术规程》（GB 1310/T 137—2012）的基础上，经试验示范，补充完善和集最新相关研究成果而成，包括场地环境、设施设备、品种选择、砧木和接穗苗的培育、嫁接、嫁接苗管理、商品苗标准等关键技术，可为育苗场培育优质健壮甜瓜商品苗提供参考。

2. 节本增效

甜瓜育苗常因育苗设施设备使用、嫁接技术、嫁接后管理不规范，导致商品苗成活率低、根系弱、抗逆性差。应用本技术可有效解决上述问题，商品苗根系密集，叶片肥大，生长整齐一致，壮苗率提高10%以上，本技术的应用可使苗场增效12%以上。

3. 技术要点

（1）场地环境　育苗场应选择交通便利、地势高燥、水电等配套设施齐全的地块，远离工厂，环境及空气质量良好，灌溉水洁净。

（2）设施设备

①育苗设施。冬春季育苗可利用高效节能日光温室，并配备加温、保温及遮阳设备及措施。夏季育苗可利用现代化连栋温室、日光温室或塑料大棚，并配备遮阳、降温和防雨设备及措施。棚室通风口和门口设置40～60目防虫网。

②育苗床架。床架高度0.8～1m，宽度以摆放3～5排标准育苗盘为宜。

③育苗盘。砧木选用50孔聚苯乙烯（PS）标准穴盘，接穗可用平底育苗盘，接穗也可用50孔、72孔或105孔穴盘；50孔穴盘每孔播3粒种子，72孔穴盘每孔播2粒种子，105孔穴盘每孔1粒种子。

④基质。采用商业育苗基质，具备良好的保水、保肥、通气性能和根系固着力。使用前，使基质含水量达50%～60%，即用手紧握基质，有水印而不形成水滴，搅拌均匀并用薄膜覆盖保湿待用。播种前将基质装入穴盘或平盘中，装盘时以基质恰好填满育苗盘的孔穴为宜，稍加镇压，抹平即可。

⑤浇灌系统。可利用软管配细孔压力喷头；也可安装行走式喷淋系统，均应配备蓄水池。

⑥其他设备。配置仓库、基质搅拌机、恒温箱等仪器设备，有条件的还可配备催芽室、愈合室、自动播种流水线等。

（3）品种选择

①砧木品种选择。砧木选择抗病、抗逆性强；与接穗嫁接亲和力强、共生性好；对接穗品质无不良影响的专用南瓜砧木或甜瓜砧木。

②接穗品种选择。接穗品种应选择符合市场需求，抗病、抗逆性强，丰产性好，品质优的品种。薄皮甜瓜品种可选用羊角脆、博洋61、博洋9号、博洋91、绿宝石、翠玉等。厚皮甜瓜可选用伊丽莎白、久红瑞、金瑞红、西州蜜、脆甜、阿鲁斯等品种。

（4）砧木和接穗苗的培育

①育苗季节。具体育苗时间根据生产需要制定，一般冬春季在12月上旬至翌年2月上旬，夏季在6～7月。

②播种量计算。用种量要根据种子发芽率、出苗率、成苗率等因素确定。可用下列公式计算用种量。

用种量(粒)＝成苗数/[发芽率(%)×出苗率(%)×出苗利用率(%)×嫁接成活率(%)×成品苗率(%)]。

③砧木与接穗的播期。采用贴接法，接穗应比砧木早播5～7d；采用顶插接，砧木比接穗早播5～7d。

④消毒及种子处理。

设施消毒：将40%甲醛1.65kg加入8.4kg开水（95℃以上）中，再加入1.65kg高锰酸钾粉剂，每亩分3～4个点产生烟雾反应，可消毒1亩育苗温室。封闭48h，气味散尽后使用。

育苗盘消毒：可用40%甲醛100倍液浸泡苗盘15～20min，然后在上面覆盖一层塑料薄膜，闷闭一周左右，用清水冲洗干净使用。也可用50%多菌灵可湿性粉剂800倍液或高锰酸钾1 000倍液浸泡苗盘10min。

种子处理：包衣种子可直接播种，未包衣种子可进行温汤浸种。先将种子晾晒3～5h，然后置入55℃的热水中不断搅拌，并保持55℃水温15min。水温降至常温后，继续浸种4～6h，将种子捞出沥干水分。防治细菌性果腐病可用40%甲醛200倍液浸种30min或1%的盐酸浸种5min或以1%次氯酸钙［$Ca(ClO)_2$］浸种15min，或杀菌剂1号200倍液浸种1h后，用清水浸泡5～6次，每次30min。浸种后的种子捞出，搓洗干净，在铺有地热线的温床上或催芽室内催芽。催芽温度控制在28～30℃，大部分种子露白后即可播种。若采用机械播种，则需要干籽直播。

⑤播种及播后管理。砧木播种在已装好基质的穴盘内，每穴一粒，种子平放；接穗播

于装好基质的平盘内，每标准平盘播 1 500 粒。播后上覆 1～1.5cm 消毒蛭石，淋透水。白天温度 28～30℃，夜间温度 18～20℃，有条件的可置入催芽室。50％种子顶土时移出催芽室，气温白天保持 22～25℃，夜间保持 16～18℃，基质湿度保持 80％～90％为宜。

（5）嫁接。

①适宜嫁接时期。

贴接法：砧木和接穗第一片真叶展开时为嫁接适期。

顶插接：砧木第一片真叶展开，接穗子叶充分平展、真叶显露时为嫁接适期。

②嫁接前准备。

嫁接前一天接穗和砧木苗浇足水，喷 5％多菌灵杀菌。操作人员洗净手，用 75％酒精消毒。夏季提前搭好遮阳棚。

③嫁接方法。

贴接法：嫁接时，用刀片斜向下 30°切掉砧木的真叶和 1 片子叶，留 1 片子叶，切口长 0.5～1cm；在接穗叶下方 1cm 处用刀片斜向下 30°切一与砧木相吻合的切口；将接穗与砧木的切口紧贴在一起，用嫁接夹固定好。

插接苗

顶插接：两人配合，A 取砧木，用竹签去生长点后，从砧木一侧子叶基部向另一侧胚轴内穿刺至皮层，深约 0.5cm；与此同时，B 取接穗在距子叶 0.5～1cm 处斜削一刀，递给 A；A 将插入砧木的竹签拔出，将削好的接穗插入，接口用嫁接夹固定。

（6）嫁接苗管理

①湿度管理。嫁接后在嫁接苗上覆盖地膜，一周内湿度保持 95％以上，以薄膜内能见露珠为度，3d 后开始通风换气，并逐渐增大通风量。

嫁接苗覆膜保湿

集约化育苗专用温室

②温度管理。嫁接后，温度白天控制在 25～28℃，夜间控制在 18～20℃。成活后温度白天控制在 22～25℃，夜间控制在 12～15℃。

③光照管理。嫁接后 3d 内遮光，3d 后可逐渐见光，先是散射光、侧面光，逐渐增加

见光量及时间，7～10d后转入正常光照管理。

④水肥管理。嫁接7～10d后，转入正常管理。视幼苗生长和天气状况，7～10d浇1次水，可随水施入三元复合肥。幼苗2片真叶后开始适当控制水分，防止徒长，培育壮苗。

⑤除萌。嫁接苗成活后应及时剔除砧木长出的不定芽，保证接穗的健康生长。

⑥病虫害防治。甜瓜苗期易发生猝倒病和立枯病，应采用农业、物理、生物、化学等方法相结合的综合防治措施。播种前进行种子及设施设备消毒，播种密度适合，及时通风换气，一旦发现病株应及时拔除，可用72%霜霉威水剂600倍稀释液、30%多·福、15%噁霉灵水剂等药剂每隔7～10d喷洒1次，连续喷洒1～2次。针对蚜虫、粉虱等，设施通风口及门口设40目防虫网，结合黄板诱杀，必要时使用苦参碱、噻虫嗪等药剂防治。

⑦幼苗锻炼。供苗前5～7d开始炼苗，逐渐加大通风，降低温度、减少水分、增加光照时间和强度；供苗前1～2d喷足水分。

（7）商品苗标准　嫁接苗达到3～4叶1心，株高10～15cm，嫁接口愈合良好，根系嫩白密集，根坨完整，叶片肥大，伸展良好，秧苗整齐一致且无机械损伤、无病虫害、无药害。

4. 适用区域

该技术适合在河北省及相似类型气候条件的地区应用。

5. 技术来源

河北农业大学、河北省现代农业产业技术体系蔬菜产业创新团队甜瓜岗位团队。

6. 注意事项

砧木与接穗亲和性、砧木抗逆性对商品苗质量至关重要，针对主栽品种，应选用与之亲和力高且对品质无不良影响的砧木。细菌性果腐病危害越来越严重，应加强砧木和接穗种子的消毒。嫁接所用竹签、刀片要干净，固定要牢靠、不松动，尽量减少不必要的机械损伤。

7. 技术指导单位

河北农业大学园艺学院。

8. 示范案例

（1）地点　青县根枝叶蔬菜种植专业合作社。

（2）规模和效果　2018年以来一直应用本技术，品种主要为羊角脆、博洋61、博洋9号等，采用贴接法嫁接，苗期管理严格按照本技术执行，壮苗率提高10%以上，商品苗价格1元/株左右，增收12%以上。

三十九、设施薄皮甜瓜早熟优质高效生产集成技术

1. 技术内容概述

设施薄皮甜瓜早熟优质高效生产集成技术是甜瓜岗位团队结合近年来团队的研究成果，集成了早春多层覆盖增温保温技术、绿色全程防控技术、主蔓坐果早熟高产技术、水肥一体化技术以及蜜（熊）蜂授粉等技术，经示范总结而形成。

2. 节本增效

应用设施薄皮甜瓜早熟优质高效生产集成技术生产的薄皮甜瓜比普通栽培技术的产品提早上市 20d 以上，显著提高果实品质及产量，有利于高质量精品果的打造，实现增产增效 20%以上。

3. 技术要点

（1）茬口安排

①日光温室早春茬。冀中地区 12 月上旬至 1 月下旬定植，采收期为 3～5 月。冀南地区可适当提前 3～5d 定植；冀北地区适当延后 7～10d 定植。

②塑料大棚早春茬。塑料大棚内设多层覆盖（二道幕、三道幕＋小拱棚＋地膜），定植期 2 月末至 3 月上旬，4 月底至 5 月上旬开始采收，7 月初拉秧。保温型塑料大棚（带保温被或有临时墙体）早春茬甜瓜定植期为 2 月中下旬，4 月上旬开始采收，7 月初拉秧。

（2）品种选择　选用早熟、苗期耐低温弱光、抗病、品质优的薄皮甜瓜品种，如博洋 61、博洋 9 号、博洋 91、绿宝石等。

（3）壮苗选购　应从育苗条件和技术水平高的苗场购买商品苗。商品苗由 50 孔穴盘育成，株高 10～15cm，3～4 叶 1 心，叶色浓绿，茎间粗壮，根系发达，根坨成形，无病虫危害。

重茬或病害严重地块，应购买嫁接苗，除符合上述要求外，砧木应选对果实品质无不良影响的南瓜或砧木型甜瓜；嫁接方法采用贴接或者顶插接，嫁接苗应接口愈合完全。

（4）定植前准备

①棚室消毒。上茬种过瓜菜的棚室，定植前可采用硫黄熏蒸法进行消毒。每亩用硫黄粉 2～3kg，拌上锯末 4kg 分堆点燃，密闭熏棚 48h，通风 24h，味散尽后使用。

②施肥整地。每亩施入充分腐熟的有机肥 3 000～5 000kg，或优质商品有机肥，按说明书用量施用，饼肥 150kg、过磷酸钙 100kg、硫酸钾 20～30kg，优质生物菌肥按说明书用量施用。底肥一半均匀撒施，一半集中施入栽培行。施肥后，深翻 20～30cm。将地整平，单行定植按行距 90～100cm 起垄，垄高 10～15cm；双行定植，按大行距 120cm、小行距 80cm 作宽 40～50cm、高 10～15cm 的高垄畦。

③覆膜与防虫网。大棚早春定植应提前 15d 左右覆膜，并在定植前 5～7d 吊挂天幕，以蓄热增温。推荐日光温室或大棚应用转光膜，可有效改善棚室内光照条件，有利于植株光合作用，应用转光膜的棚室植株长势更好，叶片肥大，果实品质优。

定植前在温室、大棚通风口及其他开口处设 30 目或 40 目防虫网以防止害虫潜入。

（5）定植　10cm 地温 1 周内应稳定在 15℃以上，选择阴天尾、晴天头的上午定植。采用节水灌溉和水肥一体化的，定植前在垄上铺设滴管带，并试水。定植株距 30～40cm，采用白色地膜覆盖以提高地温，浇透定植水，底肥未施生物菌肥的，可随滴灌滴入微生物菌剂，促生根缓苗。

（6）定植后管理

①定植到第一茬瓜坐住。

a. 环境调控。缓苗期，棚室密闭保温，温度白天保持在 28～32℃，夜间保持在 18～20℃，以促进缓苗。缓苗后，温度白天保持在 25～28℃，夜间保持在 15～18℃，室温超过 30℃放风。夜间最低温度维持在 12℃左右。随着外界温度升高，2 月中下旬，逐步撤除天幕，增加透光率。

b. 水肥管理。采用膜下滴灌、膜下沟灌等节水控湿方式。定植水不足的，缓苗后根据墒情再浇一次缓苗水，以后不干旱不浇水。若干旱在开花前浇一水，开花坐果期不浇水。

c. 植株调整。主蔓 30cm 左右时吊蔓，单蔓整枝。薄皮甜瓜在主蔓 11～15 叶片处选留子蔓，子蔓出现雌花后再留 1～2 片叶摘心，其他节位子蔓全部去掉。

d. 主蔓坐果技术。目前，博洋 61、博洋 9 号等大部分薄皮甜瓜品种均为子蔓坐果品种，主蔓几乎不着生雌花，子蔓坐果不仅晚熟，而且坐果后摘心费时费力，主蔓坐果能够促进早熟，降低劳动力成本，因此本团队利用乙烯利诱雌的原理研发出薄皮甜瓜主蔓坐果技术。

主蔓坐果技术具体措施：待植株缓苗并长出 4～6 片叶时，于主蔓生长点喷洒 150mg/L 乙烯利约 6mL，可促进 9～14 节主蔓坐果。主蔓坐果后摘除植株全部子蔓，通过主蔓留瓜促进早熟栽培。乙烯利处理具有时效性，一般处理后在 5～8 节出现雌花。

e. 促进坐果。

激素处理：雌花开放前，用 0.1%氯吡脲 100 倍液，蘸花、喷花或喷涂果柄。

人工授粉：可用干燥毛笔在雌花花器内轻轻搅动几下。也可在开花当日早晨采集刚刚开放的雄花，用雄蕊涂抹雌花柱头。

蜜蜂或熊蜂授粉：坐果节位雌花开放前 1～2d，棚室内傍晚放入蜂箱，第二天早上打开蜂门，一般每亩大棚放置 1 箱蜂，7～10d 完成一个授粉周期，授粉结束后将蜂箱移出大棚，或放入其他棚室授粉。授粉后做标记，以便计算果实成熟期。

②结瓜期。

a. 环境调控。温度白天保持在 28～32℃，夜间保持在 12～15℃，随着外界气温升高逐步加大风口，当外界气温稳定在 12℃以上时，昼夜通风。

b. 水肥管理。当瓜长至鸡蛋大小时，选择晴天上午浇水。应用水肥一体化的设施每亩随水冲施高钾水溶肥 5～8kg（如 13∶7∶40 的三元复合肥）；采用膜下沟灌的随水冲施尿素 5kg、硫酸钾肥 10kg，或高钾复合肥 15～20kg；以后保持土壤见干见湿，膨果中期根据植株营养状况可再追肥一次。果实定个进入成熟期，尽量减少浇水，采收前 7～10d 停止浇水追肥。以后每茬果开始膨大时结合浇水追肥 1 次。可结合喷粉机进行雾化喷施叶面肥，能够有效降低棚室湿度。

c. 植株调整。植株长到 2m 左右摘心，可多次留果，第一茬在主蔓 11～15 片叶处，第二茬在 19～22 片叶处留侧蔓结果，第三、四茬在摘心后形成的回头子蔓上留果。除留果节位的侧蔓保留，雌花出现后留 1～2 片叶摘心外，主蔓其余节位的侧蔓全部摘除。

d. 果实管理。定瓜：当幼瓜长到鸡蛋大小时，选留果形周正、无畸形的幼瓜，每茬留 3～4 个瓜。

③病虫害防控。甜瓜田间常见的病害有炭疽病、霜霉病、白粉病、病毒病、枯萎病、蔓枯病等，常见害虫有蚜虫、白粉虱、红蜘蛛等，防治措施如下：

a. 农业防治。包括合理轮作，选购壮苗，适时定植，合理密植。科学调控环境，防

侧蔓坐果与主蔓坐果对比

止棚内温度过高；随着气温升高，逐渐加大通风量。整枝、摘心时要选晴天中午进行，使伤口尽快愈合，防止伤口感染，导致病原侵入。

b. 物理防治。棚室设置防虫网。定植后，以高出作物顶端20cm左右悬挂黄板，诱杀粉虱、有翅蚜等。跨度在7m以内的棚室，在中间位置顺向挂置一行；跨度在7～11m的，按“之”字形悬挂两行。悬挂方向以东西方向为宜。通常亩设置中型板（25cm×30cm）30块左右，大型板（30cm×40cm）25块左右。

c. 生物防治。如利用丽蚜小蜂等天敌防控白粉虱等害虫，应用苦参碱等生物农药防控蚜虫等，应用解淀粉芽孢杆菌防控白粉病等。

d. 化学防治。优先采用粉尘法、烟熏法，在干燥晴朗天气也可喷雾防治。各种药剂的使用均按照药品的使用说明施用，注意轮换用药，合理混用。

霜霉病和疫病，在湿度大特别是连阴雨天时，可选用吡唑醚菌酯、代森锌、代森锰锌等进行预防性防治。发病初期，可选用烯酰吗啉、霜脲氰、氰霜唑等药剂防治。

白粉病可选用腈菌唑、丙环唑、醚菌酯、解淀粉芽孢杆菌等防治。

炭疽病可选用代森锰锌、腈菌唑、吡唑醚菌酯等进行喷雾防治。

细菌性病害如角斑病等可选用乙蒜素、氯溴异氰尿酸、三氯异氰尿酸等防治。

蚜虫、白粉虱可用噻虫嗪、噻嗪酮、氯氟氰菊酯等防治，红蜘蛛、螨类可用联苯肼酯、螺螨酯、乙螨唑等防治。

（7）适时采收 果柄叶片四周焦枯为成熟标志。根据授粉标记和品种果实发育期，推算果实成熟期。应该适时采收，未熟瓜品质差，糖度低，香气少，而过熟的瓜肉质变软，糖度亦降低，甚至开裂易烂。供长途外运上市的甜瓜以8成熟采收为宜，就地近距离销售的甜瓜以9成熟以上采收为宜。

（8）采后商品化处理

①预冷。甜瓜采摘后采用纸箱或塑料筐盛放，置于12～15℃冷库内预冷12～24h，冷库提前杀菌、降温。

②分级、保鲜包装。预冷结束后，在预冷库内进行挑选，剔除病虫害和机械伤果，按照国家或地方标准进行分级，如无上述标准，也可根据不同的甜瓜品种，制定出相应的分级标准。将甜瓜套上泡沫网袋或纸包装袋，然后装入瓦楞纸箱或泡沫箱，包装箱必须留有通气孔。

③贮存及管理。将甜瓜放入温度10℃左右、相对湿度80%～90%的冷库内贮存，定期测定温度、湿度，保持其恒定，并通风换气。每3～5d抽查箱子内甜瓜质量。甜瓜应贮存在环境干净、通风、避光的库内，不得与其他果品蔬菜混装混放。

④运输。运输工具应清洁卫生，产品采收后及时装运，防晒防雨。在装卸运输过程中应快装快运、轻装轻放，防止碰伤瓜体，运输工具的底部及四周加铺衬垫物，防止机械损伤。

4. 适用区域

该技术适合在河北省及相似类型气候地区应用。

5. 技术来源

河北农业大学、河北省现代农业产业技术体系蔬菜产业创新团队甜瓜岗位团队。

6. 注意事项

结瓜期土壤水分在满足植株生长需要的前提下不宜过高，以土壤含水量65%～75%为宜，有利于果实糖分积累，提高果实品质。

7. 技术指导单位

河北农业大学园艺学院。

8. 示范案例1

（1）地点 河北省沧州市青县大司马现代农业园区。

（2）规模和效果 建有甜瓜生产专用日光温室20个，早春茬于1月中旬定植，3月上旬开始采收。品种以博洋6号、博洋61、博洋9号为主，应用本技术采收的商品瓜外观品质好，口感佳，优质商品果提高10%以上，博洋6号和博洋9号平均单果重0.3～0.5kg，博洋61平均单果重0.7～1kg，可实现单瓜售价10元以上，增产增收30%以上。

9. 示范案例2

（1）地点 青县根枝叶蔬菜种植专业合作社。

（2）规模和效果 示范面积30亩，示范品种以博洋61和博洋9号为主，示范区比当地普通栽培技术生产的薄皮甜瓜第一茬早上市20～30d，甜瓜价格高，收益好，亩增收25%以上。

四十、塑料大棚薄皮甜瓜一大茬轻简化栽培技术

1. 技术内容概述

塑料大棚薄皮甜瓜一大茬轻简化栽培技术是甜瓜岗位团队在近几年研究成果的基础上，集成以生物菌肥、氨基酸肥等为核心的保健性施肥技术，以遮光涂料为核心的遮光降温技术，以农艺、生物、物理措施为核心的病虫害综合防控技术等，为塑料大棚薄皮甜瓜轻简化栽培提供一体化技术。

2. 节本增效

塑料大棚薄皮甜瓜一大茬轻简化栽培技术具有节本、高效、高质的优势，应用该技术可持续收获3～4茬瓜，产量高，生长期单株平均坐果10～12个，均能达到高商品果标准。该技术较常规的一年两茬栽培模式大大降低了购苗成本，减少了整地和结瓜前的管理，延长了结瓜期，保证了薄皮甜瓜的持续市场供应，本技术的应用可节本增效15%以上。

3. 技术要点

（1）茬口安排　塑料大棚薄皮甜瓜一大茬轻简化栽培一般于2～3月定植，5月上中旬采收上市，直至9月下旬拉秧。

（2）品种选择　选用符合市场需求、丰产性好、抗逆性强、品质优良的品种，主要有羊角脆、博洋61、博洋9号、博洋91、绿宝石、翠玉、星甜20等。砧木选择甜瓜专用嫁接南瓜品种，如新土佐、青研甜砧、营砧9号等。

（3）壮苗标准　建议从育苗企业订购或委托代育优质嫁接苗。壮苗标准为苗龄45～50d，嫁接苗长到3叶1心，茎秆粗壮、子叶完整、叶色浓绿、生长健壮，根系紧紧缠绕基质，嫩白密集，形成完整根坨，不散坨；无黄叶，无病虫害；整盘苗整齐一致。

（4）定植前准备

①整地施肥。每亩施优质腐熟粪肥5 000kg、硫基平衡复合肥50kg、生物菌肥80～120kg、钙镁硼锌铁微肥2kg。造足底墒，基肥撒施后，深翻地30～40cm，混匀、耙平，按行距100cm作高畦。

②扣棚膜挂天幕。定植前20d扣大棚膜，提高地温。采用多层覆盖的定植前5～7d挂天幕两层，间隔15～30cm。天幕选用厚度0.012mm的聚乙烯流滴地膜。

（5）定植　在3月上旬，大棚内10cm地温稳定在12℃以上时，选择晴天上午进行定植。苗在定植前1d用75%百菌清可湿性粉剂600倍液喷雾杀菌。按行距1m在畦中间开沟，浇定植水，待水渗至一半时按株距30cm左右放苗，每亩定植2 000株左右。定植后2个畦扣1个小拱棚。小拱棚棚膜选用厚度0.012mm的聚乙烯流滴地膜。

（6）定植后管理

①定植后到第一茬瓜坐住。

a. 环境调控。刚定植后，地温较低，应保持大棚密闭，即使短时气温超过35℃也不放风，以尽快提高地温促进缓苗。缓苗后根据天气情况适时放风，保证21～28℃的时间在8h以上，夜间最低温度维持在12℃左右。随着植株生长和外界温度升高，瓜秧开始吊

绳前撤除小拱棚，3 月下旬撤除下层天幕，4 月上旬撤第二层天幕。

b. 水肥管理。定植后根据墒情可浇一次缓苗水，以后不干不浇。浇水宜采用膜下滴灌、膜下沟灌等节水控湿方式，应避免大水漫灌。

c. 植株调整。采用单蔓整枝法，主蔓长至 30cm 长时吊蔓。主蔓长有 25 片叶左右摘心，在 10～13 节选留子蔓留瓜，坐果后留 1 片叶摘心，每株留 3～4 个瓜，其他节位的子蔓全部去掉。

d. 保花保果。

激素处理、人工授粉、蜜蜂或熊蜂授粉参照本章设施薄皮甜瓜早熟优质高效生产集成技术。

②结瓜期。

a. 环境调控。果实定个到成熟期，白天温度保持在 25～35℃，夜间保持在 12℃以上，有利于甜瓜的糖分积累。随着外界气温升高逐步加大风口，当外界气温稳定在 12℃以上时，可昼夜通风。大棚气温白天上午在 25～35℃，下午 20～25℃最好。

b. 水肥管理。当瓜胎长至鸡蛋大时，选择晴天上午浇小水，每亩地冲施硝酸铵钙 5kg、硫酸钾 10kg；或硝酸钾 10kg、钙镁硼锌铁微量元素肥 2kg，每茬果实膨大期可浇水追肥 2～3 次，采收前 7～10d 停止浇水追肥，保持土壤含水量 65%～75%。

c. 植株调整。及时摘除下部病叶、黄叶。在 21～23 节子蔓处选留二茬瓜。主蔓在 25 片叶左右摘心后，保留 2～3 条子蔓，第三、四茬瓜在子蔓上萌生的孙蔓上选留。第一茬果采收后，隔 1～2 棵间除 1 棵，以后不再整枝。

d. 保花保果。保花保果措施同第一茬瓜。

e. 果实套袋技术。羊角脆、博洋 61 等薄皮甜瓜果实成熟期果面常产生大小不一的绿斑，大大影响了果实的外观品质。针对此现象，甜瓜岗位团队研制了薄皮甜瓜果实套袋技术：于果实定个后、转色前进行套袋，套袋材质宜选用无纺布，无纺布套袋果实的转色指数及光洁度显著优于纸袋或不套袋的产品。通过套袋技术可有效避免阳光直射，且有利于抑制虫害及避免喷药残迹，使果面干净有光泽，显著提高果实的外观品质和商品性。

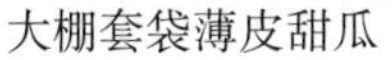

大棚套袋薄皮甜瓜

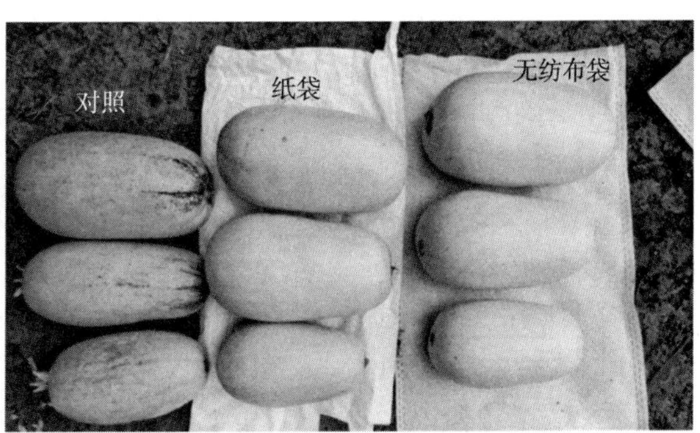

套袋薄皮甜瓜与对照比较

f. 遮光降温技术。遮光降温是塑料大棚夏季安全生产的关键，针对高温强光天气，可根据具体情况采用如下遮光降温措施：向棚膜上撒泥浆，这种方法简单，成本低，但可控性差，高大型棚室不易操作，下雨后需要重新撒。设置遮阳网，在棚室顶上与棚膜一定间隔设置遮阳网，但存在遮光过多，设置费事费工的问题。施用遮阳降温涂料，遮阳降温涂料可以将直射光转化为散射光，有效降低棚内温度。每亩使用6～8kg，成本60～80元，暴雨后需补喷。

g. 防早衰技术。植株生长中后期如管理不当常出现早衰现象，一方面应选用优质嫁接苗。另一方面可采用如下措施：施足基肥，生长期间，要注意及时追肥补充营养；及时清除老叶、病叶，减少养分流失，改善植株间通风透光条件；适当提高留瓜节位，第一茬瓜在10～13节选留子蔓留瓜，根据植株长势每茬留3～4个瓜；植株生长中后期，可喷施叶面肥，每周1次，补充叶面营养，防止叶片老化；根部冲施生根肥，避免根系老化，从而避免植株早衰。

③病虫害防控。甜瓜田间常见的病害有炭疽病、霜霉病、白粉病、病毒病、枯萎病、蔓枯病等，常见害虫有蚜虫、白粉虱、红蜘蛛等，采用农业、生物、物理综合防控技术防治，具体措施可参考本书设施薄皮甜瓜早熟优质高效生产集成技术部分。

（7）适时采收　根据开花日期、果皮颜色变化结合不同品种果实成熟特性判断果实成熟度，适时采收。供长途运输的甜瓜以8成熟采收为宜，就地近距离销售的甜瓜以9成熟以上采收为宜。采收应在清晨进行，采收后存放于阴凉处。

（8）采后商品化处理　果实采收后经预冷、分级、保鲜包装，贮存于温度10℃左右、相对湿度80％～90％、环境干净、通风、避光的冷库内待销售或运输，具体措施参考本章设施薄皮甜瓜早熟优质高效生产集成技术。

4. 适用区域

该技术适合在河北省及相似类型气候地区应用。

5. 技术来源

河北农业大学、河北省现代农业产业技术体系蔬菜产业创新团队甜瓜岗位团队。

6. 注意事项

塑料大棚设施较温室简易，易受自然灾害侵袭，应及时关注天气情况，预防夏季多雨、冰雹、大风等天气。关注棚膜老化情况，如透光性能差、易破损应及时更换棚膜。

7. 技术指导单位

河北农业大学园艺学院。

8. 示范案例

（1）地点　青县根枝叶蔬菜种植专业合作社。

（2）规模和效果　塑料大棚薄皮甜瓜一大茬轻简化栽培技术于该合作社基地示范30亩，示范品种为羊角脆、博洋61和博洋9号，于2月下旬定植，5月中旬开始采收。留果4茬，单茬单株留瓜3～4个，较一年两茬模式节本增收15％以上。

四十一、厚皮甜瓜优质高效栽培技术

1. 技术内容概述

厚皮甜瓜优质高效栽培技术是甜瓜岗位团队在近几年研究成果的基础上，集成有机肥及生物菌肥增施技术、多层覆盖增温保温技术、蜜蜂或熊蜂授粉技术、防裂果技术、水分精准管理技术、农艺及物理和生物防控等技术，可促进厚皮甜瓜精品打造、品牌培育。

2. 节本增效

应用厚皮甜瓜优质高效栽培技术种植的甜瓜产量高，品质优，裂果率降低 15%以上，植株健壮，病虫害发生程度低。网纹类型甜瓜花纹规整漂亮，光皮类型甜瓜果面整洁、果脐小，商品果率提高 10%以上，亩增收 15%以上。

3. 技术要点

（1）茬口安排

①日光温室茬口安排。

日光温室早春茬：12 月上旬至 1 月下旬定植，采收期为 3 月至 5 月。冀南、冀中、冀北地区根据当年天气情况适当提前或延后 5～10d 定植。早春茬是日光温室厚皮甜瓜的主要生产茬口。

日光温室秋茬：若有市场订单，可安排日光温室秋茬甜瓜 8 月上中旬定植，供应期在中秋、国庆双节前后。

②塑料大棚茬口安排。

塑料大棚早春茬：普通塑料大棚于 3 月下旬定植；覆盖多层（二道幕、三道幕＋小拱棚＋地膜）的塑料大棚，可于 2 月末至 3 月上旬定植。

塑料大棚夏秋茬：7 月定植，9 月下旬至 10 月采收上市。

（2）品种选择　光皮类型可选用伊丽莎白、久红瑞、脆梨、金瑞红等；网纹类型可选用西州蜜、脆甜、碧龙、库拉、阿鲁斯等品种。

（3）壮苗标准　提倡从育苗条件和技术水平高的苗场购买商品苗，商品苗株高 10～15cm，3～4 叶 1 心，叶色浓绿，茎间粗壮，根系发达，根坨成形，无病虫危害。厚皮甜瓜一般不选用嫁接苗。

（4）定植前准备　定植前需进行棚室消毒、施肥整地、覆膜及覆盖防虫网等工作。棚室消毒可采用硫黄熏蒸法进行；优质有机肥或优质生物菌肥按说明书用量施用；可选用单行定植或双行定植；大棚早春定植应提前 15d 左右覆膜，定植前在温室、大棚通风口及其他开口处设 30 目或 40 目防虫网，定植前准备可参考本章设施薄皮甜瓜早熟优质高效生产集成技术。

（5）定植　当 10cm 地温 1 周内稳定在 15℃以上时可选择阴天尾、晴天头的上午定植。单蔓整枝定植株距 40～45cm，双蔓整枝定植株距 55～65cm，三蔓整枝定植株距 60～70cm，定植水应浇透，通过滴灌微生物菌剂促进生根缓苗。

（6）定植后管理　棚室厚皮甜瓜栽培以早春茬为主，以下为早春茬管理技术要点。秋冬茬定植后除注意遮光降温、防雨防涝和病虫害防控外，其他管理原则可参考早春茬。

①定植后到第一茬瓜坐住。

a. 环境调控及水肥管理。缓苗期，白天温度保持 28～32℃，夜间 18～20℃。缓苗后，白天温度保持在 25～28℃，夜间 15～18℃，室温超过 30℃放风。夜间最低温度维持在 12℃左右。

采用膜下滴灌、膜下沟灌等节水控湿方式。缓苗后根据墒情可浇一次缓苗水，以后不旱不浇水。若干旱在开花前浇一水，开花坐果期不浇水。

b. 植株调整。

单蔓整枝：主蔓 30cm 左右长时吊蔓，大果品种在主蔓 15～16 片叶处，小果品种在主蔓 13～15 片叶处选留子蔓，子蔓出现雌花后再留 1～2 片叶摘心，其他节位子蔓全部去掉。

双蔓或三蔓整枝：在主蔓 3～5 片叶时摘心，选留 2 条或 3 条生长健壮的子蔓，子蔓 15cm 左右时吊蔓，吊蔓时注意加大多个子蔓间距，在子蔓 13～15 片叶处留孙蔓坐果，孙蔓出现雌花后留 1～2 片叶摘心，除坐果节位的孙蔓外，去掉其他节位全部孙蔓。

c. 促进坐果。

激素处理、人工授粉、蜜蜂或熊蜂授粉参照本章设施薄皮甜瓜早熟优质高效生产集成技术。

②结瓜期。

a. 环境调控及水肥管理。白天温度控制在 28～32℃，夜间保持在 12～15℃。结瓜初期（鸡蛋大小），水肥一体化的每亩随水冲施高钾水溶肥 5～8kg；膜下沟灌的随水冲施尿素 5kg、硫酸钾肥 10kg，或冲施高钾复合肥 15～20kg；以后保持土壤见干见湿，膨果中期根据植株营养状况可再追肥 1 次，果实定个进入成熟期，尽量减少浇水，采收前7～10d 停止浇水追肥。以后每茬果开始膨大时结合浇水追肥 1 次。可参考本章薄皮甜瓜早熟优质高效生产集成技术部分。

其中，水分、温度、湿度对于网纹类型厚皮甜瓜果实品质及果面网纹形成具有重要影响。正常情况下，授粉后 16d 左右，果柄和果脐周围开始出现环状裂纹，授粉后 18d 左右，竖状网纹开始形成，授粉后 20d 左右时，横网纹也开始出现，网纹渐渐遍布整个果实，授粉后 25d，网纹基本形成，之后也会有部分网纹发生，直到授粉后 40d 左右，果实网纹基本定型，果面呈现整洁的网纹。其间管理要点如下：

水分：结果前期（约鸡蛋大时）适当控水，授粉后 15～20d，适当增加灌水量。授粉后 20～40d，水分对网纹形成影响很大，灌水量过大常导致裂口增粗，致使后期网纹形成不均，因此，在此期间应适当控制灌水，以保证形成漂亮的网纹。采收前 7～10d 停止浇水。

温度：生育期内，白天温度控制在 28～35℃；果皮硬化到网纹形成初期，夜间温度以 12～15℃为宜；网纹形成初期到网纹形成结束，夜间温度保持在 15～18℃；网纹形成结束到采收，夜间温度控制在 15～20℃。

湿度：果实膨大到网纹形成期，湿度控制在 80%～85%；网纹形成后到采收，湿度控制在 65%～75%。

b. 植株调整。植株长到 2m 左右摘心，小果品种可留 2 茬果，留果节位在主蔓的 13～15 节和 20～25 节的侧蔓上；大果品种只留 1 茬果，留果节位在 15～16 节侧蔓上。除留果节位的侧蔓保留，雌花出现后留 1～2 片叶摘心外，主蔓其余节位的侧蔓全部摘除。

c. 果实管理。定瓜：当幼瓜长到鸡蛋大小时，选留果形周正、无畸形的幼瓜。大果型品种每株留 1 个果实，小果型品种每株 2 次留果，每次留 1～2 个果。

d. 防裂果技术。厚皮甜瓜在果实发育期容易出现裂果现象，严重影响甜瓜果实外观品质。本岗位研究结果表明单蔓整枝改为双蔓整枝或三蔓整枝、叶面喷施硅肥均能有效防裂果，裂果率降低20%～30%。

③病虫害防控。甜瓜田间常见的病害有炭疽病、霜霉病、白粉病、病毒病、枯萎病、蔓枯病等，常见虫害有蚜虫、白粉虱、红蜘蛛等，采用农业、物理和生物综合防控技术防治，具体措施可参考本章设施薄皮甜瓜早熟优质高效生产集成技术。

（7）适时采收　果柄叶片四周焦枯为成熟标志。供长途外运上市的甜瓜以8成熟采收为宜，就地近距离销售的甜瓜以9成熟以上采收为宜。厚皮甜瓜采收的果实留T形果柄。

大棚厚皮甜瓜

厚皮甜瓜采摘留T形果柄

（8）采后商品化处理　甜瓜采摘后采用纸箱或塑料筐盛放，质量分级后，将甜瓜套上泡沫网袋包装，装入瓦楞纸箱或泡沫箱（留有通气孔）。若需冷链储运，在12～15℃条件下预冷，在温度3～8℃、相对湿度80%～90%的冷库内贮存，定期测定温度、湿度，保持其恒定，并通风换气。如需运输应轻装轻放，运输工具的底部及四周加铺衬垫物，防止机械损伤，并注意防晒防雨。

4. 适用区域

该技术适合在河北省及相似类型气候条件下应用。

5. 技术来源

河北农业大学、河北省现代农业产业技术体系蔬菜产业创新团队甜瓜岗位团队。

6. 注意事项

厚皮甜瓜为高端产品，应根据市场需求选择合适的品种，打造精品，培育品牌，提高生产效益。

7. 技术指导单位

河北农业大学园艺学院。

8. 示范案例

（1）地点　廊坊瑞海农业技术有限公司基地。

（2）规模和效果　廊坊市瑞海农业技术有限公司位于廊坊市安次区杨税务乡前南庄村，毗邻安次工业园区，交通便利，是一家集科研、生产、经营于一体的农业高新技术产业化企业。于2014年获得“廊坊市农业龙头企业”称号，2016年被评为“廊坊市职业农民培训基地”“河北省职业农民培训基地”。当地厚皮甜瓜栽培以塑料大棚早春茬为主。厚皮甜瓜优质高效栽培技术于该公司基地示范 30 亩，示范品种主要为醇蜜 25，商品果率提高 10%以上，增产增收 15%以上。

四十二、厚皮甜瓜生产技术

1. 技术要点

（1）品种选择　选择优质、高产、抗病虫品种，当前主要有久红瑞、瑞红、金蜜、元首、西州蜜等。

（2）栽培季节　早春温室、大棚生产。

（3）育苗　温室育苗在 1 月上旬，大棚育苗在 2 月中下旬，苗龄 30～40d。

（4）定植　温室定植期在 2 月上中旬，大棚定植期在 3 月底。

①定植方法、密度。将苗定植在垄肩或垄背上，株距 45cm，先开定植穴，穴内浇水，然后定植苗，苗坨与四周土壤密接，3～5d 后浇一次水，水面不能超过苗坨面。浇水后及时中耕松土。

②使用防虫网、黄色粘虫板。定植前在温室、大棚通风口处使用宽 1.2m 30 目的防虫网，并在棚内张挂黄色粘虫板，亩用量 30～40 张。

（5）田间管理

①温度管理。定植后地温要达到 18℃以上，气温白天 30℃，夜间 16℃以上，以促进根系恢复生长。缓苗后白天温度控制在 26～28℃，夜间 12～14℃，开花坐果期白天 27～30℃，夜间 15～20℃。

②水肥管理。定植后浇足水，一般到坐果期不再浇水。果实达核桃大小时浇一次水，膨瓜期保持水分充足，瓜色转白时浇一次水。果实达到核桃大小时，随浇水每亩追施 100kg 腐熟饼肥、尿素 15kg，或追施腐熟人粪尿 500kg、硫酸钾 10kg 或冲施沼液 40kg。

③人工授粉。在上午 7：00～10：00，手摘雄花，剥开花冠用雄蕊涂抹雌花的雌蕊，每朵雄花涂抹 2～3 朵雌花，也可用多雄授多雌，进行复合授粉，提高坐果率。

（6）病虫害防治

①枯萎病。采用轮作、嫁接、种子消毒等农业措施。发现病株用多菌灵 1 000 倍液灌根，每株用量 200～250mL。中心病株拔除后，用生石灰处理中心病株所在位置的土壤。

②蔓枯病。种子清毒，用 70%甲基硫菌灵 1 000 倍液浸种半小时；实行轮作；保护地栽培加强通风，降低空气温度；严格整枝，茎蔓合理均匀摆布。防治可采用 70%甲基硫菌灵 1 000 倍液，或 80%乙蒜素 5 000 倍液，或 3.2%甲霜·噁霉灵水剂 500 倍液各喷雾 1 次。

③果腐病。种子处理，用 25%多菌灵 300 倍液浸种 1～2h；施足磷钾肥，坐果前适当控制浇水；用黑星灵烟片熏蒸。用 3%中生菌素粉剂 800 倍液喷雾一次。

④霜霉病。a. 预防。加强水肥管理，施足基肥（包括磷、钾肥），肥料配比合理；采用高畦栽培地膜覆盖，降低棚内温度；轮作不以黄瓜类为前茬。b. 治理。25%甲霜灵锰锌 500 倍液，72%霜脲·锰锌 600 倍液交替喷雾一次。

⑤虫害。厚皮甜瓜虫害主要是白粉虱、蚜虫。可用0.3%苦参碱植物杀虫剂1 000倍液防治。温室内采用黄色粘虫板诱杀。同种化学农药1个生长季只能使用1次。

2. 适用区域

该技术适合在河北省中南部及相似类型气候区种植。

花 期

结果期

结果期

3. 技术来源

廊坊市经济作物站、河北省现代农业产业技术体系蔬菜产业创新团队廊坊设施精特蔬菜综合试验推广站、安次区农业农村局。

4. 技术指导单位

廊坊市经济作物站、河北省现代农业产业技术体系蔬菜产业创新团队廊坊设施精特蔬菜综合试验推广站、安次区农业农村局。

四十三、设施甜瓜节水省肥优质绿色高效种植技术

1. 技术内容概述

水肥一体化技术就是微滴灌与施肥同时实施，肥料融化在水中的同时进行灌溉施肥的

技术，优点是节水、节肥，省工、省力、节本，还可增加产量、提早成熟、提高品质、节支增收。

2. 技术要点

（1）整地施肥　在棚内南北方向间隔 3m 作畦，将全生育期施肥量 20%～30%的氮肥、80%以上的磷肥、30%～40%的钾肥以及难溶肥料和有机肥作为基肥，结合整地全层施肥，或普施一半沟施一半。一般亩施腐熟鸡粪 2～3m^3，磷酸氢二铵 30～50kg，硫酸钾 30kg。

（2）起垄、铺设管带　根据作物需求的行距起垄，垄宽 25～30cm，沟宽 50～60cm，垄高 15～20cm。每垄铺设 1 条滴灌管，主管道采用 PVC 管材、管件，PVC 管材应符合《给水用硬聚氯乙烯（PVC-V）管材》（GB/T 10002.1）标准，PVC 管件应符合《给水用硬聚氯乙烯（PVC-V）管材》（GB/T 10002.2）标准。支管壁厚 2～2.5mm，直径为 32mm。滴灌管直径通常为 14～16mm，额定工作压力通常为 0.05～0.1MPa，流量一般为 1.0～3.0L/h。宜选择滴头间距与株距相近的，甜瓜栽培的株距一般为 30cm 左右，管道铺设完后试水，覆盖地膜。

（3）水肥管理　水肥耦合管理追施的化肥必须使用全溶性产品，不能有沉淀和分层，可以用尿素、硫酸钾和磷酸二氢钾等作追肥。追肥补充微量元素肥料，一般不能与磷肥同时使用，以免形成不溶性磷酸盐沉淀，堵塞滴头。施肥前，用清水灌溉 10～15min；施肥完成后，用清水继续灌溉 10～15min。灌溉结束，检查和冲洗过滤器前主管道，特别是毛管，以防系统内淤泥沉淀。

①定植。苗龄 3～4 叶 1 心。于 2 月上旬定植，灌溉 1 次透水，灌水量每亩 15～20m^3。

②缓苗。定植后 7～8d，土壤水分含量小于 60%时，浇缓苗水，每亩灌水量 10～12m^3。缓苗后。依据土壤墒情，不干不浇水，直到第一茬瓜坐住。

③膨瓜期。果实膨大到 3～5cm，当土壤相对含水量低于 80%时需要灌溉，结合滴水，随水施肥 2～3 次，每亩累计 N 3.2～5.8kg，P_2O_5 1～2kg，K_2O 3.6～6.3kg。亩灌水量 10～15m^3，该阶段一般浇水 3～4 次，灌溉周期为 4～5d。

④成熟期。该时期当土壤相对含水量低于 60% 时需要灌溉，每亩用水量 10m^3。一般需浇水 1～2 次。采收前 7～10d 停止浇水。及时采收。

（4）病虫害防治　棚内张挂粘虫板诱杀，或用阿克泰、吡虫啉防治蚜虫、粉虱。用霜脲·锰锌、甲基硫菌灵防治疫病、菌核病、炭疽病，用春雷霉素防治细菌性果斑病。

3. 技术指导单位

河北省农林科学院农业信息与经济研究所。

四十四、甜瓜病虫害绿色防控技术

1. 技术内容概述

甜瓜田间常见的病害有炭疽病、白粉病、病毒病、枯萎病、蔓枯病等，常见害虫有蓟马、蚜虫、白粉虱、红蜘蛛、瓜绢螟等。针对普通甜瓜栽培技术及病虫害发生特点，集成应用农业防治、物理防治和化学防治措施，通过关键期施药预防病虫害，保障生产安全，提升产品质量。

2. 节本增效

该技术对病毒病、枯萎病、蓟马等毁灭性病虫害防治效果达85%以上，对白粉病、炭疽病、蚜虫等防治效果93%～97%，甜瓜商品率达到96%，经济效益显著提升。

3. 技术要点

（1）农业防治

①合理轮作。②培育壮苗，适时定植，合理密植。③嫁接育苗，有效地避免和减轻青枯病、枯萎病、根结线虫等土传病害的发生和流行，增强耐寒、耐盐能力，提高水肥利用率。④保护地栽培加强放风，防止棚内温度过高。大拱棚种植随着气温的升高，逐渐加大通风量。露地茬栽培雨季及时排水，尤其要防止田间积水。整枝、摘心时要选晴天中午进行，使伤口尽快愈合，防止伤口感染，导致病原体侵入。

（2）物理防治　棚室设置防虫网。定植后，以高出作物顶端20cm左右悬挂黄板，诱杀粉虱、有翅蚜等。跨度在7m以内棚室，在中间位置顺向挂置一行；跨度在7～11m，按“之”字形悬挂两行。悬挂方向以东西方向为宜。通常亩设置中型板（25cm×30cm）30块左右，大型板（30cm×40cm）25块左右。

（3）化学防治　定植前土壤封闭处理。6.25%精甲霜灵·咯菌腈悬浮剂1 500倍液或68%精甲霜灵·锰锌可湿性粉剂600倍喷施穴坑或垄沟。防控甜瓜茎基腐病和猝倒病，防止烂根、死棵。

定植时，用30%精甲·噁霉灵可溶液剂1 200倍液或60%铜钙·多菌灵可湿性粉剂500～600倍液灌根防控甜瓜根腐病，缓苗后喷施22%螺虫·噻虫啉悬浮剂2 000倍液防治烟粉虱。

开花坐果后，用70%春雷霉素·硫酸铜钙水分散粒剂防治细菌性角斑病，用18.7%烯酰·吡唑酯水分散粒剂1 500～2 000倍液或68.75%氟吡菌胺·霜霉威盐酸盐水剂1 000倍液喷雾，防控霜霉病。用枯草芽孢杆菌1 000亿个芽孢/g可湿性粉剂800倍液、300g/L醚菌·啶酰菌悬浮剂1 500～2 000倍液或4%四氟醚唑水乳剂500倍液，或43%氟菌·肟菌酯悬浮剂1 500倍液，间隔10～15d喷雾1次，不同交替用药，防治白粉病。

4. 适用区域

该技术适用于塑料大棚、日光温室栽培的厚皮甜瓜、薄皮甜瓜。

5. 技术来源

河北省农林科学院植物保护研究所；河北省现代农业产业技术体系蔬菜产业创新团队。

6. 注意事项

发病前或初期用药，间隔7～10d连续施药，注意轮换和交替用药，每种药剂最多施药3次。

7. 技术指导单位

河北省农林科学院植物保护研究所。

8. 示范案例

（1）地点　任泽区盛世农业合作社。

（2）规模和效果　示范面积15亩。品种为瑞红，前茬作物为青花菜，采收后将尾菜粉碎还田，于5月9日定植甜瓜，集成应用轮作倒茬技术、生物菌肥＋菌剂＋微量元素肥＋商品羊粪有机肥等土壤改良技术、穴盘蘸根＋2次害虫关键期喷药等绿色防控技术，病毒病病株率0.5%，细菌性叶斑病、白粉病病叶率低于3%，单瓜重1.5～2.5kg，亩产4 000kg。

四十五、设施礼品西瓜吊蔓栽培技术

1. 技术内容概述

礼品西瓜，单果重在1.5～2.5kg，因其果型小巧美观、肉质细嫩、汁多味甜、又便于食用和携带，成为亲朋间相互馈赠的高级礼品，也是游客出行首选的瓜果。传统技术栽培的满地滚西瓜，因紧贴地面生长，阳光照射不均匀，很容易形成阴阳面，糖分分布也不太均匀；易得病虫害；单株占地面积较多。在设施内栽培，西瓜多以立体吊蔓为主，通过吊绳将瓜蔓向空中吊起栽培。吊蔓西瓜成长过程中四面见光透气，没有阴阳面，糖分更多且分布更均匀，皮薄口感好，且立体栽培拓展了西瓜的生长空间，在增加产量的同时，提高了西瓜品质，也给农民带来了看得见的收益。

2. 节本增效

在设施栽培中，吊蔓西瓜，以小型、早熟西瓜为主，其品质好、上市早，以礼品销售为主要卖点，价格好；小型西瓜适宜目前人口较少的家庭结构，更受到人们欢迎，因此效益突出，且其管理简单，省工省力，亩效益在3.3万～3.5万元，

3. 技术要点

（1）品种选择　选用抗病，抗逆性强，适应性广，发芽率高，易坐果，成熟度好，果肉松脆爽口，果皮薄而坚韧，耐储运，早熟，优质丰产，适合吊蔓栽培的优良品种，如超越梦想、新小玉、新小阑、京阑、蜜童、墨童等。

（2）基质及穴盘选择　基质可选用资源节约型育苗基质或商品基质。西瓜育苗选用72孔穴盘进行育苗。播前可用高锰酸钾1 000倍液对苗盘进行杀菌处理。将基质装盘，以基质恰好填满育苗盘的孔穴为宜，可用空穴盘底部稍压抚平。装盘时注意不要压紧，也不能中空，盘装好后待用。将装有基质的穴盘浇水，以浇水后穴盘下方小孔有水渗出为宜。

（3）播种

①播期。吊蔓西瓜适合在塑料大棚、连栋温室、日光温室中进行栽培。根据当地气候条件、不同栽培模式及育苗手段选择播种期。日光温室栽培一般在当年12月初进行育苗，翌年2月中旬进行定植；连栋温室或塑料大棚一般于当年1月初进行育苗，3月中旬进行定植。嫁接苗苗龄50d左右。

②浸种催芽。播种前对种子进行消毒，将种子放入温水（54～56℃）中10～15min，在加水的过程中要一直进行搅拌，以使种子受热均匀，待温度下降至室温后，再浸泡6～8h，可在浸种完毕后用钳子磕开一个小口，加速其出芽。种子处理完毕后即可捞出，裹多层纱布，放置到恒温箱进行催芽。催芽的适宜温度为30℃，24～36h后，种子露白后即可播种。砧木及接穗都需要进行种子处理。

③播种方法。

播前准备：将装有基质的穴盘浇水，以浇水后穴盘下方小孔有水渗出为宜。

播种：当种子露白播种，或浸种后直接播种，根据种子的发芽情况，一般一穴播1粒，芽尖向下，播后均匀覆盖蛭石，覆盖厚度为1～1.5cm。

播种后处理：种子覆盖后基质表面喷68%的精甲霜灵·锰锌600倍液封闭苗盘，防苗期病害。穴盘上用新地膜覆盖，四周压实，以保持基质湿度和温度。50%～60%种芽顶膜时逐步揭去薄膜。

机械播种：机械播种种子不需要催芽，利用滚筒式或针式自动播种机，按照操作流程进行播种。播种完成后，放于催芽室内催芽，齐苗后放于育苗温室内育苗床上进行苗期管理。

（4）苗期管理

①温度管理。出苗前保持较高温度，白天28～30℃，夜间22～25℃，以利出苗。50%～70%幼苗出土时要及时撤掉床面地膜。出苗后适当降低温度，白天22～25℃，夜间12～15℃，以防形成高脚苗。真叶出现后到定植前1周，白天温度控制在25～28℃，夜间15～18℃。

②水肥管理。整个苗期基质相对含水量保持在80%～95%。出苗前一般不需要补水，出苗后缺水的地方适当补水，中后期应少浇勤浇，阴雨天和下午三点后光照不足不宜浇水。2叶1心后结合喷水用0.1%尿素和0.1%磷酸二氢钾混合液进行1～2次叶面追肥。

③环境调控。冬春育苗可采用“二膜一帘”（棚膜、苗床小拱棚棚膜、天幕）技术调控育苗环境的空气温度，也可安装间距为12cm的地热线进行加温，以保持地温。夏季育苗要安装风机、水帘进行降温。

④炼苗。定植前7～10d白天加大放风量，进行低温炼苗。

⑤壮苗标准。苗龄60d左右，幼苗株高7.5～10cm，子叶完整，3、4片真叶，叶片肥厚，叶色浓绿，节间粗短，无病虫害。

（5）定植

①底肥。定植前施入底肥，亩撒施充分腐熟的有机肥2 000～3 000kg、N∶P∶K为15∶15∶15的复合肥25kg。

②定植时期。棚内日均气温保持在10～12℃，10cm地温10℃以上时即可定植，河北中南部地区一般在3月中下旬定植，如果在大棚内增设小拱棚、天幕并覆盖地膜，可适当提早定植。

③定植密度。选择大小整齐一致，3、4片叶的苗龄、无病虫害、健壮的西瓜苗定植，品种不同，定植密度也不同，一般行距1m，株距33cm，西瓜每亩1 800～2 000株。

（6）田间管理

①搭架。采用10号铁丝作为主架横杆，在每个畦上的棚室架子上固定，铁丝距地面2m。立柱可以用蔬菜专用吊蔓绳代替，每个吊蔓绳垂直悬挂于横杆上，与植株位置对应，每株西瓜准备2条吊蔓绳。

②吊蔓及整枝。利用吊蔓夹，在西瓜蔓长30～40cm时，在生长点下方第二片完全展开叶下，利用吊蔓夹将西瓜蔓与吊绳固定。

吊蔓种植西瓜，可选用双蔓整枝或单蔓整枝，依据定植密度决定整枝方式。双蔓整枝需留 2 个蔓，1 个主蔓和 1 个侧蔓，其他的侧蔓均要摘除。当瓜蔓长到 30cm 以上时，开始将引主蔓上架，将主蔓生长点以下 2～3 片展开叶下，用吊蔓夹将瓜蔓与吊绳固定，以后随瓜蔓生长及时调整吊蔓夹位置，直到瓜蔓到达吊蔓钢丝，到瓜蔓长过钢丝 6～7 片叶时，掐去顶尖。留下的侧蔓在地面匍匐生长，出现第一朵雌花要及时摘去，并摘除从坐果茎节往上的生长点，仅保留摘心茎节上的腋芽，其他的全部摘掉。

③温度管理。定植后 1 周内闭棚升温，保持 30℃左右，缓苗期过后，白天气温超过 30℃，开风口降温，至 25～26℃关闭风口；膨果期保持白天 26～30℃，夜间 16～20℃，昼夜温差 10℃左右。

④水肥管理。利用滴管或微喷带灌水，定植后浇定植水，亩灌水 20m^3。一周后浇缓苗水，每亩 15m^3。视墒情浇水，一般不缺水不浇水，直到西瓜坐住。从西瓜坐住核桃大小时开始浇水施肥，可将高钾水溶肥与氨基酸或腐殖酸肥交替使用，减少化肥施用，提高西瓜品质。具体追肥方案如下：

西瓜坐住核桃大小时，随水第一次追肥，可用高钾水溶肥每亩 15～20kg；一周后，追施氨基酸肥每亩 5kg；一周后再次追施高钾水溶肥 15kg，收获前 7～10d 不再浇水追肥，膨瓜期间叶面喷施 1 次 0.2%～0.3%的磷酸二氢钾。

⑤瓜果管理。大棚吊蔓西瓜需要人工辅助授粉以提高坐果率，减少畸形果。授粉最佳时间在晴天 8：00～10：00，用雄花的花粉涂抹在雌花的柱头上进行人工辅助授粉。一般选择第二至三朵雌花的瓜留 1 个，要选择瓜形好的。当瓜长至鸡蛋大小时，去除其余的花和幼果。瓜蔓已爬满架时要掐尖，以减少养分消耗。瓜长到拳头大小时，用塑料网袋套住西瓜，把瓜吊在吊绳上，防止西瓜长大时太重从茎基部脱落。

⑥授粉　选择熊蜂或蜜蜂授粉，可提高西瓜果实商品性及口感品质。熊蜂授粉每亩用 1 组熊蜂，在留瓜雌花开放前 2d 放入棚内即可。熊蜂放入期间，不可应用杀虫剂，如需使用，需提前将熊蜂收入蜂箱搬出，待棚室内环境不会对蜂造成伤害时再次放入。

（7）病虫害防治　常见病害主要有霜霉病、疫病、白粉病等；虫害包括蚜虫、红蜘蛛等。防治原则："预防为主，综合防治"，以农业防治、生物防治、物理防治等生态防治为主，化学防治为辅。

①农业防治。选用抗逆、抗病品种，培育壮苗；加强田间管理，通过通风降湿、增温等措施减少病害发生；通过轮作换茬，减少病源。

②生物防治。利用生物制剂进行病虫害防治，利用性诱剂、天敌等措施进行虫害防治。

③物理防治。利用防虫网、黄蓝板进行虫害防治，夏季高温闷棚进行消毒。

④化学防治。利用高效低毒低残留化学农药进行病虫害防治，见下表。

病虫害防治方法

主要病虫害	防治方法
猝倒病、立枯病、霜霉病、疫病	降低棚室内湿度；发病初期采用 68%精甲霜·锰锌颗粒剂 600 倍液，或 25%嘧菌酯悬浮液 1 500 倍液，或 64%噁霜灵水剂 500 倍液，或 72%霜霉威水剂 800 倍液喷雾防治。霜霉病可用氟菌霜霉威 600 倍液防治

（续）

主要病虫害	防治方法
白粉病	去除老病叶片，加强棚室内通风，降低温度。发病可用吡萘嘧菌酯 1 500 倍液防治，5d 防治 1 次
烟粉虱、蚜虫	室内每亩悬挂黄色粘虫板 30～40 块，诱杀白粉虱和蚜虫。幼虫期采用 20%啶虫脒可湿性粉剂 5 000～6 000 倍液，成虫期采用 50%抗蚜威可湿性粉剂 2 500～3 000 倍液喷雾。7～10d 防治 1 次
红蜘蛛	降低温室内温度；利用天敌防治；用 10%阿维菌素水分散粒剂 8 000～10 000 倍液进行喷雾防治

（8）适时收获　一般小型西瓜坐果后 30d 左右成熟，当西瓜的瓜脐略凹陷、瓜蒂略收缩、柄茸毛开始脱落稀疏、瓜面光亮、条纹清晰时即表示西瓜已经成熟，此时应及时收获。

4. 适用区域

河北省适合设施栽培的地区。

5. 技术来源

河北省农林科学院经济作物研究所。

6. 注意事项

吊蔓种植西瓜，需留 2 个蔓，1 个主蔓和 1 个侧蔓，其他的蔓均要剪除。授粉最佳时间在晴天 8：00 ～10：00，用雄花的花粉涂抹在雌花的柱头上进行人工辅助授粉。

7. 技术指导单位

河北省农林科学院经济作物研究所。

8. 示范案例

（1）地点　河北省农林科学院经济作物研究所。

（2）规模与效果　示范面积 5 亩。示范设施礼品西瓜吊蔓栽培技术。西瓜品种为超越梦想。设施类型为日光温室。超越梦想果肉红色，瓜皮极薄，中心折光糖含量 10.9%，边缘折光糖含量 9.7%，汁水饱满，果肉沙甜，口感好。果实商品率 99.4%。该技术通过立体吊蔓栽培，提高了西瓜种植土地利用率，种植密度增加，单果重增加，亩产量增加；吊蔓栽培的西瓜阳光照射均匀，透气性好，甜度增加，品质提升；且实现了西瓜水肥的精准控制，提高了水肥的利用率，绿色病虫害综合防治技术减少了病虫害的发生，降低了化学农药使用率，农药残留少，生产出的西瓜达到了绿色食品标准，很受消费者欢迎。应用该技术西瓜单果重在 1.7kg 左右，亩产量在 3 400kg 左右，按售价 10～12 元/kg 计算，亩效益平均 30 000 元。

四十六、设施草莓水肥精量管理技术

1. 技术内容概述

本技术以节水、节肥、提质为目标，依据设施草莓生长特性，研究了设施草莓不同生长时期水肥管理技术，规范了设施草莓生长的最佳施肥配比及施肥量，同时最大限度地以生物农药代替化学农药用于病虫害的防治。技术的实施实现了节水、节肥及省工，并且提高了果实品质，为设施草莓的安全高效优质生产提供了强有力的技术支撑。该技术的应用可以减少环境污染和资源浪费、改善生态环境，为现代农业的标准化、精准化生产奠定基础。

2. 节本增效

节肥35%、节水25%以上，草莓果品可溶性固形物提高27.36%，糖酸比增加13.7，硝酸盐含量降低50.84mg/g。

3. 技术要点

（1）水肥管理　设施草莓整个生育期追肥5～6次，随水见肥，不浇空水，施肥完成后再滴2min清水；幼苗现蕾前，通过施肥罐滴入尿素提苗肥每亩5kg，第一果序膨大后，施入氮磷钾水溶肥（2.7∶1∶4）；第一次每亩追肥8kg，灌溉量每亩10m^3，灌溉后土壤湿度不超过80%为宜；土壤湿度接近60%时开始第二次施肥及灌溉，每亩追肥10kg，灌溉量每亩6m^3；第二果序膨大后，每亩施入氮磷钾肥水溶肥（2.3∶1∶5.3）12kg；第二果序现蕾，每7～10d喷施1次浓度0.2%的钙、镁、硼、铁等中微量元素肥，共喷施2次。

（2）病虫害防治　贯彻“预防为主，综合防治”的植保方针，以使用植物源农药和微生物源农药防治为基础，辅助使用高效、低毒、低残留的化学农药。掌握最佳的防治时期，收获前10d不再使用农药。其中白粉病的预防在晴天傍晚或者阴天以400倍枯草芽孢杆菌喷雾，严重时用每10～12d喷1次；发病后以10%小檗碱600～800倍液于病害初发生期傍晚叶面均匀喷雾；严重时用25%嘧菌酯1 500倍液、80%代森锰锌500倍液均匀喷雾。灰霉病的预防在坐果后的晴天傍晚或者阴天以400倍枯草芽孢杆菌喷雾，每10～12d喷1次；发病后以50%腐霉利800倍液、10%多抗霉素1 000～2 000倍液喷雾，每7～9d喷1次。红蜘蛛以藜芦碱、苦参碱400倍液、印楝素800倍液在害虫发生初期使用，每10d用1次；严重时用15%哒螨灵乳油2 000倍液、1.8%齐螨素乳油6 000～8 000倍液叶面喷施，连续喷施3次。

（3）栽培管理　定植在8月底至9月初进行，“之”字形交错定植，每个高畦上种植两行。定植时去除老、残叶，留下3～4片健壮新叶，根系顺直、深不埋心、浅不露根，植株弓背向外，填入细土，并轻提种苗，然后再填土压实。栽后要注意遮阳，连续5d保持土壤湿度在70%～80%，浇水后要及时检查并处理露根苗和埋心苗。整枝时去除抽出的所有匍匐茎；摘除生长中基部老、残、病叶，保证植株10～12片功能叶；及时疏花疏果，每个花序留果5～9个，每株留不超过3个花序。最低气温降至8℃时开始扣棚，一周后，覆盖地膜并提苗。选用宽150cm、厚0.002mm黑色地膜，或者是宽150cm、厚0.006mm银黑双色膜，铺膜时要将膜拉紧，将操作行同时覆盖，铺直盖严。果面着色90%时，适时采收。

4. 适用区域

适合设施草莓生产区域。

5. 技术来源

河北省现代农业产业技术体系蔬菜产业创新团队水肥高效利用与产品质量监控岗。

6. 注意事项

灌肥后再滴适量清水用以压肥；预防为主，综合防治，生物农药为主，化学农药为辅，以达到最大的减药效果。

7. 技术指导单位

石家庄市农林科学院、河北省农林科学院农业信息与经济研究所。

8. 示范案例

（1）地点 崇礼。

（2）规模 示范面积30亩。

四十七、真空冷冻干燥蔬菜干制品

1. 技术内容概述

果蔬加工产业化发展对促进区域特色农业经济发展、提高农业经济效益、增加农民收入都有重要作用。利用干燥条件降低果蔬水分含量，所得干制品便于贮藏和运输，对特色农产品尤为重要。蔬菜由于其存在多种不耐热的成分，在传统的加工过程中会出现风味损失、口感变差和质构变化等多种问题，制约了蔬菜加工业发展。本技术是利用真空冷冻干燥技术生产蔬菜干制品。

当前，食品加工技术的一个重要发展趋势是最大限度地保持食品的营养和物理特性，而干燥工艺和设备的选择对干制品的营养、色、香、味和形都有很大影响。真空冷冻干燥技术是将湿物料或溶液在较低的温度（−50～−10℃）下冻结成固态，然后在较高的真空环境下，通过给物料加热，将冰直接升华成水蒸气，再用真空系统中的水汽凝结器将水蒸气冷凝，以达到干燥目的。真空冷冻干燥的相平衡温度低，且处于真空状态，适用于热敏性及易氧化物料的干燥，能最大限度地保留物料的色泽、风味及营养成分等；干燥后的产品可保持原有形状。其成品疏松多孔、食用方便、复水性好，在国际市场供不应求，深受港澳、东南亚、欧美等人们的青睐，是出口创汇附加值极高的产品。

2. 节本增效

真空冷冻干燥技术适用的原料范围比较广，可实现周年加工生产，不同的生产原料其加工成品率不同，加工增值率能达到30%以上。以南瓜为例，加工制成率约为6.2%，成本约为150元/kg，销售价格为200～300元/kg。

3. 技术要点

①工艺流程。

原料选择→预处理→预冻结→升华干燥→后处理→包装、贮藏。

②操作要点。

原料挑选：挑选成熟度合适、新鲜无腐烂的原料，用清水清洗彻底。

预处理：原料需要经过适当的处理，如青萝卜、胡萝卜、南瓜、紫薯等需要切分成片，于90～95℃漂烫3～5min；苦瓜需要切分成片（环状）、去籽。

预冻：干燥板物料装载量为 5～15kg/m²，将原料于－35～－30℃速冻，时间 3～4h。

冻干：干燥室压力 30～50MPa；干燥板的温度在干燥初期一般控制在 70～80℃，干燥中期 60℃左右，干燥后期 40～50℃；干燥周期一般为 8～20h。

后处理：主要包括卸料和包装。冻干结束后，破除真空，立即移出物料至相对湿度 50%以下，温度 22～25℃，在洁净度达标的密闭环境中卸料，并在相同的环境中进行半成品的选别及包装。

4. 适用区域

真空冷冻干燥技术适用的原料种类非常丰富，因此在全国各地蔬菜栽培区均适用。

5. 技术来源

该技术是河北省蔬菜贮藏加工团队成员以河北省主栽蔬菜品种为原料研究确定，于河北农业大学食品科技学院的中试车间进行试生产，并在相关企业进行了推广示范。

6. 注意事项

①应根据原料特性和市场需要选择合适的蔬菜品种进行加工。

②干制成品的理化指标易超标，应严格控制原料理化指标。

7. 技术指导单位

河北农业大学，联系邮箱 wangxianghong@hebau. edu. cn。

8. 示范案例 1

示范地点为河北农业大学食品科技学院中试车间。利用河北农业大学食品科技学院中试车间的真空冷冻干燥机，研究了冻干胡萝卜、秋葵、菠菜、香菜等十几种蔬菜，加工成片、丁等不同规格的产品，试验确定了不同产品的加工工艺和操作要点。

9. 示范案例 2

示范地点为鸡泽县万亩红辣椒专业合作社。冻干蔬菜的生产技术在鸡泽县万亩红辣椒专业合作社进行示范推广，以冻干降糖辣椒为例，原料价格约为 20 元/kg，成品率约 7.7%，考虑各项生产费用成本，成品的成本约为 350 元/kg，销售价格为 600～800 元/kg。通过此项技术推广，拓宽了产品品类，创造了良好的经济效益。

四十八、发酵果蔬汁制备技术

1. 技术内容概述

经过多年发展，目前果蔬汁饮料已进入降速调整、产品升级阶段，品质价值高的特色新型产品成为果蔬汁饮料的发展方向。2014 年，饮料行业提出发酵果蔬汁饮料概念后，其逐渐被各行业关注。发酵果蔬汁饮料融合发酵饮料和果蔬汁饮料两大产品特点，为饮料行业带来新亮点。国家标准《果蔬汁类及其饮料》（GB/T 31121）将发酵果蔬汁饮料明确定义为：以水果或蔬菜，或果蔬汁（浆），或浓缩果蔬汁（浆）经发酵后制成的汁液，水为原料，添加或不添加其他食品原辅料和（或）食品添加剂的制品。

针对果蔬贮藏加工的局限性问题，利用生物发酵后的产品除口味与风味改善外，还具有抗菌、调节肠道菌群、促进消化、降低血脂和胆固醇、软化血管、降压、消除疲劳、美容护肤、延缓衰老等功能特性。河北农业大学依托河北蔬菜农业创新体系平台，开发具有全新质构特性的益生菌发酵果蔬汁技术。

（1）发酵菌种选育　世界上许多微生物可用于食品制造，其中酵母菌、醋酸菌和乳酸菌应用最为广泛。菌种是发酵果蔬汁饮料产品的核心竞争力，通过研究发酵机制、耐酸机制和代谢调控等机理，以及水果成分及含量分析，筛选可用于不同水果发酵的高产菌株。

（2）发酵工艺优化　通过对容氧控制、温度调控及发酵组分浓度比等进行研究优化，缩短发酵时间，提高发酵效率和产品产率。

（3）风味修饰　通过风味判别技术进行有针对性的风味修饰，掩饰饮料的刺激性气味，使饮料口感更柔和、更细腻。

发酵果蔬汁通过将果蔬发酵，最大限度地保留水果营养，有独特的风味，且发酵过程中产生大量氨基酸、有机酸等营养物质。同时，发酵还会产生大量的益生菌代谢物，有助于改善肠道环境和提高人体免疫能力。采用生物发酵技术开发具有特种营养保健功能的生物发酵果蔬汁饮料是果蔬汁深加工的技术延伸。目前，研制发酵果蔬饮料生物发酵新产品，已经具备扎实的理论和应用技术基础。开发发酵果蔬汁饮料将进一步带动我国水果、蔬菜深加工产业发展，并为区域经济发展做出贡献。

2. 节本增效

发酵果蔬汁制备技术适用的原料范围比较广，可实现周年加工生产，同时，发酵果蔬汁制备技术最大限度地保留水果营养，有独特的发酵果蔬风味，且发酵过程中产生大量氨基酸、有机酸等营养物质。发酵还会产生大量的益生菌代谢物，有助于改善肠道环境和提高人体免疫能力，极大提高了产品的附加值，以发酵羊角脆果汁为例，考虑各项生产费用，成本约为4元/罐，销售价格约为8元/罐。

3. 技术要点

①工艺流程。

果蔬的选择与处理→榨汁→胶体磨研磨→调配→灭菌→发酵→二次灭菌→罐装

②操作要点。

果蔬的选择与处理：选择新鲜、无虫害、无腐烂、无损伤的果蔬1t，用流动水进行清洗，洗去泥沙等杂质并去蒂切块。

榨汁：按ω（果蔬汁）∶ω（水）＝1∶1的比例加水并添加抗坏血酸护色，使用打浆机打成浆状。

胶体磨研磨：将打浆后的果蔬汁送入胶体磨研磨，破碎果蔬汁中的较大颗粒，提高果蔬汁的稳定性。

调配：将果蔬汁与6‰柠檬酸、0.6‰柠檬酸钠和1‰食盐混合在调配罐中进行调配，并调节糖度至8波美度。

发酵：经过巴氏杀菌后，接入乳酸菌（植物乳杆菌C17和戊糖乳酸菌Lp-B），37℃发酵16h，益生菌活菌数达到1×10^{8}cfu/mL以上。

灭菌罐装：95℃灭菌15min，罐装。

4. 适用区域

发酵果蔬汁技术适用的原料种类非常丰富，因此在全国各地果品蔬菜栽培区均适用。

5. 技术来源

河北省蔬菜贮藏加工团队。

6. 注意事项

①应根据原料特性和市场需要选择合适的蔬菜品种进行发酵处理。

②发酵工艺相对复杂，如菌种筛选、工艺优化专业技术要求较高，技术应用前应进行专业培训。

③如发酵果蔬汁口感较差，可通过风味判别技术进行有针对性的风味修饰，掩饰饮料的刺激性气味，使发酵果蔬汁口感更柔和、更细腻。

7. 技术指导单位

河北农业大学，邮箱 wangxianghong@hebau. edu. cn。

8. 示范案例

示范企业为山西省达明一派食品有限公司。

以发酵羊角脆果汁为例，考虑各项生产费用成本，发酵羊角脆果汁成品的成本约为 4 元/罐，销售价格约为 8 元/罐。利用合适的乳酸菌发酵羊角脆甜瓜汁制备饮品，可以改善羊角脆果汁的风味，同时也为功能性食品的开发利用提供一定的理论基础。

四十九、设施草莓连作障碍综合防治技术

1. 技术内容概述

该技术采用科学的消毒方法进行土壤处理，并在此基础上施用生物菌剂、菌肥补充土壤有益微生物菌群，可有效预防导致草莓死苗的根腐病等土传病害的发生，并促进肥料分解和利用，保证连作草莓正常生长和结果。

2. 节本增效

应用该技术对根腐病等土传病害的防效可达 85%以上，可减少或避免连作草莓死苗，植株可正常发根、长叶、开花和结果，可保障连作草莓正常生产，推动草莓产业可持续发展，促进农民增收，园区增效。

3. 技术要点

（1）土壤消毒　在 6～8 月上旬采用以下一种方法进行土壤处理。

①太阳能消毒。上茬草莓拉秧后清洁田园，在土壤表面撒施石灰氮（氰氨化钙）每亩 70～80kg，最好同时撒施 1 000～2 000kg 麦秸，翻耕 2 次，深度 20～30cm，然后做高 30cm，宽 60～70cm 的畦，灌透水后用塑料薄膜盖严地面，同时密闭棚膜，处理 30～40d（遇阴雨天应相应延长处理时间）。撤膜后晾晒 10d，施充分腐熟的有机肥、作畦、定植。

②棉隆处理。上茬草莓拉秧后清洁田园，土壤深翻 20～30cm，保持湿度 70%，每亩撒施 98%的棉隆 25kg，同时施入有机肥，然后进行第二次旋地，将药剂和土壤翻拌、混匀，深度 20～30cm；地面覆膜，四周密封 20d，如雨天多、温度低则延长处理时间。揭膜透气 10d，中间松土 1～2 次，随后施肥、作畦、定植。

③威百亩处理。上茬草莓拉秧后清洁田园，整地施肥作高畦，铺设滴灌管道，全田覆盖薄膜，四周封严，通过滴灌系统将药液和水一起施入土壤中，42%威百亩水剂每亩用量

40kg，确保高畦土层浇透。熏蒸 15d 后除去地膜，散气 15d，再施肥、作畦、定植。

（2）施用菌剂或菌肥

①定植前底施菌剂或菌肥　可单独施用生物菌剂，也可施用含菌剂的生物有机肥作为底肥。可参考以下底肥配制：生物有机肥（滨州市京阳生物肥业有限公司）每亩 240kg、爱迪聚合碳（河北玖农生物肥料有限公司）每亩 240kg、平衡型三元素复合肥（15：15：15）每亩 50kg。

②定植后追施生物菌剂　第一次结合定植水或缓苗水喷淋或滴灌哈茨木霉菌（如潍坊瑞辰生物科技有限公司生产）和枯草芽孢杆菌（如冀微·多抗王，河北冀微生物技术有限公司生产），每种物质每亩用量 1kg，促发新根和活化土壤；第二次在草莓结果初期喷淋或滴灌哈茨木霉菌 1 次，每亩用量 1kg，抑制病原和促根。

4. 适用区域

适合河北省日光温室和盖苫大棚促成草莓（即冬草莓）生产田。

5. 技术来源

河北农业大学园艺学院。

6. 注意事项

施用未腐熟有机肥须在太阳能土壤消毒前；提倡在土壤消毒后施用添加菌剂的优质生物有机肥。

7. 技术指导单位

河北农业大学园艺学院。

8. 示范案例

顺平县阳松草莓农业专业合作社基地（顺平县东魏村），基地面积 120 亩。草莓采用厚土墙日光温室生产，在近几年死苗较严重的美国 19 草莓温室应用连作障碍综合防治技术，土传病害发病率仅为 2.5%，草莓平均每亩增产 910kg 以上。

图书在版编目（CIP）数据

河北省蔬菜高质量发展主推品种和主推技术 / 车寒梅等主编. —北京：中国农业出版社，2022.7
ISBN 978-7-109-29556-8

Ⅰ.①河… Ⅱ.①车… Ⅲ.①蔬菜园艺 Ⅳ.①S63

中国版本图书馆CIP数据核字（2022）第100151号

中国农业出版社出版
地址：北京市朝阳区麦子店街18号楼
邮编：100125
责任编辑：谢志新　郭晨茜
版式设计：杜　然　　责任校对：刘丽香
印刷：中农印务有限公司
版次：2022年7月第1版
印次：2022年7月北京第1次印刷
发行：新华书店北京发行所
开本：787mm×1092mm 1/16
印张：12.5　　插页：4
字数：350千字
定价：75.00元
